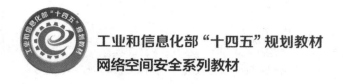 工业和信息化部"十四五"规划教材
网络空间安全系列教材

密码工程

◆ 刘 哲 周 璐 何德彪 编著

电子工业出版社
Publishing House of Electronics Industry
北京·BEIJING

内 容 简 介

本书为工业和信息化部"十四五"规划教材和"网络空间安全系列教材"。本书以密码工程实践为导向，概括地介绍密码学的发展历史、现状、趋势及相关基础知识；系统地描述典型密码算法及其工程实现方法；详细地讲解我国商用密码标准算法以及主流国际密码标准算法的原理及其快速实现方法，并设计了对应习题。本书侧重于密码工程实践和各类密码算法的快速实现方法，并对一些重要的工程技术难点进行针对性解析和实例分析，同时加入了密码技术发展的新成果。

本书可作为高等院校信息安全和密码学等专业本科生和研究生的教材，也可作为密码工程相关科研与工程技术人员的参考资料。

图书在版编目（CIP）数据

密码工程 / 刘哲，周璐，何德彪编著. —北京：电子工业出版社，2024.12
ISBN 978-7-121-47744-7

Ⅰ. ①密… Ⅱ. ①刘… ②周… ③何… Ⅲ. ①密码学－高等学校－教材 Ⅳ. ①TN918.1

中国国家版本馆 CIP 数据核字（2024）第 079440 号

责任编辑：戴晨辰　　　特约编辑：武瑞敏
印　　刷：天津千鹤文化传播有限公司
装　　订：天津千鹤文化传播有限公司
出版发行：电子工业出版社
　　　　　北京市海淀区万寿路 173 信箱　　邮编：100036
开　　本：787×1 092　1/16　印张：13.75　字数：309 千字
版　　次：2024 年 12 月第 1 版
印　　次：2024 年 12 月第 1 次印刷
定　　价：59.00 元

前言

　　随着数字化的快速发展，网络在社会和经济发展中的作用越来越大，网络安全在国家安全体系中也越来越重要。习近平总书记指出："没有网络安全就没有国家安全，就没有经济社会稳定运行，广大人民群众利益也难以得到保障。"自主可控密码技术是网络安全的基石，密码工程是实现网络安全的重要技术途径。

　　网络安全的核心是人与人之间的对抗，专业人才培养是网络安全的基础保障。近年来，我国网络安全人才培养受到党和国家的高度重视，并取得了前所未有的成效。2016 年 4 月 19 日，习近平总书记主持召开网络安全和信息化工作座谈会，并做出了"培养网信人才，要下大功夫、下大本钱，请优秀的老师，编优秀的教材，招优秀的学生，建一流的网络空间安全学院"的重要指示。2024 年 2 月，16 所高校入选新一期一流网络安全学院建设示范项目。目前，全国范围内已有 90 余所高校设立网络安全学院，200 余所高校设置网络安全相关专业。显然，网络安全和密码学已成为高校新兴专业建设的重点方向。

　　随着《中华人民共和国网络安全法》《中华人民共和国密码法》《中华人民共和国数据安全法》《中华人民共和国个人信息保护法》《网络安全产业高质量发展三年行动计划（2021—2023 年）》等政策法规的实施，网络安全和密码技术在维护国家安全、促进社会经济发展、保护人民群众利益中发挥着不可或缺的重要作用，也将在建设网络强国与数字中国进程中持续发挥基础支撑作用。

　　在密码技术创新和密码工程应用快速发展的背景下，编者基于多年密码学与密码工程的研究成果和教学经验，完成了《密码工程》一书的撰写。本书专注于密码工程理论与应用实践，力求对复杂与枯燥的密码算法及其实现进行简洁与有趣的表述，为读者提供实用化的密码工程参考。

　　本书包含配套教学资源，读者可登录华信教育资源网（www.hxedu.com.cn）下载。

　　本书由刘哲、周璐、何德彪编著。在本书的编写过程中，作者还得到了南京航空航天大学和武汉大学密码工程方向多位同学的协助，吴伟彬、杨昊、张吉鹏、王璐瑶、王慎卿、陶宇、胡芯忆和白野等为本书提供了部分参考资料，在此向他们致以诚挚的谢意。

由于密码工程涉及的内容多、范围广，并且相关技术更新迭代快，加之编者学识、资料和编写时间有限，书中难免有疏漏和欠妥之处，恳请广大读者和专家批评指正。

编著者

2024 年 11 月

第 1 章　绪论

1.1　密码学概述

1.1.1　密码学的发展历史

密码应用历史悠久，但作为一门学科被研究则始于 20 世纪 70 年代中期。20 世纪 70 年代以前，密码主要应用于外交、军事和政治等领域；到了 20 世纪 80 年代，金融和通信等领域也开始广泛使用密码设备。20 世纪 80 年代末，数字手机系统的出现则标志着密码学第 1 次在大众市场的大规模应用。如今，每个人的日常生活都离不开密码，如使用远程控制设备打开车门或车库门、连接无线网、用信用卡在零售店或网上购物、软件更新、拨打 IP 语音电话或在公共交通系统中购票等。毋庸置疑，智慧城市、智能制造、无人驾驶等新兴应用领域的涌现必将有力推动密码学在更多场景下的广泛应用。密码学的发展十分迅速，如今，密码学已经发展成为一门成熟的研究学科，多个成立多年的专业组织（如国际密码协会）、几十个国际会议和数以万计的研究员专注于密码学的研究。

密码学是一门非常有趣的学科，也是涉及计算机科学、数学及电子工程等领域的交叉学科，主要分为密码编码学和密码分析学。密码编码学研究密码变化的客观规律，编制密码以保护通信秘密；密码分析学则分析或破解密码以获取通信情报。密码学的理论基础在过去的 20 多年里已经得到加强和巩固，人们对安全的定义和证明结构安全的方法有了更深入的认识。同时我们见证了应用密码学的快速发展，旧算法不断地被破解和抛弃，新算法和协议也在不断涌现。

随着密码学日新月异的发展，人们对密码学的印象和理解已经跟不上密码学发展的脚步。每当听到"密码学"这个词时，首先映入我们脑海的可能是电子邮件加密、网站的安全访问、银行应用程序使用的智能卡或战争中的密码破译。从表面上看，密码学依托于现代电子通信，已在人们生活中的各个领域普遍应用。实际上，密码学其实是一个非常古老的技术，自埃及时代起，在几乎所有发明了文字的文化中，密码学就以各种各样的形式存在。最早使用密码学的例子可以追溯到公元前 2000 年。例如，据相关文献记载，在古希腊时代就已经有将文字写成密文的事例，如斯巴达密码棒（Spartan Code Stick）或非常出名的古罗马的恺撒密码（Caesar Cipher），这也是密码学历史中的古典密码的代表。

1. 古典密码

古典密码是密码学的源头。这一时期的密码是一种艺术，还算不上是一门学科。密码学家常常凭借直觉来进行密码设计和分析，而不是推理证明。古典密码可以分为两种类型：代换密码和置换密码。

代换密码采用代换表，加密时将需要加密的明文依次通过查表替换为相应的密文，这个代换表就是密钥。如果代换表只有一个，就被称为单表代换；如果代换表多于一个，就被称为多表代换。

置换密码是一种特殊的代换密码，置换密码变换过程不改变明文字符，只改变它们的位置。单表代换密码的一个典型代表是仿射密码。仿射密码的加密变换可以表示为 $E_k(i) = (ik_1 + k_0) \bmod N$，其中密钥 $k = (k_1, k_0)$，N 为明文字表大小，i 为明文，k_1 与 N 互素。$k_0 = 0$ 时的变换称为乘法密码；$k_1 = 1$ 时的变换称为加法密码。

"恺撒密码"是一种典型的加法密码，这种密码曾经被罗马帝国的恺撒大帝频繁用于战争通信，因此称为"恺撒密码"。假定"恺撒密码"的密钥为 $k = (1,11)$，明文消息为"i am nine"，$N = 26$。密钥 $k = (1,11)$ 表示密码代换表中明文字母"a"将被替换成"l"，字母"b"将被替换成"m"，以此类推。恺撒密码加密代换过程如表 1-1 所示。对于英文字母表，恺撒密码的密钥取值范围只有 $1 \sim 25$（不包括 k_0 为 0 的情形），即只能构造出 25 种不同的明密文代换表。因此，恺撒密码很容易被穷举破译。

表 1-1　恺撒密码加密代换过程

过　　程	符　　号
明文	i am nine
对应数字	8, 0,12,13,8,13,4
模加数字	11, 1l,11, 11, 11, 11, 11
模加结果	19, 11,23,24,19,24,15
密文	t lx ytyp

为了进一步提高密码强度，在单表代换密码的基础上，出现了多表代换密码。多表代换密码是以多个代换表依次对明文消息的字母进行代换的加密方法。多表代换密码的典型代表是维吉尼亚密码，它是以 16 世纪法国外交官维吉尼亚（Blaise de Vigenere）的名字命名的。

维吉尼亚密码是一种以位移代换为基础的周期代换密码，其中代换表的数目为 d，d 个代换表由 d 个字母序列确定的密钥决定。我们在前面例子的基础上，再以表格的形式解释维吉尼亚密码的代换过程，具体加密代换过程如表 1-2 所示。明文信息为"i am nine i feel very good"，代换表数目 $d = 6$，密钥 $k = \text{cipher}$，密钥对应的整数序列为 $k = (2,8,15,7,4,17)$。将密钥整数序列与明文序列周期性地模 26 "相加"，即可得到密文整数序列，进而可以变换成密文。

表 1-2　维吉尼亚密码加密代换过程

过　　程	符　　号
明文	i am nine i feel very good
对应数字	8, 0, 12, 13, 8, 13, 4, 8, 5, 4, 4, 11, 21, 4, 17, 24, 6, 14, 14, 3
模加数字	2, 8, 15, 7, 4, 17, 2, 8, 15, 7, 4, 17, 2, 8, 15, 7, 4, 17, 2, 8
模加结果	10, 8, 1, 20, 12, 4, 6, 16, 20, 11, 8, 2, 23, 12, 6, 5, 10, 5, 16, 11
密文	k ibumeg q ulic xmgf kfql

恺撒密码和维吉尼亚密码都是以单个字母为代换对象的。如果每次对多于一个字母进行代换就是多字母代换，多字母代换更加有利于隐藏字母的自然频度，从而更有利于抵抗统计分析。

置换密码的典型代表是栅栏密码。栅栏密码出现于 1861—1865 年的美国南北战争时期，其加密原理是：按列写入明文，按行输出密文。加密过程可以使用一个置换也可以使用多个置换。与代换密码相比，置换密码可以打破消息中的某些固定结构模式，这个优点被融入现代密码算法的设计中。

古典密码在对抗密码分析方面有较大不足，存在统计特性方面的安全缺陷。在单表代换中，对于某一个字母来说，除了代表它的符号发生了改变，其原本的频度、重复字母模式、字母结合方式等统计特性都没有发生改变。利用这些统计特性，可以轻易地破译单表代换密码。在多表代换密码中，明文的统计特性通过多个表的平均作用被隐蔽起来，但是用重合指数法等分析方法可以很容易地确定维吉尼亚密码密钥长度，再用攻击单表代换的方法确定密钥。实际上，用唯密文攻击法（攻击者只拥有一个或者多个用同一个密钥加密的密文）分析单表和多表代换密码是可行的。因此，以上古典密码都是不安全的。

2．机械密码

随着密码技术不断地发展演进，密码系统变得越来越复杂，手工作业方式难以满足复杂密码运算的要求。20 世纪的前几十年，密码研究者设计出了一些机械和电动设备，实现自动加密和解密计算，这一阶段的密码被称为机械密码。

机械密码的典型代表是恩尼格玛密码机。恩尼格玛密码机由德国人亚瑟·谢尔比乌斯发明，20 世纪 20 年代开始投入使用，它也是第二次世界大战时期德军主要使用的加密设备。恩尼格玛密码机由多组转子组成，每组转子刻有 1～26 个数字，对应 26 个字母。转子的转动方向、相互位置及连线板的连线状态使得整个密码机构成了复杂的多表代换密码系统。恩尼格玛密码机的密码变换组合异常复杂，一台只有 3 个转子（慢转子、中转子和快转子）的恩尼格玛密码机可以构成数量巨大的不同代换组合。从 5 个待用转子中选取 3 个转子及其相对顺序共有 5×4×3=60 种可能；3 个转子的转动方向组成了 26×26×26=17576 种可能；连线板有 10 根导线，将其中 20 个字母两两替换，则可形成 150738274937250

种组合；此外，中转子和快转子的卡口设置构成了 26×26=676 种可能性。因此，一台使用 3 个转子的恩尼格玛密码机理论上总共可以形成 60×17576×676×150738274937250≈10^{23} 种，即大约万亿亿种不同的密码变换组合。这样庞大的密码变换组合超出了当时的计算能力，换言之，靠采用"人海战术"进行"暴力破解"几乎是不可能实现的。而电报收发双方，则只要按照约定的转子方向、位置和连线板的连线状况（相当于密钥），就可以非常轻松、简单地进行解密。这就是恩尼格玛密码机的加密和解密原理。

从 1926 年开始，英国、波兰及法国等国家的情报机构就开始对恩尼格玛密码机进行分析，但对其军用型号的研究一直未取得实质性突破。直到 1941 年，英国海军捕获德国潜艇 U-110，拿到德国海军使用的恩尼格玛密码机和密码本后，通过对大量明文与密文的统计分析，密码破译才有了转机。恩尼格玛密码机是一种多表代换密码系统，虽然多表代换密码是由若干个单表代换密码组成的，但是由于恩尼格玛密码机精巧的转轮设计，单表数目庞大且在加密过程不断变化，导致简单的频率分析方法失效。经过波兰、英国等国家密码分析人员的艰苦努力，恩尼格玛密码机的破译方法不断得到改进。"计算机科学之父"艾伦·图灵，作为英国密码破译的核心人物，甚至制造了专用设备对破译算法进行加速，最终实现了对恩尼格玛密码机的实时破译。英国国王乔治六世称赞此事件是整个第二次世界大战海战中的重要事件。在战争结束以后，英国并没有对破译恩尼格玛密码机一事大肆宣扬。直到 1974 年，曾经参与破译工作的人员出版了《超级机密》一书，才使外界对恩尼格玛密码机的破译工作有所了解。

3. 现代密码

"信息论之父"香农关于保密通信理论的发表和美国数据加密标准（Data Encryption Standard，DES）的公布以及公钥密码思想的提出，标志着现代密码时期的开启和密码技术的蓬勃发展。20 世纪 40 年代末，香农连续发表了两篇著名论文，即《保密系统的通信理论》和《通信的数学原理》，精辟阐明了关于密码系统的设计、分析和评价的科学思想，并正式提出评价密码系统的 5 条标准，即保密度、密钥量、加密操作的复杂性、误差传播和消息扩展。

基于香农提出的理想密码模型"一次一密"理论，理论上最安全的密码是 1 比特密钥保护 1 比特明文，然而实际可用的真正的无限长随机密钥难以找到。密码学家设计出实际可用的序列密码，其主要设计思想就是"用短的种子密钥生成周期很长的伪随机密钥序列"，也就是说，输入较少比特的初始密钥，借助数学算法产生周期很长的密钥，再用这些密钥和明文逐比特进行异或得到密文，近似地可以看作"一次一密"。

20 世纪 70 年代初，IBM 公司密码学家 Horst Feistel 开始设计一种分组密码算法。他设计的算法密钥长度为 56 比特，对应的密钥量为 2^{56}，不低于恩尼格玛密码机的密钥量，而且操作远比恩尼格玛密码机简单快捷，明、密文统计规律更随机。1977 年，这项研究成果被美国联邦政府的国家标准局确定为 DES 算法。在随后近 20 年中，DES 算法一直是世界范围内广泛使用的标准算法。但随着计算机硬件的发展及计算能力的提升，

DES 算法由于密钥空间小而变得不再安全。1998 年 7 月，电子前线基金会（Electronic Frontier Foundation，EFF）使用一台 25 万美元的计算机在 56 小时内破译了 DES 算法。1998 年 12 月，美国正式决定不再使用 DES 算法。

1997 年 1 月，美国国家标准与技术研究院（NIST）发布公告开始征集高级加密标准（Advanced Encryption Standard，AES）算法，用于取代 DES 算法作为美国新的联邦信息加密标准。2001 年，比利时密码学家设计的 Rijndael 算法从公开征集中胜出，成为新的加密标准。AES 算法也是一种分组密码，分组长度为 128 比特，密钥长度支持 128 比特、192 比特和 256 比特。相比于 DES 算法，AES 算法的密钥空间更大，即使使用目前最快的计算机，也没有办法进行穷举搜索。AES 算法采用宽轨道策略设计，结构新颖，能够抵抗差分分析、线性分析、代数攻击等分析方法。

随着互联网的飞速发展及广泛应用，对称密码算法已不能满足对信息完整性和不可否认性的应用需求，同时，对称密钥的管理成为一个急需解决的问题。例如，n 个用户进行网络通信，两两之间需要一个密钥，那么共需 $n \times (n-1)/2$ 对密钥。随着用户数量的增加，每个用户需要的密钥量也会增加，这给密钥存储带来很大麻烦。同时，为了避免通信双方被欺骗，密码算法还需要具有安全认证功能。

1976 年，Diffie 和 Hellman 发表了题为《密码学的新方向》（*New Directions in Cryptography*）的具有里程碑意义的文章，他们首次证明了在发送端和接收端无密钥传输的保密通信是可能的，从此开创了密码学的新纪元。这篇论文引入了公钥密码的革命性概念，并提供了一种密钥协商的创造性方法，其安全性基于离散对数求解的困难性。虽然在当时两位作者并没有提供具体的公钥加密方案的实例，但他们的思路非常清楚，加密密钥公开、解密密钥保密，网络通信中 n 个用户只需要 n 对密钥，因此在密码学领域引起了广泛的关注和研究。

1977 年，Rivest、Shamir 和 Adleman 提出了第 1 个比较完善和实用的公钥加密算法和签名方案，这就是著名的 RSA 算法。RSA 算法基于大整数因式分解问题，即将两个大素数相乘是件很容易的事情，但是要把一个大素数分解为两个素因子却是困难问题。1985 年，另一个强大而实用的公钥方案——ElGamal 算法被公布，它的安全性基于离散对数问题，在密码协议中有大量应用。同一年，Koblitz 和 Miller 各自独立地将椭圆曲线应用于公钥密码系统，提出椭圆曲线密码（Elliptic Curve Cryptography，ECC）。与 RSA 算法相比，ECC 能利用更短的密钥实现相同的安全性，如 160 比特 ECC 算法与 1024 比特 RSA 算法具有相同的安全性，210 比特 ECC 算法与 2048 比特 RSA 算法具有相同的安全性。

随着计算机性能的快速提高，RSA 算法的安全性受到了严重威胁。2003 年，576 比特 RSA 算法被成功破解；2005 年，640 比特 RSA 算法被成功破解；2009 年，768 比特 RSA 算法被成功破解。随着破解能力的增强，现在我们需要使用 2048 比特的 RSA 算法才能保证安全性。

除了分组密码和公钥密码，现代密码学中还有一类重要的密码算法类型——杂凑算法，即哈希函数。哈希函数将任意长度的消息压缩成某一固定长度的消息摘要，可用于数字签名、完整性保护、安全认证、口令保护等。哈希函数是一种单向函数，即将消息压缩成固定长度的消息摘要是容易的，而已知消息摘要计算原本的消息是困难的。

在 20 世纪 90 年代初，麻省理工学院计算机科学实验室（MIT Laboratory for Computer Science）和 RSA 数据安全公司的 Rivest 设计了散列算法 MD 族，MD 代表消息摘要。MD 族中包括 MD2、MD4 和 MD5，它们都用于产生 128 比特的消息摘要，其中 MD5 是 Rivest 于 1991 年在 MD2、MD4 的基础上设计的。国际著名密码学家 Hans Dobbertin 在 1996 年攻破了 MD4 算法的同时，对 MD5 的安全性产生了质疑，从而促使他设计了一个类 MD5 的 RIPEMD-160。我国密码学家王小云于 2004 年找到了 MD4、MD5 的碰撞，攻破了这两个算法。SHA 系列算法则是 NIST 根据 MD4、MD5 开发的算法，作为美国政府标准。SHA-1 是 NIST 于 1994 年发布的，但已经于 2017 年被证明不再安全。NIST 于 2008 年启动新的哈希标准征集活动，2012 年 10 月 2 日，Keccak 算法被选为 SHA-3 的标准算法。

为了实现密码算法的自主可控，我国国家密码管理局颁布了一系列国产商用密码算法，主要包括 SM2 椭圆曲线密码算法、SM3 密码杂凑算法、SM4 分组密码算法和 SM9 标识密码算法。

2010 年 10 月，我国国家密码管理局颁布了 SM2 椭圆曲线密码算法标准，主要包括 4 个部分：总则、数字签名算法、密钥交换协议和公钥加密算法。同时，该标准推荐了一条 256 比特的椭圆曲线作为标准曲线。SM2 数字签名算法已经在第二代居民身份证、电子商务、电子政务等领域得到广泛应用，并在 2017 年 11 月入选 ISO/IEC 国际标准。

2010 年 12 月，我国国家密码管理局颁布了 SM3 密码杂凑算法标准。该标准中给出了杂凑函数算法的计算方法和计算步骤，包括填充、迭代压缩和杂凑值计算。算法输入长度小于 2^{64} 比特的消息，经过填充和迭代压缩，生成长度为 256 比特的杂凑值。在商用密码体系中，SM3 主要用于数字签名及验证、消息认证码生成及验证、随机数生成等。国家密码管理局表示，其安全性及效率与 SHA-256 相当，并于 2018 年 11 月正式成为 ISO/IEC 国际标准。

2012 年 3 月，我国国家密码管理局颁布了 SM4 分组密码算法标准。该标准规定了 SM4 分组密码算法的算法结构和算法描述，并给出了运算示例。算法的密钥长度和分组长度均为 128 比特。加密算法与密钥扩展算法都采用 32 轮非线性迭代结构。解密算法与加密算法的结构相同，只是轮密钥的使用顺序相反，解密轮密钥是加密轮密钥的逆序。在商用密码体系中，SM4 主要用于数据加密。SM4 分组密码算法标准于 2021 年 6 月正式成为 ISO/IEC 国际标准。

2016 年 10 月，我国国家密码管理局颁布了 SM9 标识密码算法标准，主要包括总则、数字签名算法、密钥交换协议和公钥加密算法。为了降低公开密钥系统中密钥和证书管理的复杂性，以色列密码学家 Adi Shamir 提出了标识密码（Identity-Based Cryptography）的理念。标识密码将用户的标识（如邮件地址、手机号码、QQ 号码等）作为公钥，省略了交换数字证书和公钥过程，使得安全系统变得易于部署和管理。SM9 算法不需要申请数字证书，适用于互联网应用的各种新兴应用的安全保障。到 2021 年 11 月，SM9 数字签名算法、SM9 标识加密算法和 SM9 密钥协商协议都成为 ISO/IEC 国际标准。

1.1.2　密码学的发展趋势

当前，信息技术正处于快速发展和变革之中，云计算、物联网、大数据、互联网金融、数字货币、量子通信、量子计算、生物计算等新技术和新应用层出不穷，给密码技术带来了新的机遇和挑战。抗量子攻击密码、量子密钥分发、抗泄露密码、同态密码、轻量级密码等新技术不断产生，并逐步走向成熟和标准化。

1. 后量子密码

各类现代密码算法，尤其是公钥密码算法体系，都是以各类数学难题的难解性作为安全性的前提假设的。然而，量子计算机的出现对这些数学难题困难性形成了新的挑战，其中 Shor 算法和 Grover 算法的提出对密码算法的安全性带来了巨大的影响。Shor 算法可以在多项式时间内求解大整数因式分解和离散对数问题，对 RSA 算法和 ECC 算法的安全性产生了致命影响。而 Grover 算法实现了穷举算法的平方级的提升，即可以将 AES-128 的破解复杂度从 2^{128} 降低到 2^{64}。

目前，量子计算机的设计理论已经通过了验证，实体机诞生的时间取决于当代科技的发展速度。由于目前主流的公钥密码算法都是基于大整数因式分解或离散对数问题的，一旦量子计算机问世，这些密码算法将不再安全。因此，研制可以抵抗量子计算攻击的公钥密码算法［后量子密码（Post-Quantum Cryptography）算法］已经成为当务之急。

为此，美国于 2016 年年底启动了后量子密码算法标准的征集工作，并在 2022 年 7 月正式公布了首批入选的 4 个标准算法。目前尚不存在有效量子攻击方法的公钥密码体制，包括基于格的密码、基于杂凑函数的密码、基于编码的密码和基于多变量的密码。

1）基于格的密码

格是数学上的概念，其最早在 1996 年被应用到密码学中。Miklós Ajtai 介绍了第 1 个基于格的公钥加密体制，但是其中出现了许多问题，如解密错误、效率低下及实用性差等。后来，Ajtai 从理论上证明，格困难问题在平均状态下和最坏状态下是等价的。这一理论成为格公钥密码发展的奠基石，大大促进了格公钥密码的发展。1998 年，Jeffrey Hoffstein、Jill Pipher 和 Joseph H. Silverman 提出了一种基于格的公钥加密方案——NTRU（Number Theory Research Unit），其安全性基于特殊格上的最短向量问题。NTRU 公钥密码体制中只包含一些简单的线性运算，所以具有极高的实现效率。遗憾的是，NTRU 并不具有理论上的可证明安全性。2005 年，对基于格的密码研究取得了突破性进展，Oded Regev 提出了基于带错误学习（Learning With Errors，LWE）问题的公钥加密算法，并将其归约到了格上的基础困难问题。该算法的安全性是可证明的，而且算法极大地减少了密钥大小和密文大小。此后，很多后续的研究工作都集中于 Regev 算法的进一步安全性证明以及算法效率的提高。目前，基于格的密码已经成为最引人注意的后量子密码算法。基于格的密码不仅可以抵抗量子攻击，而且密码算法只包含简单的线性运算，因此具有极高的效率，受到众多学者的热捧。谷歌公司已经在其浏览器 Chrome 中测试基于 Ring-LWE 问题的抗量子密钥交换算法。微软公司也公开了其开发的基于 Ring-LWE 问题的密钥交换算法的源代码。目前已经成为后量子密码算法标准的 Crystals-Kyber、Crystals-Dilithium 和 Falcon 算法都属于基于格的密码算法。

2）基于杂凑函数的密码

基于杂凑函数的密码算法主要用于数字签名。算法的私钥是一组杂凑函数的输入值，公钥为杂凑函数的输出值，签名为使用消息选择的私钥的一个子集。拿到签名、公钥和消息之后，计算杂凑数值就可以验证签名的有效性。第 1 个基于散列函数的一次性签名算法由计算机安全专家 Lamport 在 1979 年提出，之后被密码学家 Merkle 扩展为多签名算法。这类方案的安全性主要依赖于杂凑函数的安全性，比较容易分析，但可以签名的次数在密钥生成时就已经确定好了，需要记录已经签名的次数，这增加了使用上的不便。

在 Lamport 算法提出之后的 40 年间，基于杂凑函数的数字签名算法在效率方面得到了持续改进，目前最新的改进型 XMSS（eXtended Merkle Signature Scheme）已经被国际互联网工程任务组（IETF）确立为 RFC8391 标准。鉴于此类方案在安全性分析方面的优势，NIST 在其后量子研究报告中表示着重考虑基于杂凑函数的数字签名方案。其中入选 NIST 后量子密码算法标准的 SPHINCS+属于这类算法。

3）基于编码的密码

基于编码的密码其安全性依赖于随机线性码译码的困难性。1978 年，McEliece 提出使用生成矩阵作为公开密钥，并通过向代码字中添加指定数量的错误来加密它，而接收者可以生成一组 Goppa 码（一种特殊的纠错码）来纠正错误，以此进行解密。与多变量公钥密码类似，基于编码的密码密钥量也较大。因此，基于编码的密码未能像基于大整数因子分解和离散对数的公钥密码那样广泛使用。大多数基于编码的密码使用 Goppa 码，导致密钥长度太大，效率很低。为了提高基于编码的密码的性能与安全性，人们尝试对其进行了多种优化。例如，使用"系统形式"的公钥，或者使用 Reed-Muller 码、广义 Reed- Solomon 码、卷积码、Syndromes 码等其他纠错码来替代 Goppa 码等。很多改进系统在公钥中加入了更多的结构，以压缩密钥的大小，但可惜的是其中的绝大多数都已经被攻破。在后量子密码中，只有 McEliece/Niederreiter 系统目前仍然安全，也得到了足够的研究，因此它也是本书唯一推荐的参考对象。

4）基于多变量的密码

多变量公钥密码的安全性基于求解有限域上的多变量多项式方程组问题。1988 年，Matsumoto 和 Imai 提出了第 1 个基于多变量的公钥密码体制——MI 密码体制。虽然在之后被证明是不安全的，但其在多变量密码历史上具有划时代意义。在之后的几十年中，学界提出了更多的多变量密码体制及其变形方法，最典型的有 UOV、隐域方程（HFE）及三角阶梯体制等。在一般情况下，基于多变量的密码系统的公钥是由两个仿射变换和一个中心映射复合而成的，其私钥为两个随机生成的仿射变换。基于多变量的密码系统的优点在于其运算都是在较小的有限域上实现的，因此效率较高。但其缺点是密钥长度较大，而且随着变量个数的增加及多项式次数的增加，密钥长度增长较快。目前，公认的高效且安全的基于多变量的密码体制不多，较为安全的加密体制仅有 PMI+。同时其在密码分析方面产生了较多较好的研究成果，可以用于分析对称密码。

2．抗泄露密码

对于密码算法来说，其理论上的可证明安全并不能完全保证算法在实现的过程中是绝对安全的。由于每种加密算法最终都是在物理设备上实现的，而物理设备会以可测量的方式影响其周围环境，通过这些物理信息，攻击者可能分析出密钥信息。例如，攻击者可利用密码算法的特定实现所花费的时间、消耗的电量或电磁辐射得到相关信息。各种成功的侧信道攻击表明，密钥和计算内部状态的信息是可能泄露给攻击者的。因此，设计能够容忍密钥泄露的密码算法是密码技术的一个新的发展趋势。

抗泄露密码工作可大致分为两类：考虑内存泄漏的抗泄露密码和考虑计算泄露的抗泄露密码。

1）内存泄漏

在大多数常见的内存泄漏模型中，通常允许攻击者获得任意多项式时间内可计算但长度有限的密钥，目的是设计即使密钥的部分信息泄露也能保持安全的加密方案。

Dziembowski 等人考虑了内存的任意泄漏，提出了有限搜索模型。在该模型中，攻击者可获得任意多项式时间内密钥的可泄露函数，但泄露函数的输出大小是有界的，即密钥长度大于泄露长度。该模型可被扩展为无限制泄露模型，即泄露不一定有大小限制，也可推广为连续更新模型，即周期性更新密钥，但不更新公钥，并假设每个时间段内有有界的内存泄漏，但对整体泄露没有限制。

2）计算泄露

计算泄露方面的工作不仅考虑了密钥本身的信息，还考虑了密码方案计算期间中间值的侧信道信息。部分内存泄漏模型也可以模拟计算期间创建的中间值的泄露。然而，每当计算过程中使用到随机性函数时，这种模拟计算泄露的方法就会失效。

内存泄漏模型和计算泄露模型之间有重要的区别，内存泄漏模型主要考虑一次性泄露，而计算泄露模型通常考虑密钥多次使用时的连续泄露。另外，计算泄露模型通常对允许的泄露施加更多的限制。例如，假设在空间上或时间上分离计算的不同组件独立泄露，即攻击者可以获得一些中间值的单独泄露函数，但不能获得所有中间值的联合函数。

1.2　密码学的分类

1.2.1　对称密码体制

对称加密是最快速、最简单的一种加密方式，加密（Encryption）与解密（Decryption）使用同样的密钥。对称加密有很多种算法，由于它效率很高，因此被广泛使用在很多加密协议中。自 1977 年美国颁布 DES 加密标准以来，对称密码体制发展迅速，并得到了世界各国的关注。对称密码体制从工作方式上可以分为分组密码和序列密码两大类。

对称加密算法的优点是计算量小、加密速度快、加密效率高；其缺点是交易双方需使用相同的密钥，需要进行密钥协商。此外，每对用户在每次使用对称加密算法时，都要使用需保密的密钥，这会使得双方所拥有的密钥数量呈几何级数增长，密钥管理十分困难。而且与公钥密码算法比起来，对称密码只能提供加密和认证的功能，不能提供签名功能。

在对称密码体制中，密钥长度越大，安全性越高，但加密与解密的过程越慢。如果密钥长度只有 1 比特，攻击者可以先试着用 0 来解密，错误的话就再用 1 解密；但如果密钥有 1MB 大，攻击者可能永远也无法猜到正确的密钥，但加密和解密的过程要花费很长的时间。所以，密钥长度的选择要同时考虑安全性和效率。因此对称加密通常使用的是长度相对较小的密钥，一般不超过 256 比特。

分组密码是最常用的一类对称密码。分组密码将明文按一定的长度分组，一次加密明文中的一个分组或数据块。明文组经过加密运算得到密文组，密文组经过解密运算（加密运算的逆运算）还原成明文组。

序列密码也称为流密码，一次加密明文中的一个比特，其利用少量的密钥通过某种复杂的运算产生大量的伪随机数，用于对明文加密。解密是指用同样的密钥和算法来还原明文。

国际上常用的对称密码算法包括 DES 算法、3-DES 算法、AES 算法。DES 算法加密速度较快，适用于加密大量数据的场合，但密钥空间小，安全性较低。3-DES（Triple DES）算法是基于 DES 算法的加密算法，对一块数据用 3 个不同的密钥进行 3 次加密，安全强度更高。AES 算法是新一代的加密算法标准，速度快，安全级别高，支持 128 比特、192 比特、256 比特和 512 比特密钥的加密。

对称密码的主要特征如下。

（1）加密方和解密方使用同一个密钥。

（2）加密和解密的速度比较快，适合数据量较大的场景。

（3）密钥传输的过程需要加密保护，且密钥容易被破解，密钥管理较为困难。

1.2.2 公钥密码体制

公钥密码体制是当今密码学最重要的一个分支。自公钥密码体制提出以来，对消息发送/接收方真实身份的验证、保证消息的不可否认性和数据的完整性等问题都给出了出色的解答。在公钥密码体制中，加密密钥与解密密钥不同，这也是与对称密码体制最大的区别。加密密钥可以公开，谁都可以使用；而解密密钥只有自己知道。公钥密码的优点是不需要经安全渠道传递密钥，大大简化了密钥管理。

公钥密码体制最基础的两个用途就是加密和签名。当公钥密码用于加密时，由于消息接收者的公钥是公开的，因此消息发送者仅需要使用接收者的公钥加密消息得到对应的密文，然后发送给接收者。接收者接收到密文后使用自己的私钥就可以解密消息了。由于接收者的私钥是保密的，因此只有接收者可以解密密文，这保证了数据的安全性。而公钥密码用于签名时，签名者使用自己的私钥对数据进行签名，验证者收到签名者签名的数据后，使用签名者的公钥进行验证。由于签名者的公钥是公开的，因此所有人都可以进行验证。由于私钥是保密的，因此只有签名者可以对数据进行独一无二的签名，这保证了消息的不可否认性。

随着公钥密码体制的发展，公钥密码也应用到更多的领域。密钥协商是公钥密码较为基础的应用。相比于对称密码体制，公钥密码体制一般计算复杂度高，因此在通信双方的临时会话时，先使用公钥密码协商出一个共同的对称密钥，然后使用这个共同的对称密钥加密会话的消息。早期使用的密钥协商协议是 Diffle-Hellman 密钥协商协议，它由 Diffle 和 Hellman 于 1976 年共同提出，但此协议无法抵抗中间人攻击。随着公钥密码的发展，随后产生了基于双线性映射和格上问题的密钥协商协议。

常用的公钥密码算法包括 RSA 算法、ECC 算法和 ElGamal 算法等。RSA 算法是公钥密码体制中最常见的算法，它基于大整数分解问题，算法原理简单，但效率很低。ECC 算法基于椭圆曲线上的离散对数问题，能使用比 RSA 算法更小的密钥达到相同的安全水平。

🔓 1.3 密码学的应用

随着信息技术的发展，网络空间中的竞争和对抗日益尖锐与复杂，安全问题以前所未有的深度和广度向各个传统领域延伸。因此，密码学需要完成从理论到应用的进化，真正在实际应用中保护我们的信息安全。

具体而言，网络中存在的典型安全隐患包括假冒、窃听、篡改、冒名传送、否认传送等；信息安全要素则包括可鉴别、授权、机密性、完整性及不可否认性。表 1-3 展示了密码学在信息安全保护中的作用。

表 1-3 密码学在信息安全保护中的作用

信息安全要素	需 求	所应付的典型威胁	可用的密码技术
机密性	数据传输 存储加密	◆ 窃听 ◆ 非法窃取数据 ◆ 敏感信息泄露	对称加密和非对称加密 数字信封
完整性	数据未被未授权篡改或损坏	◆ 篡改 ◆ 重放攻击 ◆ 破坏	哈希函数和消息认证码 数据加密 数字签名
可鉴别性	鉴别数据信息和用户、进程、系统等实体	◆ 冒名	口令和共享秘密 数字证书和数字签名
不可否认性	防止源点或终点抵赖 自身独有 无法伪造	◆ 否认已收到数据 ◆ 否认已发送数据	数字签名 证据存储
授权与访问控制	设置应用、资源细粒度访问权限	◆ 非法存取数据 ◆ 越权访问	属性证书 访问控制

1.3.1 信息安全要素

1. 机密性

数字信封（混合加密）：由于对称加密体制和非对称加密体制各有优、缺点，因此，在实际应用中，经常用混合加密方式来对数据进行加密。常见的混合加密算法包括 RSA 加密算法和 DES 加密算法。

1）发送端

（1）明文采用 DES 密钥加密得到密文。

（2）使用 RSA 公钥加密 DES 密钥信息得到 key，最终将密文和 key 进行传递。

2）接收端

（1）使用 RSA 私钥解密 key 得到 DES 密钥。

（2）再用 DES 密钥解密密文信息，最终就可以得到我们要的明文。

2. 完整性

（1）发送端：使用哈希函数对文件的哈希值进行计算，并将文件和哈希值一起发送给对方。

（2）接收端：用相同的哈希函数对文件的哈希值进行计算，对比计算得到的哈希值与发送端发送的哈希值是否相等。

3. 可鉴别性

实体鉴别：通过口令、共享密钥、数字证书和数字签名等，实现身份认证。

（1）单向鉴别：只有一方鉴别另一方。

（2）双向鉴别：通信双方相互进行鉴别。

（3）消息鉴别：通信消息是合法的、完整的。

（4）发送端：使用哈希函数对身份信息进行运算，得到哈希值，再利用数字证书的私钥对哈希值进行加密，得到数字签名。将身份信息、数字证书和数字签名都发送给对方。

（5）接收端：利用数字证书的公钥对数字签名进行解密，得到 key1，再利用相同的哈希函数对身份信息进行运算，得到 key2。如果 key1 等于 key2，那么这个人的身份信息就是正确的。

4．不可否认性

证明信息已经被发送或接收。

（1）发送方：不能抵赖曾经发送过数据，使用发送者本人的私钥进行数字签名。

（2）接收方：不能抵赖曾经接收到数据，接收方使用私钥对确认信息进行数字签名。

1.3.2　HTTPS 案例分析

HTTPS（Hyper Text Transfer Protocol over Secure Socket Layer）是以安全为目标的 HTTP 通道，其中的 S 指的是安全。HTTPS 在 HTTP 的基础上加入了 SSL（Secure Sockets Layer，安全套接字协议），其安全来源于密码算法，包含公钥密码和对称密码。使用 HTTPS 的主要目的是提供对网站服务器的身份认证，同时保护交换数据的隐私与完整性。HTTPS 的加密由两部分组成：密钥交换和消息加密。

一个完整的 HTTPS 请求的过程如下。

（1）浏览器请求一个 URL（Uniform Resource Locator，统一资源定位器，即网络地址），找到服务器，向服务器发起一个请求。服务器将自己的证书（包含服务器公钥 S_PK）、对称加密算法种类及其他相关信息返回客户端。

（2）浏览器检查 CA 证书是不是由可以信赖的 CA 机构（证书的签发机构）颁发的，确认证书有效和此证书是此网站的。如果不是，给客户端发一个警告，询问是否继续访问。

（3）如果是，客户端使用公钥加密一个随机对称密钥，使用对称密钥对 URL 进行加密，将加密的密钥和 URL 一起发送到服务器。

（4）服务器用私钥解密客户端发送的对称密钥。然后用这个对称加密的密钥给客户端请求的 URL 链接解密。

（5）服务器用客户端发送的对称密钥给请求的网页加密。客户端也有相同的密钥，就可以解密发回来的网页了。

简单来说，HTTPS 使用公钥密码算法让服务器和客户端协商出一个共有的对称密钥 K。然后两边都使用这个对称密钥 K 来加密和解密收发数据。因为协商对称密钥 K 时使用公钥密码算法，只有拥有私钥的人才能解密出对称密钥 K，所以安全性得到了保障；而具体传输数据则是用对称加密方式，保证了传输效率。这样在信息传输中，HTTPS 兼顾了安全性和高速性，两全其美。

这些加密方法使得 HTTPS 具有以下特点。

（1）内容加密：采用混合加密技术，窃听者无法直接查看明文内容。

（2）身份验证：通过证书认证客户端访问的是合法的服务器。

（3）数据完整性保障：防止传输的内容被中间人冒充或篡改。

习题

1.1　已知 Bob 收到由恺撒密码加密的密文"mjqurj"，且 Alice 与 Bob 约定的密钥为 key=5，求该密文对应的明文。对 26 个英文字母，恺撒密码的密钥空间有多大？

1.2　现 Alice 想使用维吉尼亚密码加密："you are my only one"，并且使用密钥 key=dec，求 Bob 将收到的密文。使用 n 位密钥的维吉尼亚密码，密钥空间有多大？

1.3　假设我们收到了使用仿射变换加密的以下密文：Edsgickxhuklzveqzvkxwkzukvcuh，又已知明文的前两个字符是"if"，请对该密文解密以确定明文。

1.4　对于 m=3,5,12,36，请找出与 m 互素的所有整数 n，其中 $0 \le n \le m$。我们将满足该条件的整数 n 的个数记作欧拉函数 $\varphi(m)$，则 m=3,5,12,32 对应的 $\varphi(m)$ 分别是多少？

1.5　在 RSA 加密体制中，已知质数 p=5、q=11，公钥 e=9，试计算私钥 d，并对明文 m=7 进行加密，求出其密文。

1.6　RSA 算法中 n=11413，e=7467，密文是 5859，利用分解 $11413=101 \times 113$ 求明文。

1.7　考虑 RSA 密码体制：

（1）取 e=3 有何优、缺点？取 d=3 安全吗，为什么？

（2）假设 n=35，已截获发给某用户的密文 C=10，并查到该用户的公钥 e=5，求出明文 M。

1.8　简述分组密码和流密码的异同点。

1.9　简述对称密码体制与公钥密码体制的不同之处。

1.10　各类现代密码算法，尤其是公钥密码算法体系，都是以各类数学难题的难解性为前提假设的。然而，量子计算机的出现对这些数学难题困难性形成了新的挑战，目前主流的抗量子公钥密码体制有哪些？简述其安全性依赖的数学难题。

1.11　在计算机网络环境中，用户 A 需要从用户 B 那里得到一份机密文件。用户 B 需要安全地发送文件，保证在传输过程中文件内容没有发生泄露、篡改和破坏的情况，用户 A 希望用户 B 今后无法对机密文件进行抵赖。请问应该如何实现。

1.12　综合本章所学知识，描述 SSL（安全套接字协议）的具体过程，过程中需体现本章所学的密钥交换、非对称加密、对称加密等知识。

1.13　信息安全有哪些要素？请列举它们所应对的威胁。

第 2 章　实现平台简介

2.1　概述

　　密码工程是将密码学理论应用于实际系统和网络中，以保护信息安全的一门工程学科。密码工程不仅关注密码算法的设计和分析，还包括密码算法的实现、应用和评估等方面。它的目标是设计出高效、安全的加密和解密算法，并在实际系统中应用这些算法，以保护用户的隐私和敏感信息。

　　密码工程作为一门交叉学科，涵盖了微电子、计算机科学、数学和密码学等多个领域的知识。密码工程师需要掌握密码学的基本理论，还要具备计算机程序设计、硬件设计和网络通信等方面的技能。因此，他们不仅需要了解密码算法的安全性、效率（包含运行时间和内存占用空间）、流程和结构等特性，还需要了解硬件平台的限制和优势，以便在实现密码算法时做出最佳的选择。不同的硬件平台具有不同的计算能力、内存大小、通信速度和功耗等特点。根据平台特点和算法特性设计合适的优化实现方法，可以显著提高加密和解密的性能效率，减少能源消耗，降低硬件成本。硬件平台作为密码工程实现的支撑和基础，为密码安全实现发挥着不可替换的作用。

　　在本章中，我们将介绍几种常见的硬件平台，如 x86、ARM、RISC-V 和 GPU 等。除了介绍它们的发展史，还主要介绍它们的指令集特点及不同指令集的优、缺点。

　　x86 是一种非常常见的 CPU 架构，其广泛应用于个人计算机和服务器等领域。在密码工程中，x86 平台具有良好的通用性和灵活性，可以运行各种不同的操作系统和编程语言。此外，x86 平台还有较高的时钟频率和丰富的硬件资源，这使其成为密码算法快速实现的重要平台之一。

　　ARM 是一种基于 RISC 指令集的处理器架构，广泛应用于移动设备和嵌入式系统中。它的主要特点是低功耗和高性能，适合处理移动设备和嵌入式系统中的各种计算任务。在密码工程中，ARM 可以用来实现一些轻量级的密码算法和协议，如 AES、SHA 等。由于 ARM 具有较高的性能和低功耗，因此它在移动设备和嵌入式系统中得到了广泛的应用。

　　RISC-V 是一种开源的指令集架构（ISA），具有高度的可定制性和灵活性，它的可定制性和灵活性非常适用于密码算法的实现与优化。此外，RISC-V 的设计完全开放，任何人都可以免费获取并使用它。这使得 RISC-V 成为一个受到广泛欢迎的 ISA，被广泛应用于各领域,包括嵌入式系统、移动设备、服务器、高性能计算等。因此,在密码工程中,RISC-V 是近年来备受关注的实现平台之一,并且得到越来越多的研究和应用。

GPU 是图形处理器,主要用于图像和视频处理等应用。它的主要特点是并行计算能力强,适合处理大规模数据的并行计算任务。在密码工程中,GPU 可以用来实现一些密集型的密码算法和协议,如密码破解、数字签名等。由于 GPU 具有强大的并行计算能力,因此它在密码破解等任务中得到了广泛的应用。

所以,硬件平台是密码工程研究的关键因素之一。我们需要了解不同平台的特点和优劣,根据平台特点和算法特性设计最优的实现方法,以提高实现效率和安全性,从而保障信息安全。接下来,我们依次介绍各类 CPU(x86、MIPS、ARM 和 RISC-V)和 GPU 平台的发展史、特点以及支持的指令集和优、缺点。

🔓 2.2 实现平台介绍

2.2.1 CPU 实现平台

中央处理器(Central Processing Unit,CPU)作为计算机系统的运算和控制核心,是信息处理、程序运行的最终执行单元。按照所用指令集的复杂程度可以将 CPU 中的指令集分为复杂指令集和精简指令集两种指令系统类型。CPU 中的指令集如图 2-1 所示。

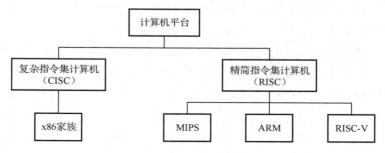

图 2-1　CPU 中的指令集

1. 复杂指令集计算机

复杂指令集计算机(CISC)是一种计算机体系结构,其单条指令可以执行多个或多步底层操作,如访存操作、算术运算操作等。CISC 指令数量众多,长度可变,其中有专门的指令用于完成复杂的特定操作,但不同指令的使用频率差异较大。CISC 支持多样化的寻址方式,包括立即寻址、基址寻址、变址寻址等。然而,CISC 的开发复杂,实现难度大,因此其研发周期较长。

计算机问世后,最初主要采用复杂指令集计算机(CISC)架构,其中服务器和个人计算机等平台也主要采用 CISC 架构。x86 系列架构最初是由 Intel 8086 衍生而来的，至今已成为个人计算机、笔记本电脑和游戏机等平台的主流架构。在高端平台中，x86 架构也占据着计算密集型工作站和云计算场景的主导地位。

1）x86 简介

Intel 公司是全球最大的半导体芯片制造商，并且是 x86 系列微处理器［大多数个人计算机（PC）中使用的处理器］的开发商，为联想、惠普和戴尔等计算机系统制造商提供微处理器。Intel 公司还生产主板芯片组、网络接口控制器、集成电路、闪存、图形芯片、嵌入式处理器，以及其他与通信和计算有关的设备。

除 Intel 之外，也有其他公司制造具有 x86 架构的处理器，如 Cyrix（现为威盛电子所收购）、NEC 集团、IBM、IDT 及 Transmeta。其中，最成功的制造商 AMD 早期生产的 Athlon 系列处理器占有的市场份额仅次于 Intel Pentium。AMD 还为工业市场及电子市场供应不同类型的计算机（包括工作站、服务器、个人计算机及嵌入式系统）、集成电路产品，其中包括中央处理器、图形处理器、闪存和芯片组等相关设备。

2）x86 发展历史

（1）Intel 8086：历经 40 余年，x86 的基本架构与其诞生时相比，并没有太大的变化。1978 年，Intel 推出了 8086 处理器，如图 2-2 所示。这款处理器的频率只有 4.77MHz，即使后来推出的产品也只将频率提升至了 10MHz。8086 只拥有 29000 个晶体管，不过与 1976 年推出的 8085 相比，这个数量仍然多出了近 4 倍。8086 能够向下兼容 8008、8080 和 8085 处理器所编写的软件，并且拥有 1MB 的内存寻址功能。

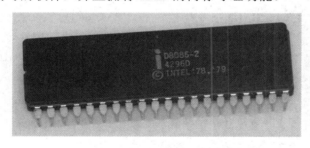

图 2-2　Intel 8086 处理器

（2）SSE：1999 年，在 AMD 的 3D Now!发布一年后，Intel 在芯片 Pentium III 中引入 SSE（Streaming SIMD Extensions）指令集。SSE 指令集是继 MMX 后的扩展指令集，提供了 70 条新指令。AMD 在 Athlon XP 中增加了对该指令集的支持。

SSE 新加入 8 个 128 比特寄存器（XMM0～XMM7），如图 2-3 所示。每个寄存器可以容纳 4 个 32 比特单精度浮点数，或者是 2 个 64 比特双精度浮点数，或者是 4 个 32 比特整数，或者是 8 个 16 比特短整数，或者是 16 个字符。寄存器能够使用正负号进行整数运算。

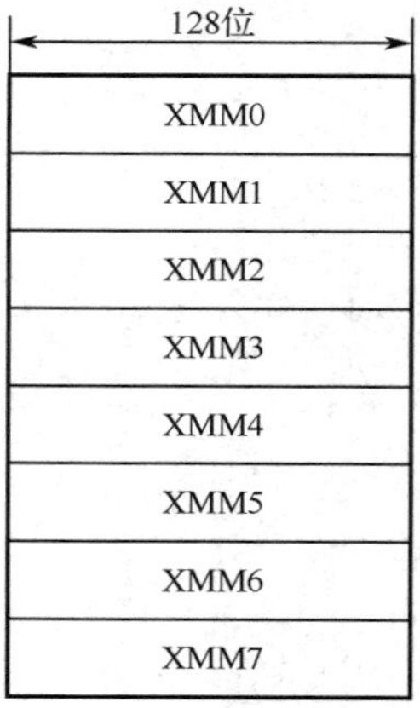

128位

XMM0

XMM1

XMM2

XMM3

XMM4

XMM5

XMM6

XMM7

图 2-3 SSE 提供的
128 比特的寄存器

第 1 个支持 SSE 的 CPU 是 Pentium，但 Pentium 在 FPU 与 SSE 之间共享运行支持。虽然编译出来的软件能够交叉地以 FPU 与 SSE 运作，但 Pentium 无法在同一个周期中同时运行 FPU 与 SSE。这个限制降低了指令流水线的效率，不过 XMM 寄存器能够让 SIMD 与标量浮点运算混合运行，而不会因为切换 MMX/浮点模式而导致性能的下降。

（3）AVX：2008 年 3 月，Intel 提出了 AVX（Advanced Vector Extensions，高级向量扩展）。AVX 是 x86 指令集的 SSE 延伸架构。2011 年第一季度发布的 Sandy Bridge 系列处理器首次支持 AVX。AMD 随后在 2011 年第三季度发布的 Bulldozer 系列处理器中开始支持 AVX。AVX 指令集提供了新的特性、指令和编码方案，带来了巨大的革新。最为主要的是，它在兼容 SSE 指令集的同时，将 SSE 寄存器的最大宽度由 128 比特增加到了 256 比特。

AVX 使用 16 个 YMM 寄存器对多条数据执行单条指令（SIMD，单指令多数据）。每个 YMM 寄存器可以对 8 个 32 比特单精度浮点数或 4 个 64 比特双精度浮点数同时进行算术操作和保存。SIMD 寄存器的宽度从 128 比特增加到 256 比特，并从 XMM0～XMM7 重命名为 YMM0～YMM7（在 x86-64 模式下，从 XMM0～XMM15 到 YMM0～YMM15），同时，仍可以通过 VEX 前缀使用旧版 SSE 指令集对 YMM 寄存器的低 128 比特进行操作。

AVX 引入了三操作数 SIMD 指令格式，即 VEX 编码方案。在该格式中，目标寄存器可以不同于两个源操作数。例如，在常规二操作数形式中，加法可以表示为 $a = a + b$，这意味着结果必须覆盖掉其中的一个源操作数；而在三操作数形式中，加法可以表示为 $c = a + b$。这不仅没有丢失计算精度，而且同时保留两个源操作数。最初，AVX 的三操作数格式仅限于使用 SIMD 操作数（YMM）的指令。但在之后的扩展（如 BMI）中，该格式也支持通用寄存器上的运算。

（4）AVX2：AVX2 指令集将大多数整数命令操作扩展到 256 比特，并引入了乘法累积（FMA）运算。AVX-512 则使用新的 EVEX 前缀编码将 AVX 指令进一步扩展到 512 比特。Intel Xeon Scalable 处理器支持 AVX-512。在相同处理器上，3 种不同指令集 SSE、AVX、AVX2 的效率对比如图 2-4 所示。

3）x86 指令集的特点

x86 架构使用 CISC 指令集。在 CISC 指令集中，大约有 20% 的指令会被反复使用，占整个程序代码的 80%。其他 80% 的指令不经常使用，在程序设计中只占 20%。长期以来，计算机性能的提高往往通过增加硬件的复杂性实现。随着集成电路技术的发展，特别是 VLSI（超大规模集成电路）技术的广泛使用，为了提升程序员的编程效率、提高程序的运行速度，硬件工程师不断增加指令功能，使得指令格式越来越复杂，并使用了多种灵活的编址方式。此方式存在以下优、缺点。

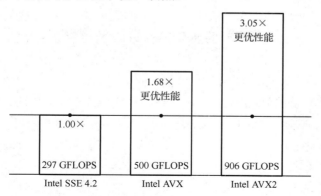

（注：FLOPS 是每秒所执行的浮点运算次数的缩写）

图 2-4　相同处理器上，使用不同指令集的效率对比

优点：新指令集的设计能够有效缩短微代码的设计时间，同时实现了向上兼容，保持了 CISC 体系机器的兼容性。因此，新系统可以使用早期系统的指令集合。此外，新指令的格式与高级语言相匹配，避免了重新编写编译器的必要。

缺点：指令集以及芯片的设计比上一代产品更复杂，不同的指令需要不同的时钟周期来完成，因此执行较慢的指令可能会影响整个系统的执行效率。此外，随着硬件结构的复杂化，芯片的制造成本也越来越高。

2．精简指令集计算机（RISC）

精简指令集计算机具有统一的指令长度，指令数量少但高效，通过大量的寄存器和流水线进行优化，大大降低了指令的 CPI（Cycles Per Instruction，执行每条指令所需的时钟周期）。

精简指令集的特点是：指令数量少，形式规整且多为单周期指令，格式为定长指令格式，寻址方式单一（只能通过 Load/Store 指令访问内存），微处理器结构简单等。由于其指令简单，可有效支持高级语言，并且编译器的设计也更加简单。

传统的 x86 系统的指令多且复杂，虽然单条指令实现的功能多，但需要更长的指令周期，难以实现指令流水。IBM 研究中心的 John Cocke 证明，x86 计算机中约 20% 的指令承担了 80% 的工作。这让人们开始集中于对更加精简、高效的指令集的研发。

精简指令集的名称最早来自 1980 年大卫·帕特森在加州大学伯克利分校主持的 Berkeley RISC 计划。1975—1980 年完成的 IBM 801 计划可能是第 1 个使用精简指令集理念设计的系统。IBM 801 最初用于电话交换机的处理器开发，后来用于微型计算机的开发。IBM 801 依靠寄存器进行所有的运算，并去掉了 CISC 设计中的多种寻址方式。由 MIPS 公司开发的 MIPS（Microcomputer without Interlocked Pipeline Stages）架构较为简单易懂，被很多大学用作入门级架构教学。MIPS 也影响了后来的 RISC-V。为了降低功耗、压缩代码大小及减少内存占用，RISC-V 采用模块化设计，并增加了可选的扩展指令集。ARM（Advanced RISC Machine，高级指令集计算机）架构的处理器也是 RISC 的一员，被广泛用于智能手机和平板电脑中。除此之外，RISC 处理器还可用于设计超级计算机和服务器。下面对上述提到的基于 RISC 的架构进行详细介绍。

1）MIPS

（1）MIPS 指令集简介如下。

1981 年斯坦福大学的 John Hennessy 教授研究的 MIPS 是最早的，也是最成功的 RISC 处理器之一。MIPS 是英文 Microcomputer without Interlocked Pipeline Stages 的缩写，含义是无互锁流水级微处理器。在设计理念上，MIPS 强调软硬件协同提高计算机性能，达到简化硬件设计的目的。

2010 年以后，MIPS 指令集及架构飞速发展，5 年内共发布了 4 个版本。在传统的整数浮点应用指令基础上逐步增加了多线程、DSP 模块、SIMD 模块及虚拟化模块，这也与移动互联网应用迅速发展的时间相吻合。随着应用需求不断变化，MIPS 指令集及架构也在不断调整。

（2）MIPS 指令集的特点如下。

① MIPS 中所有指令都是 32 比特编码，没有半字节（16 比特）的定义，指令格式只有 3 种，分别为 R 类、I 类和 J 类。

② 所有的动作理论上要求必须在 1 个时钟周期内完成，一个动作一个阶段。

③ 没有单独的栈指令，所有对栈的操作都是统一的内存访问方式。push 和 pop 指令实际上是一个复合操作，包含对内存的写入和对栈指针的移动。

④ MIPS 固定指令长度导致其编译后的二进制文件和内存占用空间比 x86 的要大（x86 平均指令长度只有 3 字节多一点，而 MIPS 是 4 字节）。

⑤ 只有一种内存寻址方式，即基地址加一个 16 比特的地址偏移；内存中的数据访问必须严格对齐（至少 4 字节对齐）。

2）ARM

（1）ARM 指令集简介如下。

1978 年，Hermann 和 Curry 等人创立了 CPU（Cambridge Processing Unit）公司，次年更名为 Acorn 公司。1985 年，他们设计了自己的第一代 32 比特、6MHz 的处理器，用它做出了一台 RISC 指令集的计算机，简称 ARM（Acorn RISC Machine）。1990 年，Acorn 公司改为 ARM（Advanced RISC Machines）公司。这一时期 ARM 公司改变了产品策略，不再生产芯片，转而以授权的形式转让芯片设计方案。1993 年，苹果采用 ARM6 芯片开发了一款掌上电脑，但出于种种原因效果并不理想。之后，ARM 公司特别为诺基亚研发了 16 比特的定制指令集，缩减了占用内存，取得了极大成功。推出 ARM7 系列后，进入了移动手机时代，ARM 公司业务飞速发展。ARM 系列产品在 iPod 和 iPhone 上的应用使 ARM 公司奠定了移动端的霸主地位。2011 年，微软宣布 Windows 也将支持 ARM 处理器，ARM 正式进军桌面端，x86 处理器的主导地位发生动摇。ARM 微处理器广泛应用于便携式通信产品等领域，逐渐成为 RISC 的标准。到目前为止，ARM 处理器的架构已经经历了多次迭代，如表 2-1 所示。

表 2-1　ARM 处理器架构的多次迭代

架　　构	处理器家族
ARMv1	ARM1
ARMv2	ARM2、ARM3
ARMv3	ARM6、ARM7
ARMv4	Strong ARM、ARM7TDMI、ARM9TDMI
ARMv5	ARM7EJ、ARM9E、ARM10E、XScale
ARMv6	ARM11、ARM Cortex-M
ARMv7	ARM Cortex-A、ARM Cortex-M、ARM Cortex-R
ARMv8	Cortex-A50

ARM 处理器的优势体现在其高性能、低功耗、低价格、丰富的可选择芯片、广泛的第三方支持及完整的产品线和发展规划等方面。根据不同应用对处理器的性能要求，有一个从 ARM7、ARM9 到 ARM10、ARM11，以及新定义的 Cortex-M/R/A 系列完整的产品线。前几年，应用较多的主要是一些基于 v4 架构的 ARM7TDMI、ARM720T、ARM920T处理器芯片，如 NXP 的 LPC2000 系列、ST 的 STR7/9 系列、Atmel 的 AT91 系列和Samsung 的 S3C 系列。近两年，ARM Cortex 系列以更好的性能、更低的价格得到快速推广，典型的就是基于 Cortex-M3 的 STM32 系列。ARM Cortex-M/R/A 系列分别针对不同的应用领域，如 M 系列处理器有多种外设，并且各方面比较均衡，主要面向传统微控制器（MCU/单片机）应用；R 系列强调实时性，主要用于实时控制，如汽车引擎；A系列面向高性能、低功耗应用系统，如智能手机。选用 ARM 处理器进行开发，技术积累性较强、生命周期长、设计重用度高，并且不易被淘汰。用户在选择 ARM 处理器时，可以针对应用需求，从大量的 ARM 芯片中选用满足性能、功能要求的产品，以获得较好的性价比。

（2）ARM 指令集特点如下。

以 ARMv8-A 处理器为例，其包括 32 比特和 64 比特执行状态，每个状态都有自己的指令集。具体状态描述如下。

AArch64 描述了 ARMv8-A 架构的 64 比特执行状态。在 AArch64 状态下，处理器执行包含 NEON 指令（也称为 SIMD 指令）的 A64 指令集。有时也将 AArch64 称为ARM64。

AArch32 描述了 ARMv8-A 架构的 32 比特执行状态，该状态几乎与 ARMv7 相同。在AArch32 状态下，处理器可以执行 A32 或 T32 指令集。A32 和 T32 指令集向后兼容 ARMv7。

NEON 是 ARMv8-A 中具有代表性的 SIMD 指令。NEON 包含 v0～v31 共 32 个 128比特的寄存器，每个寄存器可配置成多种数据类型使用。128 比特的 NEON 寄存器可以包含以下元素：16 个 8 比特元素（操作后缀.16B，其中 B 表示字节）；8 个 16 比特元素（操作后缀.8H，其中 H 表示半字）；4 个 32 比特元素（操作后缀.4S，其中 S 表示字）；2 个 64 比特元素（操作后缀.2D，其中 D 表示双字），如图 2-5 所示。

8比特	8比特	8比特	8比特	8比特	8比特	8比特	8比特	8比特	8比特	8比特	8比特	8比特	8比特	8比特	8比特

16比特	16比特	16比特	16比特	16比特	16比特	16比特	16比特

32比特	32比特	32比特	32比特

64比特	64比特

图 2-5　128 比特的 NEON 寄存器的配置方式

NEON 指令可以实现向量之间的运算，通过并行操作相同类型的数据，能够成倍地提升效率。如图 2-6（a）所示，向量乘法指令 UMULL vd.4s, va.4h, vb.4h，可将 va 和 vb 中前 4 个 16 比特的向量元素对应相乘，结果保存到 vd 中（16 比特乘 16 比特得 32 比特的结果，4 个 32 比特的结果保存到 vd 中）。类似的 UMULL2 指令，如图 2-6（b）所示，将存在 va 和 vb 中后 4 个 16 比特的向量元素对应相乘。

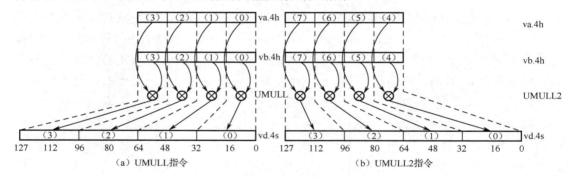

图 2-6　NEON 指令实现的向量运算

ARM 指令集的特点如下。

① 体积小、功耗低、成本低、性能高。

② 支持 Thumb（16 比特）和 ARM（32 比特）双指令集，兼容性更强。

③ 大量使用寄存器，指令执行速度快。

④ 指令长度固定。

⑤ 寻址方式简单灵活、执行效率高。

3）RISC-V

（1）RISC-V 指令集简介如下。

1990 年，学术界为了出版《计算机体系结构：定量方法》，订立了 RISC 指令集 DLX，仅用于教学，并未在商业应用中实现。2010 年，伯克利分校并行计算实验室的项目需要一个计算机架构。但研究人员对比了当时的 ARM、MIPS、SPARC 和 x86 等，发现这些指令集不仅越来越复杂，还有很多 IP 法律问题。再加上 x86 授权难以获取，ARM 授权价格昂贵，所以团队最终决定设计一套全新的开放代码的指令集，其目标是新的指令集能应用于从微控制器到超级计算机等各种尺寸的处理器。最终 Patterson 教授等仅用了 3 个月就完成了 RISC-V 指令集的开发。

成功的运营也是 RISC-V 指令集快速发展的关键因素。2015 年成立的非营利性组织 RISC-V 基金会（RISC-VFoundation）至今已有 4000 多个单位加入，为 RISC-V 的发展提供了良好的生态环境。除了学术机构，如麻省理工学院、普林斯顿大学、印度理工学院、中科院计算所，像芯片开发、软件工具、设计服务与系统等厂商都有加入，其中包括阿里巴巴、谷歌、华为、高通、英伟达、联发科、Mentor Graphics、Express Logic（于 2019 年 4 月被微软收购）、西部数据、希捷等。为了避免国际政治影响，目前该基金会在瑞士注册，正式宣布将总部搬到了瑞士。

（2）RISC-V 指令集的特点如下。

与众多强大的单指令多数据（Single Instruction Multiple Data，SIMD）指令（如 ARM-32、MIPS-32、x86-32）相比，向量指令是 RISC-V 中更加令人着迷的部分。RV32V 甚至比大多数向量更简单，因为它通过向量寄存器指定数据类型和长度，而不是将这两者嵌入到操作码中。

支持向量运算的计算机从内存中收集数据，并将它们放入长的、顺序的向量寄存器中。在这些向量寄存器上，流水线执行单元可以高效地执行运算。然后将结果从向量寄存器中取出，并将其分散地存回主存。向量寄存器的大小由实现决定，而不是像 SIMD 中那样嵌入操作码。将向量的长度和每个时钟周期可以进行的最大操作数分离，是向量体系结构的关键所在。它可以灵活地设计数据并行硬件，这使得程序员可以方便地使用长向量，同时避免重写代码。此外，向量架构比 SIMD 架构拥有更少的指令数量，并且有着完善的编译器技术。

RV32V 添加了 32 个向量寄存器，它们的名称以 v 开头，但每个向量寄存器的元素个数不同。操作的宽度和向量寄存器专用存储的大小决定了寄存器的元素个数，而前二者又由处理器的设计者来决定。例如，如果处理器为向量寄存器分配了 4096 字节，分配给 32 个向量寄存器，那么每个寄存器中就可以有 16 个 64 比特元素、32 个 32 比特元素、64 个 16 比特元素、128 个 8 比特元素。

虽然向量处理器一次只操作一个向量元素，但由于元素操作是独立的，因此理论上处理器可以同时计算所有元素。RV32G 的数据位宽最大为 64 比特，而如今的向量处理器通常在每个时钟周期内操作 2 个、4 个或 8 个 64 比特元素。如果向量长度不是每个时钟周期执行的元素数量的倍数，就交由硬件直接处理。

在 SIMD 中，ISA 架构师在设计过程中决定了每个时钟周期可以并行操作的最大数据数和每个寄存器的元素个数。相比之下，RV32V 处理器设计人员无须更改 ISA 或编译器就可以选择它们的值。而对于 SIMD，寄存器每增加一倍都会使 SIMD 指令的数量翻倍，并且需要对 SIMD 编译器进行修改。这种隐藏的灵活性意味着相同的 RV32V 程序不用改变就可以在最简单或最复杂的向量处理器上运行。

RISC-V 是完全开源的，其最大特征就是简洁和模块化。在处理器领域，主流的架构为 x86 与 ARM 架构。x86 与 ARM 架构的发展过程也伴随着现代处理器架构技术的不断发展和逐渐成熟。作为商用架构，为了能够保持架构的向后兼容性，不得不保留许多过时的定义，导致指令数目多、冗余严重、文档数量庞大。所以要在这些架构上开发新的操作系统或直接开发应用门槛很高。而 RISC-V 架构则能完全抛弃包袱，借助计算机体系结构经过多年的发展已经成为比较成熟的技术的优势，轻装上路。RISC-V 基础指令集只有 40 多条，加上其他的模块化扩展指令共几十条指令。

RISC-V 架构不仅短小精悍，而且其不同的部分能以模块化的方式组织在一起，通过一套统一的架构以满足各种不同的应用场景的需求，如表 2-2 和表 2-3 所示。用户能够灵活选择不同模块组合，达到自己定制设备的目的。例如，针对小面积低功耗嵌入式场景，用户可以选择 RV32IC 组合的指令集，仅使用 Machine Mode（机器模式）；而高性能应用操作系统场景则可以选择 RV32IMFDC 的指令集，使用 Machine Mode（机器模式）与 User Mode（用户模式）两种模式。

表 2-2　基本指令集

基本指令集	指　令　数	描　　述
RV32I	47	32 比特地址空间与整数指令，支持 32 个通用整数寄存器
RV32E	47	RV32I 的子集，仅支持 16 个通用整数寄存器
RV64I	59	64 比特地址空间与整数指令，以及一部分 32 比特的整数指令
RV128I	71	128 比特地址空间与整数指令，以及一部分 64/32 比特的指令

表 2-3　扩展指令集

扩展指令集	指　令　数	描　　述
M	8	整数乘法与除法指令
A	11	存储器原子（Atomic）操作指令和 Load-Reserved/Store-Conditional 指令
F	26	单精度（32 比特）浮点指令
D	26	双精度（64 比特）浮点指令，必须支持 F 扩展指令
C	46	压缩指令，指令长度为 16 比特

虽然 RISC-V 并非是第 1 个做到免费开放的处理器架构，但由于其不可取代的种种优势，被称为处理器架构中的"名校优生"。不可忽视的是，RISC-V 目前并没有与 ISP 抗衡的代表性商业产品，市场也更愿意选择成熟的 ARM。

2.2.2　GPU 实现平台

图形处理器（Graphics Processing Unit，GPU）又称为显示核心、视觉处理器、显示芯片，是一种专门在个人计算机、工作站、游戏机和一些移动设备（如平板电脑、智能手机等）上做图像和图形相关运算工作的微处理器。

GPU 的出现不是为了取代 CPU，而是辅助 CPU 完成复杂的计算任务。GPU 不能独立运行，需要编写使用了专用接口（D3D、OGL、CUDA、OCL 等）的程序。这些程序都运行在 CPU 上，操作系统和显卡驱动会将程序中调用的接口翻译成 GPU 可执行的指令，指挥 GPU 工作。虽然 GPU 能进行通用计算，但并不是所有的算法都适合 GPU 执行。GPU 专门为大数据并行作业（Parallel Task）设计，每个线程相互独立（如图形渲染）。GPU 的核心数量通常有几千个，在同一时间会处理大量相似的数据、执行大量相似的指令，产生大量计算结果。因此显存的设计也突出大吞吐（Throughput）、高带宽（Bandwidth）等特点。主流旗舰显卡 GDDR6 的显存的带宽是 512GB/s，是 CPU 与内存带宽的数十倍。显存高带宽的代价是读写的高延迟，通常有 400～600 个时钟周期。GPU 只负责特定任务的执行，不需要控制整个计算机，因此 GPU 缩小了控制单元的面积，并将核心大部分面积让给了计算单元。

与 CPU 的指令集不同，GPU 的架构每代变化很大，不同厂商的 GPU 架构也不同，ISA 很难做到统一。GPU 指令同样会划分出取指令、指令解码、执行等流水线阶段。CPU 和 GPU 的区别如表 2-4 所示。

表 2-4　CPU 和 GPU 的区别

项　　目	CPU	GPU
组成单元	运算单元、控制单元、缓存单元	运算单元、控制单元、缓存单元
组成占比	25%的 ALU（运算单元） 25%的 Control（控制单元） 50%的 Cache（缓存单元）	90%的 ALU（运算单元） 5%的 Control（控制单元） 5%的 Cache（缓存单元）
适用场景	武器装备、信息化等需要复杂逻辑控制的场合	密码学、挖矿、图形学等需要并行计算，无依赖性、互相独立的场合
对奥数题的求解能力	单线程计算，单个芯片性能强劲，计算能力强	单个芯片性能弱，计算能力弱，可能速度很慢，甚至算不出来
对 1000 道算术题的求解速度	先算第一题，再算第二题；速度较慢	可以同时计算 1000 道算术题，速度很快
能耗	较小，因为只有少量运算单元，无须单独配备散热风扇	较大，大量的运算单元往往需要单独配散热风扇

2.3　硬件平台特殊指令加速

SIMD（Single Instruction Multiple Data）是一种并行计算技术，它采用一个控制器

来控制多个处理器。该技术通过对一组数据（或称为"数据向量"）中的每个数据分别执行相同的操作，来实现高效的空间并行计算。

SIMD 可以做到同时对多个数据进行相同的指令操作，减少所需要的指令数量和耗时。例如，拥有四元素的向量中对应元素进行乘法操作时，一条单指令单数据（SISD）乘法指令只能处理两个数据项，而一条单指令多数据（SIMD）指令可并行处理两组四元素的向量，如图 2-7 所示。因此普通指令需要 4 条，而 SIMD 指令只需要一条。使用这种指令可以有效提升单条指令所处理的数据量，从而提升该模块的效率。

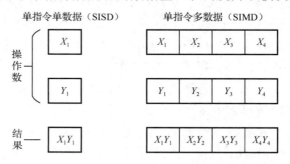

图 2-7　AVX 提供的 256 比特的寄存器

目前 SIMD 已在多种架构上实现，如 Intel Pentium III 芯片上的 SSE 指令、x86 上的 AVX2 指令、ARM 中的 NEON 及 RISC-V 等。

🔓习题

2.1　按照指令集复杂程度划分，目前 CPU 指令集可划分为哪几类？

2.2　复杂指令集有什么特点？具有什么优点和缺点？

2.3　SSE 指令集是继 MMX 后的扩展指令集，该指令集一共提供了多少条指令？具有什么新特性？

2.4　AVX 是 x86 指令集的 SSE 延伸架构，该 AVX 指令集主要有哪些新特性及提升？

2.5　基于 AVX 指令集，x86 还提出了哪些扩展技术？

2.6　精简指令集具有什么特点？

2.7　RISC 指令集有哪几个主流架构？

2.8　简述 MIPS 架构的特点。

2.9　简述 ARM 架构的特点。

2.10　简述 RISC-V 架构的特点。

2.11　简述 GPU 的定位，以及它的主要应用场景。

第 3 章　DES 算法

🔓 3.1　DES 算法描述

DES（Data Encryption Standard，数据加密标准）是美国 IBM 公司研制的对称密码算法。1977 年，美国国家标准与技术研究院（NIST）将 DES 确定为联邦资料处理标准（FIPS），并授权在非密级政府通信中使用。

DES 诞生之后便得到了广泛的关注和研究，因其巧妙的设计原理，起初具有较高的安全性，但是随着计算技术的发展和密码分析技术水平的提高，DES 密钥空间较小的缺点逐渐被暴露出来。1997 年，56 比特的 DES 被攻破，DES 也因此被证明不再安全。借鉴 DES 的设计思想，3-DES、AES 等新算法被先后提出，目前这些新算法仍然被广泛应用。

3.1.1　算法结构

DES 是一种分组密码，其设计遵循分组密码的两个重要原则：混淆和扩散。混淆是使密文与密钥之间的统计关系尽可能复杂化；扩散则是让每个明文位尽可能多地作用到密文位中。

DES 的明文分组、密文分组及密钥分组大小均为 64 比特。在实际运算中，对密钥每隔 7 个比特设置一个奇偶校验位，即密钥的第 8 位、第 16 位、第 24 位、第 32 位、第 40 位、第 48 位、第 56 位和第 64 位为奇偶校验位，不参与运算。因此，实际参与运算的密钥长度只有 56 比特。

DES 是采用 Feistel 结构的分组密码算法，其特征是加密和解密算法高度相似，且由多轮相同的轮函数组成。DES 密码算法主要包括密钥编排算法及加/解密算法，其中，密钥编排算法负责根据 64 比特初始密钥生成每轮加/解密所需的 48 比特轮密钥；加/解密过程分为初始置换、16 次轮加密及逆初始置换。DES 加/解密算法流程如图 3-1 所示。

（1）对 64 比特明文块进行初始置换（Initial Permutation，IP），产生 32 比特的左明文 L_0 和右明文 R_0。

（2）轮（Round）加密：执行轮函数 f，输入 48 比特轮密钥 K_{i+1}，以及上一轮生成的 L_i、R_i，输出 L_{i+1} 与 R_{i+1}。

（3）重复（2）共 16 次，得到 L_{16} 与 R_{16}。

（4）将 L_{16} 与 R_{16} 拼接起来，对组成的 64 比特块进行逆初始置换（IP^{-1}），得到 64 比特密文。

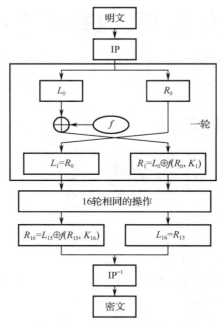

图 3-1　DES 加/解密算法流程

由于 DES 的巧妙设计，其加密与解密过程唯一的区别是颠倒了轮密钥的使用顺序。假设初始密钥为 K，在加密时由密钥编排算法扩展为轮密钥 $K_1, K_2, K_3, \cdots, K_{16}$，则解密时轮密钥顺序应为 $K_{16}, K_{15}, K_{14}, \cdots, K_1$。

3.1.2　核心部件

1. 初始置换和逆初始置换

初始置换（IP）将输入数据块按位重新排序，并把结果拆分成两部分。其输入为 64 比特明文数据块，输出为 32 比特的左半部分 L_0 和 32 比特的右半部分 R_0。

逆初始置换（IP^{-1}）是 IP 的逆过程，也将输入数据块按位重新排序。其输入为 L_{16} 和 R_{16} 合并成的 64 比特数据块，输出是 64 比特密文数据块。

上述两个置换都是位置换，可以看作简单地调换各个位的顺序。其置换规则由表 IP 以及 IP^{-1} 给出，表中元素 $\text{IP}_{i,j} = k$ 的含义是：置换后第 i 行与第 j 列的交点位置存放原来第 k 个比特。例如，若 $\text{IP}_{1,2} = 50$，则意味着输出块中第 1 行与第 2 列的交点位应该存放输入块的第 50 个比特。代码示例如下。

```
//DES 初始置换函数 IP
//输入：64 比特明文块 message_piece
```

```
//输出：32 比特左、右部分 1、r
int shift_size;                    //存放替代位的地址
unsigned char shift_byte;          //存放移位
unsigned char initial_permutation[8];                        //存放初始置换结果
memset(initial_permutation, 0, 8);

for (i=0; i<64; i++) {
    shift_size = initial_message_permutation[i];            //取 IP 表
    shift_byte = 0x80 >> ((shift_size - 1)%8);              //计算替代比特在字节内的位置
    shift_byte&= message_piece[(shift_size - 1)/8];         //取出对应比特
    shift_byte<<= ((shift_size - 1)%8);
    initial_permutation[i/8] |= (shift_byte>> i%8);         //存放结果
}

unsigned char l[4], r[4];                //左明文 1，右明文 r
for (i=0; i<4; i++) {
    l[i] = initial_permutation[i];
    r[i] = initial_permutation[i+4];     //l、r 各取结果 32 比特
}
```

2．f 函数

在第 i 轮中，f 函数的输入为第 $i-1$ 轮输出的 R_{i-1}，以及当前轮的轮密钥 K_i；输出为 32 比特处理结果 $f(R_{i-1}, K_i)$。之后，将 $f(R_{i-1}, K_i)$ 与 L_{i-1} 进行异或，生成第 $i+1$ 轮的输入 R_i。f 函数内部又可以按序分成 3 个部分：E 扩展置换、S 盒替换以及 P 盒置换，如图 3-2 所示。

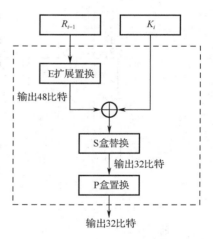

图 3-2　f 函数内部构造

1）E 扩展置换

E 扩展置换的输入为 32 比特的 R_{i-1}，输出为 48 比特数据块。其扩展数据块的目的有两个：一是使得数据块能够与轮密钥进行异或运算；二是在后续的 S 盒替换运算中进行压缩。

与 IP 类似，E 扩展置换的规则以表 E（见 3.4.1 节）的形式给出。表中元素 $E_{i,j} = k$ 的含义是：输出块中第 i 行与第 j 列的交点位置存放输入块的第 k 个比特。例如，若 $E_{1,1} = 32$，则意味着输出块中第 1 行第 1 列存放输入块的第 32 个比特。可以注意到，表中的某些项是重复的。这是为了扩展数据长度，某些输入位会被复制到两个不同的输出位置，也因此增强了数据的扩散性。代码示例如下。

```
//DES E 扩展函数
//输入：32 比特右半部分密文 r
```

```
//输出：E 扩展结果 er
for (i=0; i<48; i++) {
    shift_size = message_expansion[i];      //取表 E
    shift_byte = 0x80 >> ((shift_size - 1)%8);
    shift_byte&= r[(shift_size - 1)/8];
    shift_byte<<= ((shift_size - 1)%8);     //计算替换元素位置
    er[i/8] |= (shift_byte>> i%8);          //存放结果
}
```

2）S 盒替换

S 盒替换的目的是对扩展后的数据块进行压缩，同时进行一次非线性替换，替换操作由 8 个不同的 S 盒查找表完成。S 盒替换的构造如图 3-3 所示。首先将 E 扩展置换结果与轮密钥 K_i 进行异或后的 48 比特数据块分为 8 组，每组 6 比特，分别送入对应的 S 盒。每个 S 盒有一张 4 行 16 列的查找表，由 6 比特输入作为索引，输出 4 比特结果。记 S 盒的 6 比特输入为 $abcdef$，第 0 比特和第 5 比特组合形成行号 af，第 1～4 比特组合形成列号 $bcde$，用于查找 4 比特结果。实际上，替换操作由 8 个不同的 S 盒查找表完成。最后再将 8 个 S 盒的 4 比特结果合并，形成 32 比特输出。需要注意的是，S 盒的行列号都是从 0 开始的。S 盒替换达成了数据混淆的目的，是整个 DES 算法中唯一的非线性部件，也是整个算法安全性的来源。

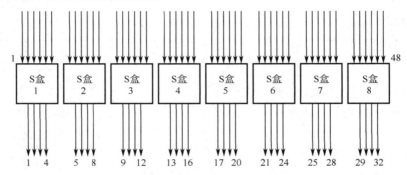

图 3-3　S 盒替换的构造

【例】以 S_1 为例，若输入为 001101，则行号为 01，即十进制的 1；列号为 0110，即十进制的 6。查找表 S_1 的第 1 行第 6 列，结果为 13，即二进制的 1011。因此，输入 001101 经过 S 盒替换后，变换为输出 1011。代码示例如下。

```
//DES　S 盒替换（第 1 字节）
//输入：32 比特 E 扩展置换结果 er
//输出：S 盒替换结果 ser（第 1 字节）
row = 0;                           //行号
row |= ((er[0] & 0x80) >> 6);      //取 S₁ 盒输入的最高位
row |= ((er[0] & 0x04) >> 2);      //取 S₁ 盒输入的最低位，组成行号
column = 0;                        //列号
```

```
column |= ((er[0] & 0x78) >> 3);                    //取列号
ser[0] |= ((unsigned char)S1[row×16+column] << 4);  //查找表 S₁
row = 0;
row |= (er[0] & 0x02);                              //取 S₂ 盒输入的最高位
row |= ((er[1] & 0x10) >> 4);                       //取 S₂ 盒输入的最低位，组成行号
column = 0;
column |= ((er[0] & 0x01) << 3);
column |= ((er[1] & 0xE0) >> 5);                    //取 S₂ 盒列号（分别在 2 字节）
ser[0] |= (unsigned char)S2[row×16+column];         //查找表 S₂
```

3）P 盒置换

S 盒替换得到了一个 32 比特输出，接着还需对其进行一次 P 盒置换。P 盒置换与 IP 置换类似，都是按位置换。该置换为一一映射，即把输入的每一位映射到输出位，且任何一位都不能被映射两次，也不能被省略。置换规则以表 P 的形式给出，含义与 IP 置换、E 扩展置换类似，在此不做赘述。

3．密钥编排

DES 加密算法共对明文执行 16 次轮加密，需要 16 个轮密钥。由初始 64 比特用户密钥生成 16 个 48 比特轮密钥的过程称为密钥编排。密钥编排算法也需进行多轮迭代运算，其算法流程如下。

（1）假设 64 比特初始用户密钥为 K，对其进行选择置换 1（PC_1）得到 56 比特密钥 K'，其左、右两部分分别记为 C_0、D_0。

（2）第 i 轮时，分别将 C_{i-1}、D_{i-1} 循环左移，得到 C_i、D_i。左移的位数与轮次有关，在第 1、2、9、16 轮移动一位；否则移动两位。

（3）将 C_i、D_i 合并为 56 比特，进行选择置换 2（PC_2），生成 48 比特轮密钥 K_i。

（4）重复步骤（2）、（3）共 16 次，获得 16 个轮密钥。

由于密钥编排要进行置换和密钥长度的压缩，因此称其为压缩置换（Compression Permutation）。压缩置换的存在，使得每轮都使用不同的密钥位，这增加了 DES 的安全性。

🔓3.2　DES 快速实现方法

随着计算机算力的提升以及密码分析技术的发展，目前 DES 算法已被证明不安全。从 2000 年开始，由于 3-DES 和 AES 等分组密码的提出，基本上已不再有关于 DES 算法实现的研究。即便如此，从 DES 诞生起也出现了大量关于 DES 实现技术的研究，下面挑选其中的一部分进行介绍。

3.2.1 基于 AVX 的 DES 快速实现

基于第 2 章介绍过的 SIMD 指令（详见 2.3 节），可利用单指令多数据流来加速某些算法，减少实现开销。Gueron 等人将这种思想应用到了 DES 中，并将该方法称为"多块（Multi-Block）DES"。该方法将输入调整成适合使用 SIMD 指令的形式，可以高效地并行处理多条消息，但需要花费额外的变换操作。以下做简单的介绍。

1．变换操作

先考虑单条输入：假设单条输入消息为 M，有一指针 p 保存其地址。在加密 M 时，可以直接读取内存中连续的 64 比特块，并分别对其进行加密。

再考虑两条输入：假设两条消息为 M_1 和 M_2，其地址分别由指针 p_1 和 p_2 保存，B_1、B_2 分别是 M_1、M_2 的两个 64 比特块。在 CBC（Cipher Block Chaining）模式下，若希望在 128 比特寄存器（xmm）上使用 SIMD 指令对其并行处理，则需要将 B_1、B_2 放入同一个 xmm 寄存器，假设为 xmm2。在一般情况下，只能通过两个指针分别从内存中读取 B_1 和 B_2，并分别存入两个寄存器 xmm0 和 xmm1 的低半部分。然后将 xmm0、xmm1 的低 64 比特内容合并到 xmm2 中。代码样例如下。

```
vmovdqu (%rsi), %xmm0
vmovdqu (%rdi), %xmm1
vpshufd $0x4e, %xmm1, %xmm1
vpblendd $0x0c, %xmm0, %xmm1, %xmm2
```

更高效的方法是通过指针将两个块读入 xmm1、xmm2，然后用类似的软件流将这些寄存器的内容合并到两个 xmm 寄存器中。代码样例如下。

```
vmovdqu (%rsi), %xmm0
vmovdqu (%rdi), %xmm1
vpunpcklqdq %xmm0, %xmm1, %xmm2
vpunpckhqdq %xmm0, %xmm1, %xmm3
```

传统的 DES 算法实际上是独立处理这两个比特块的。记 $B_1=[b_1,a_1]$，$B_2=[b_2,a_2]$，其中 a_1、a_2、b_1、b_2 都是 32 比特的半块。Gueron 等人提出的高效实现方法将这些半块放入两个寄存器 xmm0、xmm1 中，记 xmm0=$[0,0,b_2,b_1]$ 及 xmm1=$[0,0,a_2,a_1]$。代码样例如下。

```
vmovdqu (%rsi), %xmm0
vmovdqu (%rdi), %xmm1
vpunpckldq %xmm0, %xmm1, %xmm2
vpunpckhdq %xmm0, %xmm1, %xmm3
```

2．SIMD 处理

当输入组织成几个寄存器中半块的形式时，便可以使用 SIMD 指令对其进行操作。用 SIMD 执行 32 比特半块数据的移位、逻辑与及异或指令，可以轻松实现初始置换和逆初始置换。f 函数由 E 扩展置换、S 盒替换和 P 盒置换组成。其中，E 扩展置换可以用类似的 SIMD 指令完成，而 S 盒替换和 P 盒置换都需要根据对应的表格设置常量。S 盒将每块中的每 6 比特输入转换成对应的 4 比特输出，为了防止串行访问 S 盒表，要将表的一部分加载到寄存器中，并且将不同块的几个元素并行地排列。最后，将操作结果寄存器使用掩码寄存器混合，以确定 S 盒替换是否使用 S 盒表的正确部分。以此类推，迭代 S 盒表的每一部分就可以得到最终结果，并将其在结果寄存器中进行合并。

这项技术可以在 Intel 的 AVX512 指令集上完成。AVX512 能够在一个寄存器中一次性处理 8 个半块，在一字节中存储 S 盒的 6 比特输入，最终将 8 个不同块的 48 比特输入排列在一起。在 AVX512 寄存器中，这个排列过程可以加载绝大部分的 S 盒表。在 16 次这样的排列之后，整个 S 盒表就加载完成了。这个过程可以使用多个寄存器并行实现，每次加载 S 盒时进行相同的排列。完成 S 盒操作后，用高级 SIMD 指令准备 P 盒的常数，对所有半块并行执行 P 盒置换。

该技术经过调整后也可向下兼容 Haswell 的 AVX2 指令集，但使用 AVX2 将导致并行性降低，在处理 S 盒时的迭代次数增加，成本更大。这些额外成本导致在 CBC 模式下使用多块模式反而得不偿失。

对于单个输入的数据流，可以在 ECB（Electronic Code Book）模式下实现类似的技术。ECB 模式不需要变换操作，但需要额外的指令将块拆分为两半，并在处理结束后将其合并。但由于这个额外操作与 CBC 模式下的变换操作相比要简单得多，因此 ECB 模式下的多块实现将带来更好的性能提升。

与 OpenSSL 上的实现相比，该技术在 AVX2 上的实现性能为 OpenSSL 上的 79%；但借助 AVX512 指令及更大的寄存器，采用该技术可实现 3.2 倍性能提升。基于 SIMD 的 DES 快速实现如图 3-4 所示。

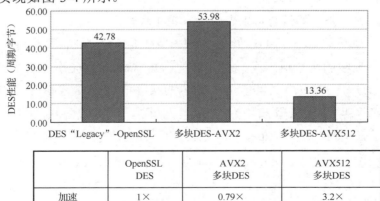

	OpenSSL DES	AVX2 多块DES	AVX512 多块DES
加速	1×	0.79×	3.2×

图 3-4　基于 SIMD 的 DES 快速实现

该技术的思想同样适用于其他密码算法，但对于使用更复杂运算（如乘法或大 S 盒）的密码算法，则需要更多的指令来实现复杂运算，因此效率较低。

3.2.2 64 位平台上的 DES 快速实现

并非所有处理器都支持 SIMD 指令，此时需要其他的方法来提升算法的效率。Biham 等介绍了一种新的方法，将 64 位处理器当作 64 个并行的 1 位处理器，使其在软件实现中达到类似 SIMD 的效果。下面介绍了两种方案，分别是非标准表示和标准表示的 DES 快速实现。

DES 快速实现的总体思路是在并行加密 64 个字时，一次加密 64 个字的各 1 位，而非一次加密一个 64 位字。为此，必须将每一比特分开存放在不同的字中，在计算时分别存取。因此，要重新考虑 DES 所需的各个操作。异或操作是按位计算的，不受影响，P 盒置换和 E 扩展置换操作实现时不用改变字的存放顺序，只要改变寄存器的命名顺序，就可以对需要的比特直接寻址，因此不需要额外指令。S 盒比较复杂，为了实现 S 盒表的查找，需要从不同的字中分别提取 6 比特，拼凑成索引；查找到结果后再将 4 比特分别存放，非常低效。因此需要针对 S 盒查找进行优化。若使用与、或、非、异或等操作表示 S 盒的门电路，则采用一些优化手段可以减少 S 盒的总门数。

记一个 S 盒的 6 比特输入为 $abcdef$，先计算 de 的 16 种函数（除了结果恒为 0、1 的常函数），再存入 14 个寄存器中，这里需要两个求非运算以及 10 个额外操作（0、1、d、f、$\overline{d}$ 和 $\overline{f}$ 是已知的）。在每个 S 盒中，该步骤只需要预先做一次，之后计算输出位时就可以直接使用这些函数，所以 S 盒的每行只需要 6 个操作来计算，再用 6 个操作来组合计算结果。因此，计算 S 盒的每个输出位需要 30 个操作；每个 S 盒总共需要 $12 + 4 \times 30 = 132$ 个操作。由于 S 盒表的某些部分是相似的（相同或互补），操作可以进一步优化。最终，平均每个 S 盒只需要 100 个操作。4 个 2 比特输入（ bc 或 af ）的值可以形成组合，如不同行的相同 2 比特的组合 $((bc = 00), (bc = 01), (bc = 10), (bc = 11))$，或者是 4 行的值的组合。这 4 个值的组合可以表示为（第 1 种情况）

$$\left[\underline{f_{00}} \oplus c \cdot \underline{(f_{00} \oplus f_{01})} \right] \oplus b \cdot \left[\underline{(f_{00} \oplus f_{10})} \oplus c \cdot \underline{(f_{00} \oplus f_{01} \oplus f_{10} \oplus f_{11})} \right]$$

其中，带下画线的函数值为经过预计算的已知常数。f_{bc} 是保存在上述寄存器中的 16 个值之一，$f_{bc} = S(abcdef)$（其中 de 是输入的实际值，af 是假定值）。中间步骤计算的是项组合的值（如 f_{00}、$f_{00} \oplus f_{01}$、$f_{00} \oplus f_{10}$、$f_{00} \oplus f_{01} \oplus f_{10} \oplus f_{11}$），而非项本身。表 3-1 和表 3-2 描述了在 300MHz 的 Alpha 处理器上，每轮以及整个 DES 的最大门数量。因此，预期速度应该达到 $300 \times \dfrac{2^{20}}{4} = 75\,\mathrm{Mbps}$，该实现方法比 64 位 Alpha 计算机上最快的 DES 实现快了约 5 倍。

表 3-1　非标准表示法 DES 在 Alpha 上每轮指令的数量

操　作	指　令
E 扩展置换	0
密钥编排	48
P 盒置换	0
与左半部分异或	32
S 盒替换	$8 \times 100 = 800$（平均值）
加载+写回	$8 \times (6 + 6\text{load} + 4\text{load} + 4\text{store}) = 160$
每轮总数	1040

表 3-2　非标准表示法 DES 在 Alpha 上指令的总数

操　作	总　数	平均每块的值
IP、IP^{-1}	0	0
16 轮	$16 \times 1040 = 16640$	260
表示转换	2500	40

在标准和非标准表示之间的转化也可以在约 1250 条指令中完成。在加密之前和之后两次执行此操作需要大约 2500 条指令，每个加密块大约需要 40 条指令。

这种实现可以用于两种不同的情景：①标准表示的 DES 加/解密过程，可以通过使用一些指令转化表示，以与其他 DES 实现有效兼容；②磁盘集群、大型通信数据包等大块数据的加/解密。此时，标准表示法并不重要，不需要进行标准/非标准表示的转换，因此这种实现更快。

这种实现方法实际上可以应用于任何密码，但实现效率取决于许多因素，如原始密码的效率、处理器的字长以及密码操作的复杂性。对于操作简单（如不涉及乘法）、S 盒规模小（它们的门复杂度会更小）或使用更小的寄存器的算法，该实现方法则更实用。

接下来我们讨论 64 位处理器上的标准表示法 DES 实现。与 32 位处理器不同，在 64 位处理器上，扩展到 48 比特的密文右半部分 R_i 可以完整地存储在一个字中。此外，如果将 S 盒输入的 6 个分别存放的比特存放在一整个字节中，我们就可以通过单字节引用直接访问 S 盒表。同理，我们可以将查找表应用到初始置换和逆初始置换中（这里的查找表从单字节映射到 64 比特结果），并对各种表查找的结果进行异或处理。

在每轮中，我们将 R_i（表示为 8 字节，但每字节中只使用 6 比特）和轮密钥（表示方法相同）进行异或，然后用 8 个查找表来实现 S 盒替换，结果也要异或。此时，S 盒的 64 比特结果中已经包括了 P 盒置换和 E 扩展置换操作。但是，在使用这种表示法时，逆初始置换中应该省略左、右半块中的重复位。

由于同一轮中 8 个 S 盒可以并行处理，因此流水线不会阻塞；但如 Feal、Khufu 等其他密码中，每个操作的输入都取决于前一个操作的输出，所以可能导致阻塞。尤其在处理器算力提升后（如可同时计算的指令数量增加），那些无法并行处理的算法的阻塞问题会更加严重（因为处理器的算力无法得到发挥），而这也是本算法的重大优势。此外，下一轮的输入是由上一轮的结果决定的。这虽然不会减慢处理速度，但还有优化的空间。因为每轮的输入只与上一轮的 6 个 S 盒有关，所以可以继续优化代码，提高算法的并行效率。同时，本算法的所有表和变量合计约 4 字节，可以轻松载入到缓存中，因此算法是内存友好的。

表 3-3 和表 3-4 描述了此实现所需的操作数量以及 Alpha 处理器上的指令数量。Biham 等人的文献提供了 300MHz Alpha 处理器上的 C 实现，加密速度达到了 46Mbps。在同一个处理器上，Eric Young 的 libdes 算法（单个 DES）的速度运行是 28Mbps。可见，该实现比当时已知的最快实现快了一倍。

表 3-3　快速标准 DES 在 Alpha 上每轮指令的操作数量

操　作	操作类型	指　令　数
密钥异或	1 load + XOR	2
EPS	8 次查表	$8 \times 3 = 24$(extbl, add, lookup)
S 盒与 L 异或	8 XOR	8

表 3-4　快速标准 DES 在 Alpha 上指令的总数

操　作	操　作　类　型	指　令　数
初始置换	5 times(3 XORs, 2 shifts, 1 AND)	$5 \times 6 = 30$
E 扩展置换	初始扩展	26
16 轮	每一轮用 34 条指令	$16 \times 34 = 544$
逆扩展置换	扩展置换的逆操作	4
IP^{-1}	最终置换	30

🔓 3.3　3-DES 在 GPU 上的高速实现

由于 DES 密钥长度为 64 比特，因此已经被更安全的 3-DES 或 AES 所取代。3-DES 加强了 DES 的安全性，可以被看作 AES 和 DES 之间的一个过渡形式。实际上，3-DES 只是连续进行 3 次 DES 操作。理论上，它消耗的 CPU 时间大约是 DES 的 3 倍，但是，它的安全性远远超过 DES 的 3 倍并具有较高的实际安全性。因此，Yeh 等人通过在 GPU 上实现了 3-DES 加/解密方案，有效提高了其性能。

3.3.1　3-DES 结构设计

由于 DES 是 3-DES 操作的主要核心，因此首先分析 DES 的结构。在 DES 中，密钥编排、IP、IP^{-1}、轮函数等操作都是由 CPU 完成的。因此，这些操作花费了大量的 CPU 时间和计算资源。Yeh 等人将 CPU 的一些操作分配给 GPU，加快整个系统的运算速度，减少 CPU 资源的消耗。

3-DES 的加密可以分为三部分（见图 3-5）：首先用密钥 1 对明文进行 DES 加密；然后用密钥 2 进行 DES 解密；最后用密钥 3 进行 DES 加密，完成整个加密操作。3-DES 解密是对 3-DES 加密的逆向操作。可见，3-DES 需要花费至少 3 倍于 DES 的 CPU 时间。

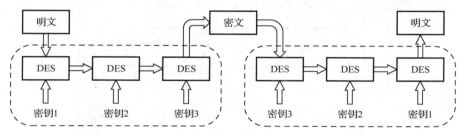

图 3-5　3-DES 结构

在 CUDA 编程中，实现 3-DES 的基本想法是将加密和解密操作放在 GPU 上，同时保留传统的 3-DES 结构。然而，这在 CUDA 编程中可能会面临以下一些问题。

（1）并行算法不容易构建。

由于 DES 程序是顺序执行的，因此使其内部流程并行化很困难。虽然 AES 使用了大量矩阵解决这个问题，但 DES 没有好的矩阵解决方案。

为了解决这个问题，Yeh 等人修改了传统的 DES 算法以适应 CUDA 程序。假设一次大约输入 $64 \times N$ 比特的明文，其方法是在 GPU 上使用 N 个线程，创建具有并行性的 DES。

（2）如何利用 GPU 内存优化系统。

当尝试一次输入 $64 \times N$ 比特的明文时，系统效率会迅速下降，主要原因是未合理分配 GPU 内存。

传统的 3-DES 加密包括两个 DES 加密和一个 DES 解密。当把 3-DES 加密和解密的 C 代码改写成 CUDA 代码时，减少数据移动的频率非常重要。Yeh 等人的文献中的初始函数调用为

```
__global__ DES_encryption()
__global__ DES_decryption()
```

其中，"__global__" 意味着这个函数调用将由 GPU 核心执行。它们需要大量的数

据移动来完成一次 3-DES 加密。若将 3 个操作合并为一个操作，可以将 6 个数据移动操作减少为两个数据移动操作。因此，可建立针对 CUDA 编程的 3-DES。新的 3-DES 加密流程如图 3-6 所示。图 3-6 仅展示了 3-DES 在 GPU 上的加密流程，解密的流程与加密的流程类似。

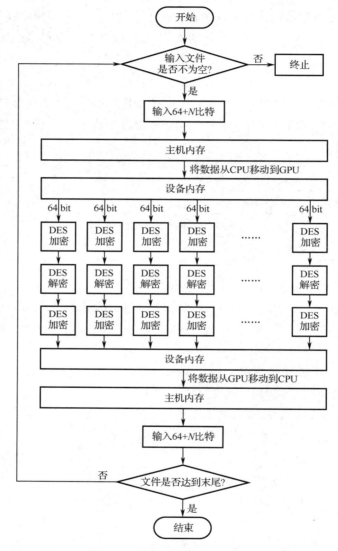

图 3-6 新的 3-DES 加密流程

3.3.2 在 GPU 上实现 3-DES

DES 加密和解密的第 1 步是将明文或密文从 CPU 转移到 GPU 上。首先，CPU 发出指令，在显存中分配相同大小的数据块。然后，CPU 通过 DMA 将数据从内存发送到显存。显卡收到数据后，CPU 可以调用 GPU 实现并行计算。

当 GPU 接收数据和指令时，需要将数据发送给线程。在 DES 的实现中，一个明文分组是 64 比特。使用长度为 8 的无符号数组来存储 64 比特明文，将所有 $64 \times N$ 比特数据存储在名为 block 的无符号数组中。首先，GPU 读取 block 数组中的所有元素，并将它们发送到不同的线程，用 $J = (blockIdx.x \times blockDim.x + threadIdx.x)$ 来表示每个线程。其中，J 表示线程 ID；blockIdx 表示一个 Grid 中 Block 的数量；blockDim 表示一个 Block 中线程的数量；threadIdx 表示 Block 中对应的线程 ID。然后，将明文分为两部分，分别命名为 Left 和 Right。Left 和 Right 都为 32 比特，分别由 4 个 unsigned char 元素组成。

在标准文档的各种表中，比特是从左到右排列的（从 1 开始）。在用序列表示时，使用行优先顺序，如图 3-7 所示。

```
 1   2   3   4   5   6   7   8
 9  10  11  12  13  14  15  16
17  18  19  20  21  22  23  24
25  26  27  28  29  30  31  32
33  34  35  36  37  38  39  40
41  42  43  44  45  46  47  48
49  50  51  52  53  54  55  56
57  58  59  60  61  62  63  64
```

图 3-7　行优先位序列

奔腾处理器使用字节（行）顺序读取内存，得到如图 3-8 所示的位序列。序列分为上下两部分，每部分需要 32 比特的寄存器来存储，因此交换这两部分相当于交换了这两个寄存器的标号。

```
57  58  59  60  61  62  63  64
49  50  51  52  53  54  55  56
41  42  43  44  45  46  47  48
33  34  35  36  37  38  39  40
25  26  27  28  29  30  31  32
17  18  19  20  21  22  23  24
 9  10  11  12  13  14  15  16
 1   2   3   4   5   6   7   8
```

图 3-8　在奔腾处理器上的输入/输出位序列

DES 的初始置换结构非常简单，可以用一系列的位交换来实现，使用的算法称为 Hoey 算法。算法开始时，也隐含了上半部分和下半部分的互换。

DES 还需要 16 次轮函数来完成加密和解密。一般通过 DES 函数的 3 次调用来完成 3-DES 加密和解密，这需要在 CPU、GPU 和内存之间移动数据，可能会浪费大量的 CPU 时间，因此减少内存访问的方法是连续做 64 次轮函数，从而程序只需要进行两次内存访问就可以完成一次 3-DES 加密或解密。

重写轮函数的关键是解决内存访问问题。由于常量内存的速度通常比全局内存快，而且不会占用共享内存的空间，因此可使用 unsigned long 类型的常量内存来存储 S 盒和 P 盒。

3.3.3 3-DES 加密的实现

设计一个 3-DES 加密程序，要考虑各种类型的文件。例如，在 PowerPoint 或 Word 等文件中，使用'\0'作为其结束符号。在这种情况下，只需要确定输入的字是什么。但在音乐或电影文件等流媒体数据中，'\0'不是结束符号，所以需要调整程序来适应所有的文件类型。

此外，一次输入的是 $64 \times N$ 比特明文，而不是 64 比特。这可能会在确定结束符号的位置时出现错误。例如，如果一次输入 1000 个字的明文，而结束符号'\0'是第 1250 个字，这时必须做两次循环才能输入所有的明文。但当两次循环后，却读到了明文的第 2000 个字，而该字是编译器无法识别的空字，所以循环并不会停止。

综合上述两个因素，Yeh 等人的文献中给出了伪代码。

```
Algorithm- DES Encryption (plaintext, ciphertext);
Input:plaintext(64 * N bits plaintext).
Output:ciphertext(64 * N bits ciphertext).
// N means how many threads we use in device.
begin
declare integerplaintext[64 * N], temptext[64 * N],ciphertext[64 * N];
declare integerkey1[64], key2[64], key3[64], key[192];
declare integerplaintextsize =64 * N;
while(not reach the end of file)
{
input_EN(plaintext,temptext); //put plaintext tinto temp buffer
key =key_schedule (key1, key2, key3); // generate subkeys
copy temptext form host memory to device memory
__global__3-DES_encryption (temptext, key);
copy temptext form device memory to host memory
swap (ciphertext,temptext);
output_EN (ciphertext);
}
end
```

在上面的伪代码中，只有名为__global__3-DES_encryption 的函数会在 GPU 中执行。除了__global__3-DES_encryption 函数，只有 key_schedule 函数可以被并行化。这里的 key_schedule 沿用了传统 3-DES 的 key_schedule 设计，没有做任何修改。所以，key_schedule 函数的计算量很少，不值得在 CUDA 中执行,其内存访问时间大于计算时间。

另一个值得一提的是输入函数。由于希望代码支持所有的文件类型，因此需要设计新的结束符号判断方法。Yeh 等人的文献中的方法是为所有文件类型设计一个新的结束符号。如果一次输入 1000 个字，相当于 8000 比特的明文，详细设计如下。

（1）设计新的结束符号。结束符号是一个独特的词，只有程序能识别，所以不能选择常见的词作为结束符号。文章选择"/nend/ab"作为结束符号。

（2）每隔 1000 个字在明文中添加结束符号。程序每隔 1000 个字检查明文是否结束。Yeh 等人用 fread() 来确定是否已经读入了所有的明文。如果 fread() 返回值为 8000，就意味着输入了 8000 比特或 1000 个字。同时，这意味着该文件可能没有结束，应该加上结束符号，然后继续寻找明文的结尾，所以一次应该准确地输出 1008 个字（1000 个字+8 个字结束符号）。

（3）找出明文的结尾。当 fread() 返回的值小于 8000 时，这意味着已经找到了明文的结尾。由于这里对 1000 个字进行了一次处理，因此需要填充明文来达到 1000 个字。结束符号"/nend/ab"只有 8 个字。在结束符号之后，需要用"\0"来填补空缺，以达到 1008 个字。

（4）停止的条件。在找到明文的结尾后，下一轮 fread() 返回值为 0。这意味着明文是空的，所以程序将打破循环，停止 3-DES 加密。

3.3.4　3-DES 解密的实现

3-DES 解密的实现与 3-DES 加密类似，但解密需要更多的判断操作，这意味着需要更多的 CPU 时间来决定何时停止操作。与加密不同，解密的输入是全部密文，需要先对密文进行解密，然后才能对其进行分析。

加密和解密的主要差异是判断条件。在 3-DES 加密中，系统可以使用 feof() 来检测文件是否到达了终点。但在解密中，需要一次输入所有密文。如果只是解密和输出，明文就会出现多个结束符号。下面是实现的具体细节。

1．输入 1008 个字并解密

当程序启动时，将输入 1008 个字的密文，并将其发送到 GPU 进行解密。这个阶段将一直重复下去，直到没有密文输入。

2．解密后的分析

解密后，程序会分析明文的最后 8 个字。如果这 8 个字是"/nend/ab"，就意味着输入文件没有到达结尾。程序将输出没有"/nend/ab"的结果，并返回第 1 阶段。反之，如果这 8 个字不是"/nend/ab"，就意味着输入的文件已经到达了结尾，程序应该分析这 1008 个字以找出结束符号的位置。当程序找到结束符号的位置时，它将把没有"/nend/ab\0\0\0..."的结果输出为明文。完成了所有工作之后，程序跳出循环。

3.3.5　实现性能及分析

　　Yeh 等人在 OpenSSL 和显卡上测试了 DES、3-DES 实现，记录了它们的 CPU 时间，得到了实验数据。测试数据为用户时间，时间接口为 Linux 系统中的 time 函数。

　　结果共有两个部分，分别是 DES 在 CPU 上和 GPU 上实现的时间。如图 3-9 所示，在 4MB 的明文中，GPU 上实现 DES 的时间约为 OpenSSL 的 1/2。在 697MB 的明文中，在 GPU 实现上可以获得 3～4 倍的性能提升，这意味着在更大的明文规模中使用并行算法能获得更大的效益。

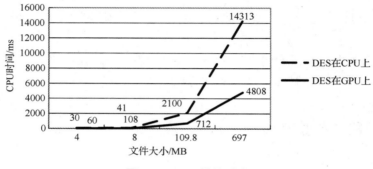

图 3-9　DES 性能对比

　　在 3-DES 的情况下，当处理大小接近 4MB 的文件时，DES 在 GPU 环境下的性能是 CPU 的 5 倍左右，如图 3-10 所示。此外，如果文件大小超过 700MB，它将获得超过 6 倍的性能。

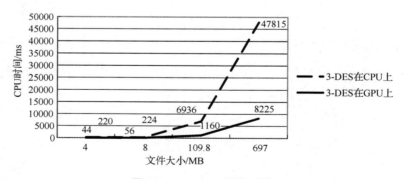

图 3-10　3-DES 性能对比

3.4　测试示例

3.4.1　参考常量

初始置换表：

$$IP = \begin{bmatrix} 58 & 50 & 42 & 34 & 26 & 18 & 10 & 2 \\ 60 & 52 & 44 & 36 & 28 & 20 & 12 & 4 \\ 62 & 54 & 46 & 38 & 30 & 22 & 14 & 6 \\ 64 & 56 & 48 & 40 & 32 & 24 & 16 & 8 \\ 57 & 49 & 41 & 33 & 25 & 17 & 9 & 1 \\ 59 & 51 & 43 & 35 & 27 & 19 & 11 & 3 \\ 61 & 53 & 45 & 37 & 29 & 21 & 13 & 5 \\ 63 & 55 & 47 & 39 & 31 & 23 & 15 & 7 \end{bmatrix}$$

逆初始置换表：

$$IP^{-1} = \begin{bmatrix} 40 & 8 & 48 & 16 & 56 & 24 & 64 & 32 \\ 39 & 7 & 47 & 15 & 55 & 23 & 63 & 31 \\ 38 & 6 & 46 & 14 & 54 & 22 & 62 & 30 \\ 37 & 5 & 45 & 13 & 53 & 21 & 61 & 29 \\ 36 & 4 & 44 & 12 & 52 & 20 & 60 & 28 \\ 35 & 3 & 43 & 11 & 51 & 19 & 59 & 27 \\ 34 & 2 & 42 & 10 & 50 & 18 & 58 & 26 \\ 33 & 1 & 41 & 9 & 49 & 17 & 57 & 25 \end{bmatrix}$$

E 扩展置换表：

$$E = \begin{bmatrix} 32 & 1 & 2 & 3 & 4 & 5 \\ 4 & 5 & 6 & 7 & 8 & 9 \\ 8 & 9 & 10 & 11 & 12 & 13 \\ 12 & 13 & 14 & 15 & 16 & 17 \\ 16 & 17 & 18 & 19 & 20 & 21 \\ 20 & 21 & 22 & 23 & 24 & 25 \\ 24 & 25 & 26 & 27 & 28 & 29 \\ 28 & 29 & 30 & 31 & 32 & 1 \end{bmatrix}$$

P 盒置换表：

$$P = \begin{bmatrix} 16 & 7 & 20 & 21 \\ 29 & 12 & 28 & 17 \\ 1 & 15 & 23 & 26 \\ 5 & 18 & 31 & 10 \\ 2 & 8 & 24 & 14 \\ 32 & 27 & 3 & 9 \\ 19 & 13 & 30 & 6 \\ 22 & 11 & 4 & 25 \end{bmatrix}$$

S 盒表：

$$S_1 = \begin{bmatrix} 14 & 4 & 13 & 1 & 2 & 15 & 11 & 8 & 3 & 10 & 6 & 12 & 5 & 9 & 0 & 7 \\ 0 & 15 & 7 & 4 & 14 & 2 & 13 & 1 & 10 & 6 & 12 & 11 & 9 & 5 & 3 & 8 \\ 4 & 1 & 14 & 8 & 13 & 6 & 2 & 11 & 15 & 12 & 9 & 7 & 3 & 10 & 5 & 0 \\ 15 & 12 & 8 & 2 & 4 & 9 & 1 & 7 & 5 & 11 & 3 & 14 & 10 & 0 & 6 & 13 \end{bmatrix}$$

$$S_2 = \begin{bmatrix} 15 & 1 & 8 & 14 & 6 & 11 & 3 & 4 & 9 & 7 & 2 & 13 & 12 & 0 & 5 & 10 \\ 3 & 13 & 4 & 7 & 15 & 2 & 8 & 14 & 12 & 0 & 1 & 10 & 6 & 9 & 11 & 5 \\ 0 & 14 & 7 & 11 & 10 & 4 & 13 & 1 & 5 & 8 & 12 & 6 & 9 & 3 & 2 & 15 \\ 13 & 8 & 10 & 1 & 3 & 15 & 4 & 2 & 11 & 6 & 7 & 12 & 0 & 5 & 14 & 9 \end{bmatrix}$$

$$S_3 = \begin{bmatrix} 10 & 0 & 9 & 14 & 6 & 3 & 15 & 5 & 1 & 13 & 12 & 7 & 11 & 4 & 2 & 8 \\ 13 & 7 & 0 & 9 & 3 & 4 & 6 & 10 & 2 & 8 & 5 & 14 & 12 & 11 & 15 & 1 \\ 13 & 6 & 4 & 9 & 8 & 15 & 3 & 0 & 11 & 1 & 2 & 12 & 5 & 10 & 14 & 7 \\ 1 & 10 & 13 & 0 & 6 & 9 & 8 & 7 & 4 & 15 & 14 & 3 & 11 & 5 & 2 & 12 \end{bmatrix}$$

$$S_4 = \begin{bmatrix} 7 & 13 & 14 & 3 & 0 & 6 & 9 & 10 & 1 & 2 & 8 & 5 & 11 & 12 & 4 & 15 \\ 13 & 8 & 11 & 5 & 6 & 15 & 0 & 3 & 4 & 7 & 2 & 12 & 1 & 10 & 14 & 9 \\ 10 & 6 & 9 & 0 & 12 & 11 & 7 & 13 & 15 & 1 & 3 & 14 & 5 & 2 & 8 & 4 \\ 3 & 15 & 0 & 6 & 10 & 1 & 13 & 8 & 9 & 4 & 5 & 11 & 12 & 7 & 2 & 14 \end{bmatrix}$$

$$S_5 = \begin{bmatrix} 2 & 12 & 4 & 1 & 7 & 10 & 11 & 6 & 8 & 5 & 3 & 15 & 13 & 0 & 14 & 9 \\ 14 & 11 & 2 & 12 & 4 & 7 & 13 & 1 & 5 & 0 & 15 & 10 & 3 & 9 & 8 & 6 \\ 4 & 2 & 1 & 11 & 10 & 13 & 7 & 8 & 15 & 9 & 12 & 5 & 6 & 3 & 0 & 14 \\ 11 & 8 & 12 & 7 & 1 & 14 & 2 & 13 & 6 & 15 & 0 & 9 & 10 & 4 & 5 & 3 \end{bmatrix}$$

$$S_6 = \begin{bmatrix} 12 & 1 & 10 & 15 & 9 & 2 & 6 & 8 & 0 & 13 & 3 & 4 & 14 & 7 & 5 & 11 \\ 10 & 15 & 4 & 2 & 7 & 12 & 9 & 5 & 6 & 1 & 13 & 14 & 0 & 11 & 3 & 8 \\ 9 & 14 & 15 & 5 & 2 & 8 & 12 & 3 & 7 & 0 & 4 & 10 & 1 & 13 & 11 & 6 \\ 4 & 3 & 2 & 12 & 9 & 5 & 15 & 10 & 11 & 14 & 1 & 7 & 6 & 0 & 8 & 13 \end{bmatrix}$$

$$S_7 = \begin{bmatrix} 4 & 11 & 2 & 14 & 15 & 0 & 8 & 13 & 3 & 12 & 9 & 7 & 5 & 10 & 6 & 1 \\ 13 & 0 & 11 & 7 & 4 & 9 & 1 & 10 & 14 & 3 & 5 & 12 & 2 & 15 & 8 & 6 \\ 1 & 4 & 11 & 13 & 12 & 3 & 7 & 14 & 10 & 15 & 6 & 8 & 0 & 5 & 9 & 2 \\ 6 & 11 & 13 & 8 & 1 & 4 & 10 & 7 & 9 & 5 & 0 & 15 & 14 & 2 & 3 & 12 \end{bmatrix}$$

$$S_8 = \begin{bmatrix} 13 & 2 & 8 & 4 & 6 & 15 & 11 & 1 & 10 & 9 & 3 & 14 & 5 & 0 & 12 & 7 \\ 1 & 15 & 13 & 8 & 10 & 3 & 7 & 4 & 12 & 5 & 6 & 11 & 0 & 14 & 9 & 2 \\ 7 & 11 & 4 & 1 & 9 & 12 & 14 & 2 & 0 & 6 & 10 & 13 & 15 & 3 & 5 & 8 \\ 2 & 1 & 14 & 7 & 4 & 10 & 8 & 13 & 15 & 12 & 9 & 0 & 3 & 5 & 6 & 11 \end{bmatrix}$$

密钥置换 1 表：

$$PC_1 = \begin{bmatrix} 57 & 49 & 41 & 33 & 25 & 17 & 9 \\ 1 & 58 & 50 & 42 & 34 & 26 & 18 \\ 10 & 2 & 59 & 51 & 43 & 35 & 27 \\ 19 & 11 & 3 & 60 & 52 & 44 & 36 \\ 63 & 55 & 47 & 39 & 31 & 23 & 15 \\ 7 & 62 & 54 & 46 & 38 & 30 & 22 \\ 14 & 6 & 61 & 53 & 45 & 37 & 29 \\ 21 & 13 & 5 & 28 & 20 & 12 & 4 \end{bmatrix}$$

密钥置换 2 表：

$$PC_2 = \begin{bmatrix} 14 & 17 & 11 & 24 & 1 & 5 \\ 3 & 28 & 15 & 6 & 21 & 10 \\ 23 & 19 & 12 & 4 & 26 & 8 \\ 16 & 7 & 27 & 20 & 13 & 2 \\ 41 & 52 & 31 & 37 & 47 & 55 \\ 30 & 40 & 51 & 45 & 33 & 48 \\ 44 & 49 & 39 & 56 & 34 & 53 \\ 46 & 42 & 50 & 36 & 29 & 32 \end{bmatrix}$$

3.4.2　测试向量

本节中使用随机生成的密钥 K 进行加密。由于轮数较多，只给出初始置换结果、前两轮的加密结果以及最后的密文。

随机密钥 K：

10011001 11011011 10101000 01110001
11001000 01010110 11010011 01110000
输入文本：
example
明文 M：
01100101 01111000 01100001 01101101
01110000 01101100 01100101 00000000

初始置换

$L[0]$:

01111111 00010010 01101001 11001101

$R[0]$:

00000000 01111111 00101010 00000000

第 1 轮

轮密钥:

01010111 11111010 10001100 11100110

00100010 00000001

$L[1]$:

00000000 01111111 00101010 00000000

$R[1]$:

01000011 01100100 10010010 11101110

第 2 轮

轮密钥:

10111110 01110010 11110100 01001110

10000100 10001010

$L[2]$:

01000011 01100100 10010010 11101110

$R[2]$:

10101011 00000010 11010101 11100011

密文 C:

00111011 00011010 10001011 00011000

11100100 00001110 11101000 01001010

🔓习题

3.1 Feistel 结构的安全基于哪些参数或设计?

3.2 DES 的 S 盒有什么作用?

3.3 对于第 6 个 S 盒,如果输入为 100111,那么输出是多少?如果输出是 0000,那么输入可能是哪些值?

3.4 DES 的 S 盒设计原理没有公开,S 盒设计应该遵循的一般原则是什么?如果由你来设计一个分组密码的 S 盒,你会用什么方法设计?

3.5 假设明文各位为 0,密钥各位为 1,求第 1 轮输出 L_1 和 R_1 的第 3 位。

3.6　假设 DES 初始密钥的十六进制形式为 d0 c2 b3 a4 57 68 91 79，请写出置换后的密钥。

3.7　DES 加密与解密之间有什么关系，请给出具体证明。

3.8　在 3.2 节介绍的 DES 快速实现方法中，在 AVX 上使用 SIMD 指令的好处是什么？在 64 位平台上不支持 SIMD，如何达到类似的效果？

3.9　简述 3-DES 的加/解密过程。

3.10　为什么要用 GPU 实现 3-DES？相比于 CPU 实现，GPU 实现方法的优势是什么？

第 4 章　AES/SM4 算法

4.1　AES 算法描述

4.1.1　算法结构

AES（Advanced Encryption Standard，高级加密标准）是一种分组密码。1997 年，美国国家标准与技术研究院（NIST）开始征集高级加密标准，用以取代 DES，经过了长达 5 年的标准化评估，最终于 2001 年选定 Rijndael 算法。

AES 密码算法与分组密码 Rijndael 算法基本一致，但 AES 对分组大小做了限制，即分组大小只能为 128 比特，因此分组长度为 128 比特的 Rijndael 算法才称为 AES 算法。AES 算法要求明文和密文的分组大小都为固定的 16 字节，密钥的长度可以是 128 比特、192 比特或 256 比特。当然，不同的密钥长度对应不同的加/解密轮次。例如，AES-128、AES-192 及 AES-256 分别需要 10 轮、12 轮及 14 轮加/解密。

AES 加密处理的基本单位是字节，16 字节的明文块被排列成 4×4 的矩阵，称为状态矩阵。类似地，密钥也用以字节为单位的矩阵表示。例如，$b_0 b_1 \cdots b_{15}$ 可以排列为

$$\begin{bmatrix} b_0 & b_4 & b_8 & b_{12} \\ b_1 & b_5 & b_9 & b_{13} \\ b_2 & b_6 & b_{10} & b_{14} \\ b_3 & b_7 & b_{11} & b_{15} \end{bmatrix}$$

之后的操作都可以视为对状态矩阵进行的变换。AES 算法包括加密算法、解密算法及密钥编排算法。以 AES-128 为例，其加密算法流程如下（见图 4-1）。

（1）初始轮密钥加：将状态矩阵与初始密钥矩阵进行按位异或。

（2）一轮（Round）加密：执行轮函数，对状态矩阵依次执行字节替换、行移位、列混淆及轮密钥加等操作。

（3）重复（2）10 次，得到 128 比特密文。需要注意的是，第 10 轮中不再进行列混淆操作。

在解密时，将轮密钥的使用顺序颠倒过来，并逆序进行加密过程中的所有操作的逆运算。其中，线性运算（如行移位、列混淆等）在数学上的求逆是简单的，只需改变操

作执行的方向或对操作矩阵求逆即可。而在非线性部分（S 盒）中，由于 S 盒表是精心设计的，存在逆 S 盒，因此只需计算出逆 S 盒的常量表即可。

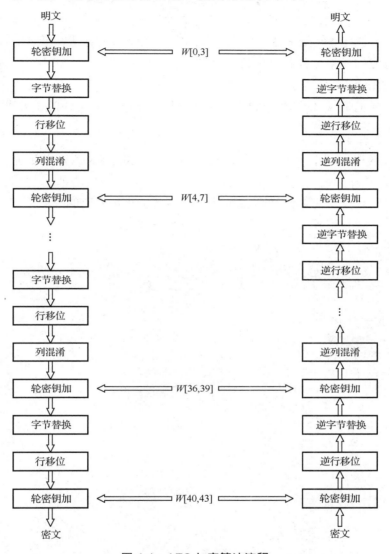

图 4-1　AES 加密算法流程

4.1.2　核心部件

　　AES 算法没有采用 Feistel 结构，而是遵循替代−置换网络（Substitution-Permutation Network）原则建立的。这种思想体现在轮加密函数中，其中每轮的主要操作包括字节替换层、扩散层和密钥加层。除此之外，还有必要介绍 AES 算法的密钥编排。

1. 字节替换层

AES 的字节替换可以视为一个简单的查表操作。与 DES 类似，AES 定义了一个 S 盒和一个逆 S 盒，将状态矩阵中的每个元素映射为一个新元素。S 盒的输入和输出都是 8 比特。在执行字节替换操作时，把该字节的高 4 比特作为行值，低 4 比特作为列值，取出 S 盒中对应的元素，代替原位置的字节。需要注意的是，DES 使用了 8 个不同的 S 盒，但是 AES 使用的 16 个 S 盒完全相同。

字节替换层也是 AES 算法中的唯一非线性层，是算法安全性的主要来源。

2. 扩散层

AES 的扩散层由两个子操作组成，分别是行移位（ShiftRow）和列混淆（MixColumn）。

1）行移位操作

行移位其实是一个简单的循环左移操作，遵循了对称密码的扩散原则。当密钥长度为 128 比特时，状态矩阵的第 i 行左移 i 字节（ $i = 0,1,2,3$ ）。

```
//AES 行移位函数
//输入：32 比特状态矩阵列 s0、s1、s2、s3
//输出：32 比特行移位后的列元素 t[0]、t[1]、t[2]、t[3]


//t[0]=b15||b10||b5||b0
t[0] = (s0       ) & 0xff        ^        //s0 的低 8 比特，即 b0。形成 t[0]的低 8 比特
       (s1 >>  8) & 0xff <<  8 ^          //s1 的 9～16 比特，即 b5
       (s2 >> 16) & 0xff << 16 ^          //s2 的 17～24 比特，即 b10
       (s3 >> 24)        << 24;           //s3 的 25～32 比特，即 b15。以此类推


//t[1]=b3||b14||b9||b4
t[1] = (s1       ) & 0xff        ^
       (s2 >>  8) & 0xff <<  8 ^
       (s3 >> 16) & 0xff << 16 ^
       (s0 >> 24)        << 24;


//t[2]=b7||b2||b13||b8
t[2] = (s2       ) & 0xff        ^
       (s3 >>  8) & 0xff <<  8 ^
       (s0 >> 16) & 0xff << 16 ^
       (s1 >> 24)        << 24;


//t[3]=b11||b6||b1||b12
t[3] = (s3       ) & 0xff        ^
       (s0 >>  8) & 0xff <<  8 ^
       (s1 >> 16) & 0xff << 16 ^
       (s2 >> 24)        << 24;
```

2）列混淆操作

列混淆是 AES 算法中最复杂的部分，目的是增强 AES 算法的混淆属性。将状态矩阵左乘一个 4×4 的固定矩阵，就可以使得输出的各列与输入的各列都相关，以达成列混淆的目的，即

$$s'(x) = \begin{bmatrix} 2 & 3 & 1 & 1 \\ 1 & 2 & 3 & 1 \\ 1 & 1 & 2 & 3 \\ 3 & 1 & 1 & 2 \end{bmatrix} \times s(x)$$

在解密时，只需左乘这个固定矩阵的逆矩阵即可。需要注意的是，矩阵乘法涉及元素的加法和乘法并非标准的加法和乘法。在列混淆层中，状态矩阵的每个 8 比特元素都被视为伽罗瓦域 $GF(2^8)$ 上的多项式 $a_7x^7 + a_6x^6 + \cdots + a_0x^0, a_i \in \{0,1\}$。其加法运算等价于异或，乘法运算则更为复杂，如下所示。

计算 $GF(2^8)$ 上的 $C(x) = A(x) \otimes B(x)$ 的过程分成两步。

（1）将 $A(x)$ 与 $B(x)$ 按一般多项式乘法规则展开，即

$$C'(x) = A(x) \times B(x) = (a_{m-1}x^{m-1} + \cdots + a_0x^0)(b_{m-1}x^{m-1} + \cdots + b_0x^0)$$
$$= c'_{2m-2}x^{2m-2} + c'_{2m-3}x^{2m-3} + \cdots + c'_0x^0$$

其中，$c'_k = \sum_{i+j=k} a_ib_j \bmod 2$。

（2）此时 $C(x)$ 的次数增加了，因此要将其模一个多项式来降低其次数，即

$$C(x) = C'(x) \bmod P(x)$$

AES 使用的多项式为 $P(x) = x^8 + x^4 + x^3 + x^1 + 1$，即

$$x^8 \equiv -(x^4 + x^3 + x^1 + 1) \bmod P(x)$$
$$\equiv x^4 + x^3 + x^1 + 1(\text{系数} \bmod 2)$$

因此，高于 8 比特的值都可以用低 8 比特的值等价替换。

```
//伽罗瓦域乘法函数
//输入：8 比特左操作数 A，8 比特右操作数 B
//输出：乘法结果 Result
//将 A 视为操作数，每次检视其最低位，对 B 进行相应操作
while (A)
{
    //若 A 的最低位为 1，则 Result 加 B*1；否则 Result 加 B*0，即不运算
    if (A & 0x01)
    {
        Result += B;
    }
    //将 B 乘 2，并检查是否需要模约减
    if (B & 0x80)          //若最高位为 1，则需要模约减
```

```
{
    B = B << 1;        //B 乘 2；溢出的第 9 比特为 1，需补 00011011
    B += 0x1B;         //即 B 加 00011011
}
else                  //若最高位为 0，则不需要模约减
{
    B = B << 1;        //B 乘 2
}
//A 右移一位
A = A >> 1;
}
```

3．密钥加层

密钥加层的两个输入是 16 字节的当前状态矩阵和密钥编排算法生成的轮密钥，输出二者按位异或的结果。

4．密钥编排

在密钥编排函数中，计算的基本单位是 32 比特字（密钥矩阵的一列）。其输入为原始密钥矩阵（4×32 比特），输出一系列相同位数的轮密钥（4×32 比特），并决定其参与运算的顺序。具体分为预计算和动态生成两种方法。

1）预计算

在轮加密之前，一次性生成所有轮密钥，并将其存入数组 W 中。数组 W 的元素是 32 比特字，共有 $4 + 4 \times 10 = 44$ 个元素。

首先将初始密钥保存在 $W[0] \sim W[3]$ 中，然后第 i 列（ $4 \leqslant i \leqslant 43$ ）以如下规则产生。

（1）若 $i \bmod 4 = 0$ ，则

$$W[i] = W[i-4] \oplus G(W[i-1])$$

（2）若 $i \bmod 4 \neq 0$ ，则

$$W[i] = W[i-4] \oplus W[i-1]$$

其中，G 函数由以下三部分组成。

（1）循环左移：将 4 字节元素循环左移 1 字节。

（2）字节替换：将左移结果输入 S 盒，进行字节替换。

（3）轮常量异或：将字节替换的结果与轮常量 Rcon[j] 进行异或。其中，Rcon[j] 是预先给出的 10 维常量数组，j 表示加密轮次。

```
//密钥编排函数
//输入：128 比特初始密钥 userkey
//输出：轮密钥数组 roundkey
u32 *w = roundkey;              //将输出数组指针复制给 w
int i = 0;
u32 temp;
```

```
w[0] = GETU32(userkey     );
w[1] = GETU32(userkey + 4);
w[2] = GETU32(userkey + 8);
w[3] = GETU32(userkey + 12);   //将初始密钥转化为 32 比特字，初始化数组 w
while (1) {
    temp  = w[3];
    //每第 4 个元素需要套用 G 函数。s_box 为 S 盒表
    w[4] = w[0] ^
        ((u32) s_box[(temp >>  8) & 0xff]          ) ^
        ((u32) s_box[(temp >> 16) & 0xff] <<  8) ^
        ((u32) s_box[(temp >> 24)        ] << 16) ^
        ((u32) s_box[(temp       ) & 0xff] << 24) ^
        rcon[i];
    //其他部分直接异或
    w[5] = w[1] ^ w[4];
    w[6] = w[2] ^ w[5];
    w[7] = w[3] ^ w[6];
    if (++i == 10) {
        return 0;                //10 次运算后结束
    }
    w += 4;                      //进行下一次迭代
}
```

2）动态生成

动态生成的轮密钥计算规则与预计算相同，区别是轮密钥在加密和解密算法运行过程中动态地生成，而非预先加载。

在生成轮密钥之后，密钥编排算法将根据加/解密算法安排密钥参与运算的顺序。若为加密算法，则轮密钥正向参与运算；若为解密算法，则轮密钥反向参与运算。

🔓 4.2　SM4 算法描述

4.2.1　算法结构

SM4 也是一种分组密码，由我国国家密码管理局在 2012 年发布，其分组长度和密钥长度均为 128 比特。该算法由加/解密算法和密钥扩展算法两部分构成，两部分都采用 32 轮非线性迭代结构，即每轮都调用相同的轮函数 F 进行运算，共 32 轮。

SM4 加密算法由 32 次迭代轮运算和 1 次反序变换 R 组成。假设 4 个字（每个字为

32 比特，即 128 比特）的明文输入为 (X_0, X_1, X_2, X_3)，4 个字的密文输出为 (Y_0, Y_1, Y_2, Y_3)，每轮的 32 比特轮密钥为 rk_i，$i = 0, 1, \cdots, 31$，其中轮密钥由加密密钥通过密钥扩展算法生成。加密算法的算法流程（见图 4-2）如下。

（1）迭代控制：$X_{i+4} = F(X_i, X_{i+1}, X_{i+2}, X_{i+3}, \mathrm{rk}_i), i = 0, 1, \cdots, 31$。

（2）重复（1），共 32 次。

（3）反序变换：$(Y_0, Y_1, Y_2, Y_3) = R(X_{32}, X_{33}, X_{34}, X_{35}) = (X_{35}, X_{34}, X_{33}, X_{32})$。

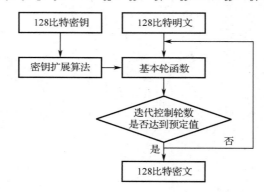

图 4-2　加密算法的算法流程

SM4 算法是一种典型的 Feistel 结构算法，解密算法与加密算法结构相同，区别仅是轮密钥的使用顺序。在解密时，只需使轮密钥反向参与运算。

4.2.2　核心部件

1. 轮函数 F

SM4 的轮函数 F 由异或运算、循环移位运算和非线性器件 S 盒构成。

假设 SM4 轮函数的输入为 128 比特的 (X_0, X_1, X_2, X_3)，轮密钥为 32 比特的 rk，则轮函数 F 为：$F(X_0, X_1, X_2, X_3, \mathrm{rk}) = X_0 \oplus T(X_1 \oplus X_2 \oplus X_3 \oplus \mathrm{rk})$。其中 T 是一个可逆变换，由非线性变换 τ 和线性变换 L 复合而成，即 $T(x) = L(\tau(x))$。

1）非线性变换 τ

非线性变换 τ 由 4 个并行的 S 盒组成，将输入分为 4 组，分别送入对应的 S 盒。S 盒将 8 比特输入转换为 8 比特输出，记为 Sbox()。假设 τ 的输入为 32 比特的 $A = (a_0, a_1, a_2, a_3)$，输出为 32 比特的 $B = (b_0, b_1, b_2, b_3)$，则

$$(b_0, b_1, b_2, b_3) = \tau(A) = (\mathrm{Sbox}(a_0), \mathrm{Sbox}(a_1), \mathrm{Sbox}(a_2), \mathrm{Sbox}(a_3))$$

2）线性变换 L

线性变换 L 的输入是非线性变换 τ 的输出。假设输入为 B，输出为 C，则

$$C = L(B) = B \oplus (B \lll 2) \oplus (B \lll 10) \oplus (B \lll 18) \oplus (B \lll 24)$$

2. 密钥扩展算法

轮密钥由加密密钥通过密钥扩展算法生成。假设加密密钥 $\text{MK} = (\text{MK}_0, \text{MK}_1, \text{MK}_2, \text{MK}_3)$，其中，$\text{MK}_i$ 均为 32 比特，则轮密钥由如下规则迭代产生。

$$(K_0, K_1, K_2, K_3) = (\text{MK}_0 \oplus \text{FK}_0, \text{MK}_1 \oplus \text{FK}_1, \text{MK}_2 \oplus \text{FK}_2, \text{MK}_3 \oplus \text{FK}_3)$$

$$\text{rk}_i = K_{i+4} = K_i \oplus T'(K_{i+1} \oplus K_{i+2} \oplus K_{i+3} \oplus \text{CK}_i), i = 0, 1, \cdots, 31$$

其中，FK 为系统参数，$\text{FK}_0 = \text{A3B1BAC6}$，$\text{FK}_1 = \text{56AA3350}$，$\text{FK}_2 = \text{677D9197}$，$\text{FK}_3 = \text{B27022DC}$；$\text{CK}$ 为固定参数，假设 $\text{ck}_{i,j}$ 为 CK_i 的第 j 字节，$i = 0, 1, \cdots, 31$，$j = 0, 1, 2, 3$，即 $\text{CK}_i = (\text{ck}_{i,0}, \text{ck}_{i,1}, \text{ck}_{i,2}, \text{ck}_{i,3})$，则 $\text{ck}_{i,j} = (4i + j) \cdot 7 (\text{mod } 256)$；$T'$ 函数与轮函数 F 中的合成置换 T 类似，只是将其中的线性变换 L 替换为 L'，即 $L'(B) = B \oplus (B \lll 13) \oplus (B \lll 23)$。

```
//SM4 密钥扩展函数
//输入：加密密钥 key
//输出：轮函数 rs->rk
uint32_t K[4];
int i;
//K 数组初始化
K[0] = load_u32_be(key, 0) ^ FK[0];                //读取 key 的前 32 比特，与 FK[0]异或
K[1] = load_u32_be(key, 1) ^ FK[1];
K[2] = load_u32_be(key, 2) ^ FK[2];
K[3] = load_u32_be(key, 3) ^ FK[3];
for (i = 0; i != SM4_KEY_SCHEDULE; ++i) {
    uint32_t X = K[(i + 1) % 4] ^ K[(i + 2) % 4] ^K[(i + 3) % 4] ^ CK[i];    //计算 T 函数的输入
    uint32_t t = 0;
    //计算 T 函数
    t |= ((uint32_t)SM4_S[(uint8_t)(X >> 24)]) << 24;
    t |= ((uint32_t)SM4_S[(uint8_t)(X >> 16)]) << 16;
    t |= ((uint32_t)SM4_S[(uint8_t)(X >> 8)]) << 8;
    t |= SM4_S[(uint8_t)X];
    t = t ^ rotl(t, 13) ^ rotl(t, 23);
    K[i % 4] ^= t;
    ks->rk[i] = K[i % 4];
}
```

4.3　AES 算法高速实现方法

AES 算法于 1998 年发布，并于 2001 年由 NIST 在 FIPS PUB 197 中进行了标准化。到现在为止，从 8 比特 AVR 微控制器到 x86-64 和 NVIDIA GPU，AES 算法已经在大多数常见架构上完成了高度优化的实现。下面挑选其中的部分主要内容进行介绍。

4.3.1　资源受限平台上的 AES 高效实现

首先介绍 AES 在资源受限平台上的高效实现。AES 传统实现中字节替换通常是通过 256 字节查找表实现的。除此之外，其他实现方法一般分为 3 种：T 表法、向量转置及位切片。

（1）T 表法：字节替换、行移位以及列混淆经过数学上的合并，最终形成 4 个 1024 字节的查找表，称为 T 表。每个 AES 轮由 16 个掩码（mask）、16 个查找表读取（load）、4 个轮密钥读取（load）以及 16 个异或（xor）操作组成，这使得其在 32 位以上的平台上的实现非常高效。如果花费一个额外的旋转操作，最终就只需要一个查找表来完成。

（2）向量转置：T 表法中的查找操作依赖于密钥和数据，这使得对带缓存架构的定时攻击变得容易。另一种方法是使用向量转置，它避免了这种依赖于数据的查找。但并非所有的嵌入式平台都支持该方法使用的指令，所以这种方法并不一定适用。

（3）位切片：位切片也是一种不需要查找表的方法，其核心思想是用 SIMD 方式并行处理多个块，适用于具有长寄存器的架构。对于 AES 而言，128 比特数据通常分割到 8 个寄存器中，这就使得线性层非常高效。

下面基于两个典型的微处理器 ARM Cortex-M3 以及 Cortex-M4，介绍 AES 算法的快速实现。两个微处理器都有 16 个 32 比特寄存器，其中 3 个保留给程序计数器、堆栈指针和链接寄存器。链接指针可以被推入堆栈，释放另一个寄存器。按位与运算指令在这些架构上需要一个周期，除法或写入程序计数器除外。分支、加载和存储指令可能需要更多的周期，因此它们很容易造成性能瓶颈。ARM 指令的一个显著特征是其拥有一个更灵活的寄存器，其可以将一次逻辑运算以及该灵活寄存器的一次移位操作组合到一条指令中执行。因此，旋转或移位将不需要额外的指令来实现。

Schwabe 等人提出了一种 AES 算法的紧凑实现方法，即在 ARM 平台上的 T 表法。在实现 AES-128 加密时，Schwabe 等人使用了 1024 字节的查找表。但微处理器上的存储空间通常是非常有限的，而该方法的速度提升又显得微不足道，因此他们放弃了这种策略。

由于轮密钥可以被多个块重用，因此密钥扩展是单独执行的。在 CTR 模式的实现中，有一个 32 比特计数器和一个 96 比特随机数，这样就不需要处理计数器的进位和第 2 个计数字的条件加法，可以略微提升执行速度。Schwabe 等人考虑使用 32 比特计数器，其提供的最大流长度为 $2^{32} \times 16 = 68719476736$ 字节，这在典型的微控制器环境中已经是足够大的了。

表 4-1 总结了 Schwabe 等人提出的 AES 算法紧凑实现方法的性能，其中所有结果取 10000 次加密的平均值，使用随机的密钥、输入以及随机数。CTR 模式的加密中，周期数一栏为处理 256 块（4096 字节）时每个块的平均周期数。循环是完全展开的，因此代

码长度可以大幅减少，且性能损失很小。

表 4-1　AES 算法紧凑实现方法的性能

算法	速度/周期		ROM/字节		RAM/字节	
	M3	M4	代码尺寸	数据	I/O	堆栈
AES-128 key expansion encryption	289.8	294.8	902	1024	176	32
AES-128 key expansion decryption	1180.0	1174.6	3714	2048	176	176
AES-128 single block encryption	659.4	661.7	2034	1024	176+2m	44
AES-128 single block decryption	642.5	648.3	1974	2048	176+2m	44
AES-128-CTR	546.3	554.4	2192	1024	192+2m	72
AES-192 key expansion	264.9	272.2	810	1024	240	32
AES-192-CTR	663.2	673.0	2576	1024	224+2m	72
AES-256 key expansion	364.8	371.8	1166	1024	240	32
AES-256-CTR	786.9	791.7	2960	1024	256+2m	72

需要注意的是，ROM 中的数据通常是通过密钥扩展和加/解密共享的，所以它只能在内存中存在一次。在 RAM 一栏中，I/O 是指函数需要用来存储输入和输出的内存。例如，192+2m 指的是 I/O 内存占用中，计数器需要 4 字节，随机数需要 12 字节，所有轮密钥共需要 176 字节，以及 m 字节输入/输出。同样，I/O 数据通常通过密钥扩展和加/解密共享，相同的堆栈空间可以用于加/解密函数调用。结果显示，相同的代码在 Cortex-M3 上运行的周期稍微少一些，这很可能是由于获取指令的不同方式造成的。

4.3.2　基于算法优化的 AES 快速实现

Bertoni 等人对 AES 算法进行了基于状态矩阵转置的算法优化。该方法对于 AES 算法的加/解密都有出色的优化效果，但出于简洁，以下仅集中对加密算法进行简单的介绍。

该优化主要分为两部分：基于状态矩阵转置的算法优化和密钥调度算法优化。两个优化策略都是基于状态矩阵的变换，以及由此导致的各种变换的重新排列。实际上，由于状态矩阵的变换，密钥调度也将进行适当的调整。

1．状态矩阵转置

通过改变数据表示的方式，可以提高 AES 实现的吞吐量。在轮内部，转换可以通过使用查找表来实现。选择为查找表保留少量的空间，只将 S 盒和逆 S 盒制成表格，所有剩余的操作都是被动态计算出来的。这意味着只能通过软件技术来进行多次伽罗瓦域上的乘法运算。该算法在处理状态矩阵转置时，必须对所有步骤进行修改。以下列出部分操作的描述。

（1）字节替换中不进行修改，因为该操作只对单字节进行操作，与其在状态矩阵中的位序无关；行移位操作中不再对行进行变换，而是对列进行操作。

（2）列混淆操作经过了较多的改动。用 x_i、y_i（$0 \leqslant i \leqslant 3$）分别表示原始版本下列混淆操作前、后状态矩阵的一列（也就是 32 比特），优化过的操作可以用以下公式表示（$\oplus$ 表示异或）。

$$y_0 = (02 \times x_0) \oplus (03 \times x_1) \oplus x_2 \oplus x_3$$
$$y_1 = x_0 \oplus (02 \times x_1) \oplus (03 \times x_2) \oplus x_3$$
$$y_2 = x_0 \oplus x_1 \oplus (02 \times x_2) \oplus (03 \times x_3)$$
$$y_3 = (03 \times x_0) \oplus x_1 \oplus x_2 \oplus (02 \times x_3)$$

为了完成上述操作，可以将 y_i 看作累加器，用 x_i 来存储中间的 4 个乘积：x_i、$2 \times x_i$、$4 \times x_i$ 以及 $8 \times x_i$。加密过程中使用的乘数只有两个：2^0 和 2^1，因此列混淆操作仅需要 3 个步骤：求和、翻倍和最终求和。

例如，在计算 $y_0 = (02 \times x_0) \oplus (03 \times x_1) \oplus x_2 \oplus x_3$ 时的 3 个步骤如下。

（1）求和：$y_0 = x_1 \oplus x_2 \oplus x_3$。

（2）翻倍：$x_0 = 2 \times x_0$。

（3）最终求和：$y_0 \oplus = x_0 \oplus x_1$。

其余各式同理类推。

因为只是状态矩阵和轮密钥的简单按位异或操作，所以密钥加操作保持不变。当然，必须保证轮密钥是经过调整的。

2. 密钥调度

如上所述，需要对密钥进行调整。容易想到的方法是在所有轮密钥全部生成结束后，再一一进行处理。但这需要大量的计算，因此尽量不采用这种方法。这里介绍的方法将重新规划密钥生成的方案，在此期间完成调整。

对 128 比特的密钥而言，密钥编排的对象是 4 个 32 比特的字，通过上一轮的密钥计算新一轮的密钥。记 $K[i]$ 为某轮密钥的第 i 个字，$K'[i]$ 为下一轮轮密钥的第 i 个字（其中 $0 \leqslant i \leqslant 3$）。$K'[0]$ 是通过对 $K[0]$、$K[3]$ 以及常数 Rcon 进行异或操作求得的，而其中的 $K[3]$ 已经通过 S 盒进行了预先旋转和变换。另外 3 个字，即 $K'[1]$、$K'[2]$ 和 $K'[3]$ 是通过 $K'[i] = K[i] \oplus K'[i-1]$ 求得的。

现在必须重写这些转换来处理密钥转置。假设 K_T 是目前的转置密钥，K'_T 是新的转置密钥，则有

$$K_\mathrm{T}[0] = \begin{bmatrix} k_0 \\ k_4 \\ k_8 \\ k_{12} \end{bmatrix} \quad K_\mathrm{T}[1] = \begin{bmatrix} k_1 \\ k_5 \\ k_9 \\ k_{13} \end{bmatrix} \quad K_\mathrm{T}[2] = \begin{bmatrix} k_2 \\ k_6 \\ k_{10} \\ k_{14} \end{bmatrix} \quad K_\mathrm{T}[3] = \begin{bmatrix} k_3 \\ k_7 \\ k_{11} \\ k_{15} \end{bmatrix}$$

转置密钥调度由以下转换组成。

$$K'_\mathrm{T}[0] = K_\mathrm{T}[0] \oplus (\mathrm{pad}(\mathrm{Sbox}(k_{13})) \lll 24) \oplus \mathrm{Rcon}$$
$$K'_\mathrm{T}[1] = K_\mathrm{T}[1] \oplus (\mathrm{pad}(\mathrm{Sbox}(k_{14})) \lll 24)$$

$$K'_\mathrm{T}[2] = K_\mathrm{T}[2] \oplus (\mathrm{pad}(\mathrm{Sbox}(k_{15})) \ll 24)$$

$$K'_\mathrm{T}[3] = K_\mathrm{T}[3] \oplus (\mathrm{pad}(\mathrm{Sbox}(k_{12})) \ll 24)$$

$$K'_\mathrm{T}[0] \oplus = (K_\mathrm{T}[0] \gg 8) \oplus (K_\mathrm{T}[0] \gg 16) \oplus (K_\mathrm{T}[0] \gg 24)$$

$$K'_\mathrm{T}[1] \oplus = (K_\mathrm{T}[1] \gg 8) \oplus (K_\mathrm{T}[1] \gg 16) \oplus (K_\mathrm{T}[1] \gg 24)$$

$$K'_\mathrm{T}[2] \oplus = (K_\mathrm{T}[2] \gg 8) \oplus (K_\mathrm{T}[2] \gg 16) \oplus (K_\mathrm{T}[2] \gg 24)$$

$$K'_\mathrm{T}[3] \oplus = (K_\mathrm{T}[3] \gg 8) \oplus (K_\mathrm{T}[3] \gg 16) \oplus (K_\mathrm{T}[3] \gg 24)$$

其中，$x \gg a$（$x \ll a$）意味着将 x 右移（左移）a 比特，并在最高位（最低位）插入 a 个 0；pad 表示在 S 盒返回 8 比特值后，在前 24 比特进行 0 填充。相对于正常的、非置换密钥调度，该方法的计算开销只是一些移位操作。

其他规模的密钥调度策略也是类似的，在此不进行详细的描述。优化后的 AES 加/解密性能显著提高，是一种有效的优化方法。

4.3.3 基于 GPU 的 AES 快速实现

1. GPU 简介

CUDA 是一个 GPU 开发环境，程序员可以借助 CUDA 编写线程程序，同时指定线程和线程块的数量。从硬件的角度来看，GPU 组装了许多处理器和片上存储器，而线程并行可以避免处理器处于空闲状态，提高 GPU 利用率。

图 4-3 描述了 CUDA 体系结构。GPU 芯片有 N 个多处理器（Multi-Processor，MP），每个 MP 有 M 个标量处理器（Scalar Processor，SP）、16KB 共享内存、多个 32 比特寄存器和一个共享指令缓存，它还从指令单元中去除了控制单元部分（如条件分支组件），增加了计算单元密度。总体而言，该芯片构成了分层 SIMD 体系结构。

GPU 有一个称为 VRAM（视频随机存取存储器）的全局内存，它构成了 GPU 中最大的内存区域。因为 CPU 和所有 SP 都可以访问全局内存，所以全局内存可以用于 CPU 和 GPU 之间的通信。尽管每个 SP 都可以直接访问加载到全局内存中的任何数据，但在许多情况下，由于全局内存的延迟要高得多，因此在程序刚开始运行时，数据将在共享内存和寄存器中传输。共享内存则用于每个 MP，位于同一 MP 上的 SP 能够访问相同的共享内存，其中访问共享内存的速度和访问寄存器的速度相当。

寄存器是 GPU 中最快的存储单元，如通用处理器的寄存器，可由固定 SP 访问。常量内存是全局内存的固定可缓存区域，每个 MP 配备常量缓存，用于缓存常量内存中的数据，GPU 无法写入/修改常量内存的内容。常量内存存储只读数据，并与所有 SP 共享，它的访问延迟与寄存器一样快。

Iwai 等人使用了 NVIDIA GeForce GTX 285，配备 30 个 MP，每个 MP 含有 8 个 SP，每个 MP 含有 16384 个寄存器和 1GB 全局内存。

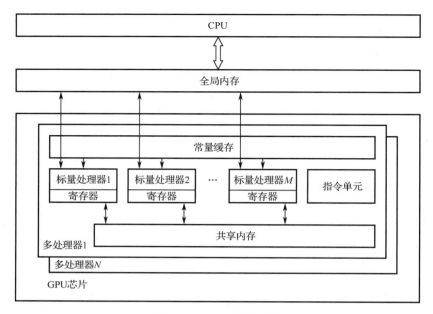

图 4-3　CUDA 体系结构

2．软件模型

为了和硬件模型对应，线程也由分层 SIMD 体系结构组成。多个线程的集合称为线程块。当一个计算任务从 CPU 发送到 GPU 时，程序员通常会指定几个线程块执行，每个线程都在一个 SP 上执行，执行完后再为 MP 分配一个线程块。MP 资源（如共享内存和寄存器）按线程块的数量平均分配，线程程序中的局部变量分配给 MP 中的寄存器。

此外，MP 中的线程分配总是由 32 个线程同时执行的，这个特性在 CUDA 中称为warp（见图 4-4），每个线程将自动调度 SP。因为调度程序的开销非常小，所以通常线程块和线程的数量大于通用 CUDA 的 SP 数量，因此更重要的是如何高效利用这 32 个线程。

1）全局内存的联合存取

全局内存的内存访问周期为 400～600 个周期，对于 GPU 中的访问速度而言，此延迟相当低。然而，全局内存和 SP 之间的接口比其和 CPU 的接口要宽得多。为了利用这一特性，如果线程访问数据时基本上没有跨步访问，就可以通过发出联合存取访问指令来隐藏对全局内存的内存访问。CUDA 编译器负责决定全局内存访问是否为联合存取。

2）共享内存中存储组冲突的避免

访问共享内存的延迟与访问寄存器的延迟一样低。共享内存分为 16 个存储组（每个存储组 4 字节），在每个线程访问不同块的情况下，线程可以并行加载或存储数据，但是如果每个线程访问同一个块，那么内存访问将以串行方式进行。此时，延迟的高低取决于数据分配给共享内存的方式，最大相差 16 倍。

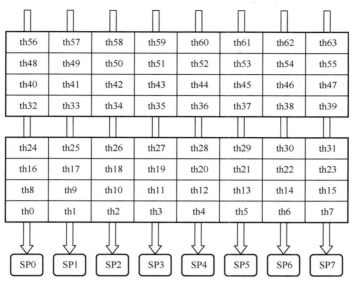

注：SP 指标量处理器，th 指线程。

图 4-4　CUDA 中的 warp

3．优化技术

1）流水线延迟隐藏

内存访问速度通常低于处理速度，因为存在写后读依赖关系。根据 Volcov 等人的实验，寄存器之间一次操作的 SP 流水线延迟大约需要 24 个周期，同时，一次 warp 延迟是 4 个周期，因此每个 MP 至少执行 6 次 warp，使得 SP 执行的流水线一直保持工作状态，从而延迟可以被隐藏。

2）无序执行

当一个 warp 遇到内存暂停时，另一个 warp 将无序执行以隐藏此内存暂停周期。最大限度确保处于执行状态的线程数量可以隐藏延迟，从而提高整体性能。Volcov 等人选择 NVIDIA Geforce GTX 285 作为 GPU，每个线程块最多可指定 32 个线程。

3）条件分支的缩减

SP 没有条件分支单元，因此，与 Intel 处理器的指令不同，GPU 使用 CUDA 编译器生成的类散度顺序执行条件分支指令。首先，根据条件分支的数量分配谓词寄存器，用来存储条件分支指令（如 if、switch）的结果；然后，所有条件分支都被串行执行，不管它们是真是假，其最终结果根据谓词寄存器的值确定。在这种情况下，条件分支是降低处理速度的主要因素。因此，需要对算法进行重构，以限制分支数。

4．在 CUDA GPU 上实现 AES 加密

本节讨论在 CUDA GPU 上设计 AES 的多粒度并行处理方案和内存分配方案。其中，粒度表示分配给处理器的任务大小，它是并行 AES 算法设计的一个影响因素。CUDA 的内存分配策略很重要，因为 CUDA 有一些不同类型的内存系统，而每个存储系统的特征

在很大程度上是不同的，这些内存分配策略的差异将对性能产生较大的影响。

1）并行处理的粒度

（1）16 字节/线程。使用 16 字节/线程的并行化方法意味着每个线程独立地处理由 16 字节组成的每个明文块，与其他线程粒度相比，它不需要共享数据，不需要同步，因此开销较低。然而，此粒度仅适用明文块之间的并行操作。图 4-5 描述了 16 字节/线程独立处理明文块的粒度。

（2）8 字节/线程。当粒度为 8 字节/线程时，用两个线程处理一个明文块。图 4-6 显示了每个线程各处理 8 字节明文的场景,相邻线程处理的 8 字节数据同属于一个 16 字节的明文块。该方法利用了明文块中内部明文处理之间的并行性，需要使用共享内存，这样两个线程可以共享中间数据并进行同步。

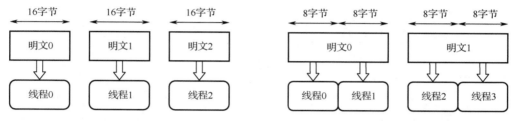

图 4-5　16 字节/线程独立处理明文块的粒度　　　图 4-6　8 字节/线程处理明文块的粒度

（3）4 字节/线程。当粒度为 4 字节/线程时，用 4 个线程处理一个明文块。图 4-7 描述了该方法。与 8 字节/线程相同，内存共享和同步是必要的。但不同之处在于，其单个明文块共享的线程数不同。

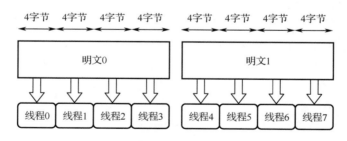

图 4-7　4 字节/线程处理明文块的粒度

相较 16 字节/线程，这两种粒度使用了并行性，但是它们需要同步和共享内存。

（4）1 字节/线程。虽然 32 比特操作比较高效，但也能够通过线程处理 1 字节的数据。1 字节/线程意味着 16 个线程以协调的方式处理明文块，尽管该粒度性能不高，但此粒度设计可用于早期研究中和其他粒度的比较。

2）内存分配

AES 包含 3 种存储形式：①明文；②密文和中间数据；③T 表和轮密钥。在加密启动时，所有数据都存储在主机的主内存中。在使用 CUDA GPU 进行 AES 计算时，明文、轮密钥和 T 表被传输到 GPU 的全局内存和常量内存中，为了加速处理，数据被传输到其他高速存储器，如共享内存和 GPU 寄存器。在各种存储系统中，这些数据将被传输，因此有必要考虑这些存储系统的特性，保证数据存储在正确的位置。

为了简化问题，本节使用 CPU 计算轮密钥。当明文较大时，轮密钥的计算成本可以忽略不计。

（1）轮密钥和 T 表。轮密钥和 T 表查找表是所有线程之间共享的只读数据，这些变量可以匹配到常量内存上进行分配，当缓存系统正常工作时，常量内存可以提供非常低的延迟。对于 T 表，它需要随机访问，因此存在无法提供低访问延迟的可能性。

即使只在共享内存上分配一个轮密钥，AES 也会表现出良好的性能，因为共享内存提供了较低的访问延迟。但还存在两个问题：一个是存储组冲突，当线程访问位于同一存储组的同一内存时会发生冲突；另一个是在共享内存上分配轮密钥浪费了它的存储容量，因为共享内存只能在属于同一线程块的有限线程之间共享，所以将会有许多复制的 T 表在共享内存上。

（2）明文。在处理开始时，明文存储在全局内存中。当 AES 编码开始时，明文将按顺序传输到共享内存，以便在流处理器之间共享中间数据。对于 16 字节/线程的粒度，从明文计算的中间变量将直接存储在寄存器上，因为此粒度不共享任何中间变量，当然，16 字节/线程的粒度也可以用作共享内存，而不是寄存器。

轮密钥和 T 表、明文两种存储形式是使用共享内存分配数据的，共有两种分配方法可供选择：结构的数组（AoS）和数组的结构（SoA）。结构是指明文块结构，AoS 根据其性质处理明文，SoA 将明文的每个元素分配到一个数组中，它们会产生不同种类的存储组冲突，为了减少存储组冲突的发生，这里为每个实现选择了更好的分配模式。图 4-8 和图 4-9 描述了共享内存的线程访问模式示例，粒度为 8 字节/线程。

表 4-2 总结了为每个变量分配内存时的候选方式。

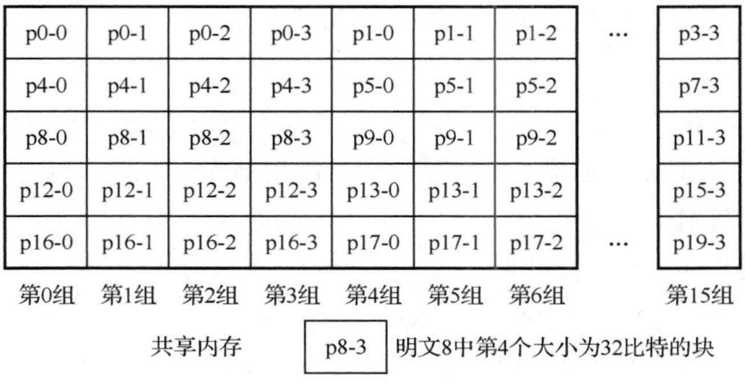

p0-0	p0-1	p0-2	p0-3	p1-0	p1-1	p1-2	...	p3-3
p4-0	p4-1	p4-2	p4-3	p5-0	p5-1	p5-2		p7-3
p8-0	p8-1	p8-2	p8-3	p9-0	p9-1	p9-2		p11-3
p12-0	p12-1	p12-2	p12-3	p13-0	p13-1	p13-2		p15-3
p16-0	p16-1	p16-2	p16-3	p17-0	p17-1	p17-2	...	p19-3

第0组　第1组　第2组　第3组　第4组　第5组　第6组　　　　第15组

共享内存　　　p8-3　　明文8中第4个大小为32比特的块

图 4-8　结构的数组，明文的分配

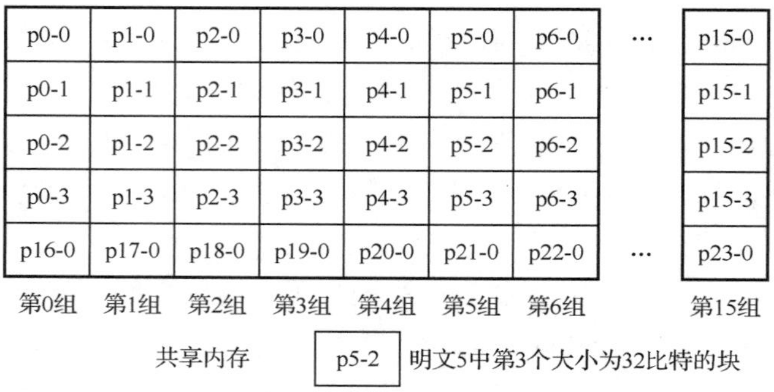

p0-0	p1-0	p2-0	p3-0	p4-0	p5-0	p6-0	...	p15-0
p0-1	p1-1	p2-1	p3-1	p4-1	p5-1	p6-1		p15-1
p0-2	p1-2	p2-2	p3-2	p4-2	p5-2	p6-2		p15-2
p0-3	p1-3	p2-3	p3-3	p4-3	p5-3	p6-3		p15-3
p16-0	p17-0	p18-0	p19-0	p20-0	p21-0	p22-0	...	p23-0
第0组	第1组	第2组	第3组	第4组	第5组	第6组		第15组

共享内存　　p5-2　　明文5中第3个大小为32比特的块

图 4-9　数组的结构，明文的分配

表 4-2　为每个变量分配内存时的候选方式

变　　量	常 量 内 存	共 享 内 存	寄 存 器
T 表	√	√	×
轮密钥	√	√	×
明文	×	√	√（如果是 16 字节/线程）

3）其他优化

（1）T 表结构。基于优化良好的 OpenSSL AES 实现，对几种不同类型的 T 表实现进行了评估。这里描述了 T 表的 3 种不同实现。

① 一个 32 比特阵列 T 表和旋转操作（保存存储区域）。

② 一个具有字节顺序内存访问的 64 比特阵列预计算 T 表。

③ 预计算 32 比特阵列 T 表×4。

实际上，这些 T 表是由同一个带有旋转和移位操作的 T 表变换得到的。此外，移位操作可以取代按字节顺序的内存访问，而旋转操作是通过一个带旋转操作的 T 表来实现 4 个 T 表的操作的。其中，字节顺序访问可以提供高带宽，而移位操作将带来高性能。由于 CUDA GPU 目前无法以字节顺序操作内存访问，因此这里不讨论此方法的实现。

（2）减少线程块的切换。通常，CUDA 应用程序将大规模并行处理数据分别映射到每个线程中。例如，在三维渲染中，每个像素或顶点都会映射到每个线程；在流体计算中，每个粒子都会映射到每个线程。类似地，在 AES 中，像上面的应用程序一样将每个明文映射到每个线程，但是线程进行一次加密的时间略有不同。因此，与其他应用程序不同，AES 中切换线程块的开销往往更大且不可忽略。

在线程完成加密负责的明文后，它们的线程返回到起始点并再次加密其他明文，这样就可以用少量线程加密相当多的明文。因此，我们应该减少在 AES 中切换线程块的开销。

（3）重叠的 GPU 处理和内存复制。为实现性能最大化，有必要考虑 CPU 和 GPU 之间的数据传输所导致的开销。为了隐藏这种开销，CUDA 提供了重叠的数据传输（内存复制）和处理。这里实现了 AES 编码过程，将明文传输到 GPU 的全局内存（以及从 GPU 的 AES 过程传输密文）。图 4-10 描绘了将数据分为两个块的情况下这种重叠的示意图。在 GPU 上处理 AES 之前，将两个明文块之一传输到 GPU。传输完成后，将在 GPU 上启动 AES 编码，同时启动第 2 个明文块的传输。当第 1 个明文块的编码过程完成时，第 2 个明文块的编码过程开始，第 2 个明文块到 GPU 的传输将完成，并且第 1 个明文块到 CPU 的写回过程将同时开始。最后，将完成第 2 个明文块的写回过程。必须同步每个明文块更改其进程的时间。

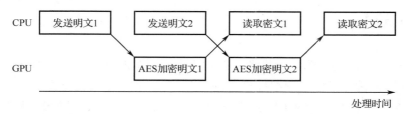

图 4-10　重叠的数据传输和处理

这种重叠过程被称为数据传输和处理之间的管道处理。考虑优化此管道，在明文块大小和管道开销之间存在折中，当数据传输时间和处理时间平衡时，这种流水线优化将获得良好的性能提升。

4.4　基于 CUDA 的 SM4 并行实现与优化

SM4 分组密码已广泛应用于 WAPI（Wireless LAN Authentication and Privacy Infrastructure，无线局域网认证和隐私基础设施）无线网络标准中。由于 SM4 计算复杂度高，不适合需要高速加密的场合，因此 SM4 的快速实现值得进一步研究。目前，分组密码的快速实现主要有两种平台：GPU（Graphics Processing Unit，图形处理单元）和 FPGA（Field Programmable Gate Array，现场可编程门阵列）。GPU 具有多线程、高带宽等特点，非常适合进行并行计算，以加快分组密码的加/解密速度，而 FPGA 比 GPU 更难开发，周期更长。CUDA（Compute Unified Device Architecture）是 NVIDIA 于 2007 年推出的一种通用 GPU 计算设备体系结构，为 GPU 并行实现密码算法提供了方便的平台。

作为一种专业的图形处理工具，GPU 最初应用于计算机图形学领域，后来 Kedem 等人利用 GPU 快速破解 UNIX 系统密钥，使 GPU 开始应用于密码算法的加速。随着 CUDA 的引入，GPU 在通用计算领域也得到了发展，许多对称密码算法已经开始在 CUDA 上实现并行加速。Manavski 等人在 2007 年首次使用 CUDA 来加速 AES，并提出了一个 T 表来提高密码的性能。从那时起，大多数团队的工作主要遵循他们的实现思路。2008 年，Harrison 等人在 CUDA 上实现了 AES 的 CTR 模式，并讨论了如何在 GPU 上规划分组密码的串行/并行执行。2013 年，Xia 等人针对 AES 的 ECB 模式的缺点，改进了基于 CUDA 的实现。2014 年，Mei 等人提出了一种新的细粒度基准测试方法，并将其应用于两种流行的 GPU 体系结构：Fermi 和 Kepler，并且研究了库冲突对共享内存访问延迟的影响。2015 年，Fei 等人在 CUDA 下加速 AES，刷新了新的性能纪录。2020 年，Li 等人使用 CUDA 实现了 SM4，并探索了不同的线程块大小和明文块大小对性能的影响，获得了 26 倍的加速。

4.4.1　CUDA

　　CUDA 是一种新的计算统一设备架构，将 GPU 作为数据并行计算设备应用，无须图形 API 映射，它适用于多线程编程模型，操作系统的多任务机制可用于调用多个 CUDA 内核同时运行，线程级并行是 CUDA 的基本思想，因此可以动态调用和执行这些线程。CUDA 使用 CPU 作为主机、GPU 作为设备，允许 CPU 调用 GPU 来运行程序的计算密集型部分，CUDA 编程架构如图 4-11 所示。

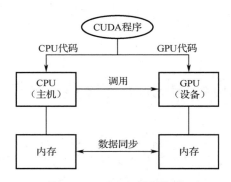

图 4-11　CUDA 编程架构

　　CUDA 中有 6 种常见的内存结构：寄存器、共享内存、本地内存、常量内存、纹理内存和全局内存。前两个是片上存储器，访问速度比后 4 个快。图 4-12 是 CUDA 的内存结构。每种类型的内存都有自己的范围和特点。寄存器是最快的存储单元，但它的数量很少，无法分配到寄存器的变量将溢出到本地内存中。寄存器和本地内存对每个线程都是私有的。共享内存是每个块的公共内存，可用于同一块的每个线程，但它可能会导致内存冲突。常量内存和纹理内存是只读内存。由于纹理内存主要用于图形处理，因此在密码学中很少使用。而常量内存是一种特殊的缓存，适用于密码学中的数据处理。全局内存是 GPU 中最大的内存单元，所有线程都可以访问它，但它的速度也是最慢的。因此，需结合不同应用场景，按照数据存储的需求选择合适的存储结构。

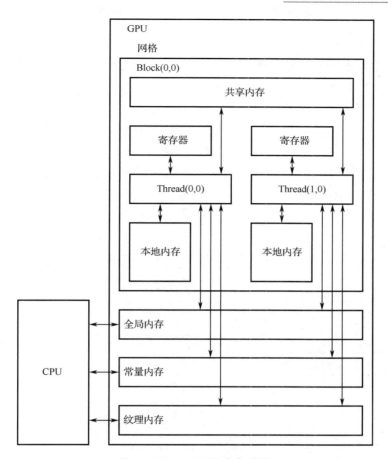

图 4-12　CUDA 的内存结构

4.4.2　SM4 的并行设计

SM4 的基本分配方案如下。

1．并行粒度、线程和网格分配

通过对细粒度和粗粒度设计的比较，发现粗粒度线程调度的性能更好，即单个线程处理 16 字节。线程数量的分配优选为 32 的倍数；否则，资源将被浪费。在线程上限为 1024 个的情况下，通过测试每个块的 512 个线程可以获得最佳性能，可以将网格的大小设置为：输入的大小/每个块的线程数/明文块的大小。

2．数据分配

最简单的方法是将明文、S 盒、FK 和 CK 放入全局内存。然而，全局存储器的访问速度非常慢，而存储容量却很大，因此适合存储明文。通过对比测试发现，将明文存储到全局存储器中，将 S 盒、FK 和 CK 存储到常量存储器中具有更好的性能。

3．轮密钥分配

在使用多个轮密钥时，每个 GPU 线程使用的轮密钥不同，并且密钥的尺寸较大，因此，GPU 被用来生成轮密钥并将其存储在全局内存中。当使用单轮轮密钥时，选择 CPU 来预先计算该轮密钥，以提高执行速度。

图 4-13 中，SM4 的整个并行过程是：首先，根据需要的输入和密钥的长度随机生成输入和初始密钥，并分配块和网格的大小、分配内存和存储数据；其次，判断是否需要做密钥扩展，如需要，则调用 GPU 进行多个轮密钥的计算，如不需要，则直接由 CPU 计算；最后，将数据复制到 GPU，并调用内核函数进行加密操作，再将结果复制回 CPU。

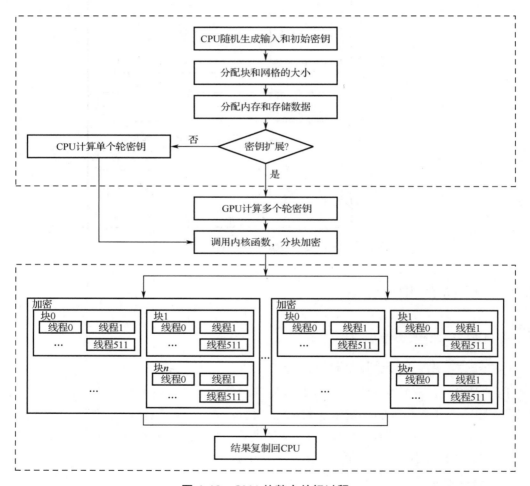

图 4-13　SM4 的整个并行过程

4.4.3　基础实验

1．实验环境

GPU：GeForce GTX TITAN X。

CPU：Intel(R) Xeon(R) E5-2643 v4 @3.40GHz。

OS：Ubuntu18.04.2 LTS, 64bit。

Version of GCC：7.5。

Version of CUDA：10.1。

2．实验设计

在相同的输入大小下，测试了基于 CPU 和 GPU 的 SM4 的性能，执行 5 次测试，然后计算平均值以减少误差。所有测试都只考虑单个轮密钥，可以使用加速比 S 来表示 SM4 并行性能的提高，计算公式定义为

$$S = T_S/T_P$$

式中，T_S 是 CPU 的加密时间；T_P 是 GPU 的加密时间。GPU 对 CPU 的初步加速如图 4-14 所示，加速比可达 53.93。当输入大小很小时，GPU 的加速比不是很明显，增加的速度较慢。其原因是当数据量不大时，GPU 和 CPU 之间的数据传输会浪费时间，同时 GPU 不能调用足够的计算单元去执行并行操作，因此，基于 GPU 的性能改进并不明显。然而，随着输入大小的增大，加速比迅速增大。但当输入的大小达到某个值，即 256KB 时，加速比的增长再次开始趋于平稳，并最终稳定在 50 左右，这表明 GPU 的加速并不是无限增大的，它也将受到自身硬件的限制。

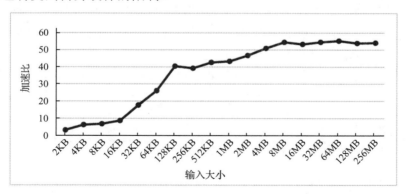

图 4-14　GPU 对 CPU 的初步加速

为了更好地利用 GPU 性能，4.4.4 节将采取措施进行性能优化操作。

4.4.4　性能优化

1．数据传输优化

对于数据传输优化，本节采取的措施是：使用页锁定内存，也称为固定内存，而不是可分页内存。在默认情况下，CPU 分配可分页主机内存，GPU 无法直接访问可分页内存中的数据，因为内存数据可能会被移动或破坏，它无法安全地使用主机内存的物理地址。GPU 需要执行两部分复制操作，以便从可分页内存获取数据，首先将数据复制到临时页锁定内存，然后将数据从页锁定内存复制到 GPU。通过使用页锁定内存，允许 GPU 直接访问内存，可以减少数据传输的时间。图 4-15 显示了页锁定内存传输和可分页内存传输的过程。

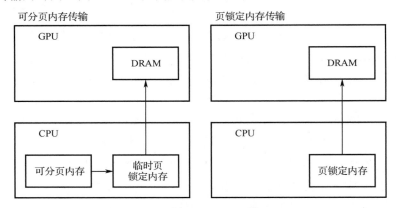

图 4-15　页锁定内存传输和可分页内存传输的过程

虽然页锁定存储器的分配和释放成本高于可分页存储器，但它可以为大规模数据传输提供更高的传输吞吐量。图 4-16 显示了可分页内存和页锁定内存之间的性能比较。从图 4-16 中可以看出，当输入大小较小时，加速度效果不明显。其原因是页面锁定内存的初始成本与处理数据的好处基本相同。然而，当传输超过 64KB 的输入时，随着输入大小的增加，初始开销的成本变得越来越小，并且页锁定内存明显增加，最终优化性能提高了 40.73%。

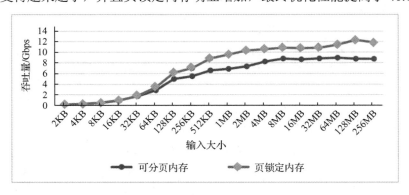

图 4-16　可分页内存和页锁定内存之间的性能比较

2．并行流重叠执行优化

为了优化数据传输和内核操作的顺序执行，提出的解决方案是：使用 CUDA 流来重叠数据传输和内核操作。SM4 加密程序的执行包括 3 个步骤：①将明文和密钥从主机复制到设备；②执行加密操作；③将设备中的密文返回到主机。为了实现重叠操作，采用"分而治之"的思想，即将输入数据分成多个子集，而不是一次将输入数据复制到 GPU，然后每个子问题都是独立的，可以单独安排在 CUDA 流中进行计算，一个流的输出传输与另一个流的核心计算重叠。顺序执行和重叠流执行如图 4-17 所示。

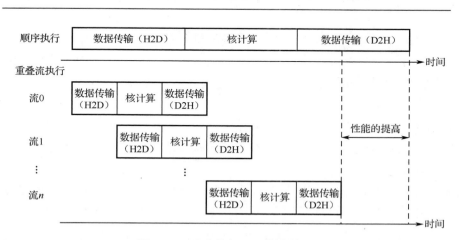

图 4-17　顺序执行和重叠流执行

为了更好地利用 GPU 的两个复制引擎，可以使用 8 个流和每个流的一个队列来进行重叠操作。图 4-18 是顺序执行和重叠流执行之间的性能比较。经过两轮优化操作，优化后的性能提高了 33.3%，原始 GPU 并行算法的性能提高了两倍。最后，与 SM4 的 CPU 串行算法相比，GPU 并行算法的性能提高了近 90 倍，如图 4-19 所示。

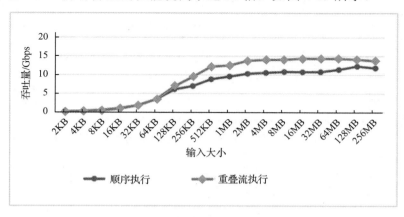

图 4-18　顺序执行和重叠流执行之间的性能比较

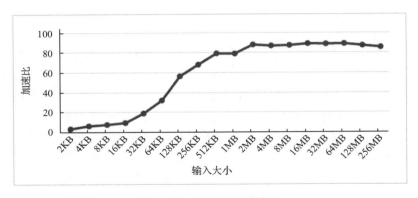

图 4-19 优化后的加速比

4.4.5 结果分析和结论

本节方案中的加速比为 89，高于 Wang 等人的实验结果，如表 4-3 所示。然而，考虑到 GPU 的发布时间、核心参数、工作频率、带宽和其他因素，现将 3 种方案中 GPU 的性能从高到低进行分类：本节方案、Zhang 的方案和 Cheng 的方案。换句话说，本节中的高加速比可能是由于 GPU 本身的性能更好，因此可以将吞吐量结果与 Zhang 和 Cheng 的方案进行比较，如表 4-4 所示。本节、Zhang 和 Cheng 实验中使用的 GPU 分别为 GeForce GTX TITAN X(Us)、GeForce RTX 2080 和 NVIDIA GTX 1080，Zhang 和 Cheng 的 GPU 的性能优于本节方案。发现 Zhang 实验中的吞吐量可以达到 27.64Gbps，本节方案的结果的吞吐量可以达到 31.41Gbps，性能提高到 1.13 倍。这表明这些优化工作确实有效地提高了 SM4 的性能。尽管 Cheng 实验中的吞吐量高达 76.80Gbps，但考虑到价格成本，本节方案仍然具有竞争力。

表 4-3 本节方案与其他工作的加速比对比

输 入 大 小	GeForce GTX TITAN X(Us)	GeForce GT 240M	Quadro 600
32KB	18.96	6.34	4.14
1MB	78.94	29.81	23.38
8MB	87.31	39.71	25.79
32MB	88.69	40.67	25.8

表 4-4 本节方案与其他工作的吞吐量和所用 GPU 性价比对比

项 目	GeForce GTX TITAN X(Us)	GeForce RTX 2080	NVIDIA GTX 1080
吞吐量/Gbps	31.41	27.64	76.80
GPU 的性能	好	更好	最好
GPU 的价格	中等	高	更高

通过实验分析，发现影响 GPU 性能的主要因素有：①主机与设备之间的数据传输时间较长；②数据传输和内核操作的顺序执行导致时间浪费。

本节方案基于 Linux 操作系统下的 CUDA，并行实现了 SM4，并探讨 CPU 和 GPU 在相同明文下，输入大小在 2KB～256MB 范围内的性能比较。结果表明，SM4 并行实现的 GPU 性能比 CPU 提高了近 90 倍，此外，引入页锁定内存 CUDA 流，本节介绍的并行算法的性能可以进一步提高，吞吐量达到 31.41Gbps。

🔓 4.5　SM4 算法高速实现方法

针对 SM4 算法的高速实现，Lang 等人提出了一种利用 SIMD 技术对 SM4 的软件实现进行优化的方案，相比于查表的软件实现，性能可以提高 1.38 倍。该方案使用的是 Intel 处理器中的 AVX2 指令集，AVX2 指令操作对象称为 ymm 的 256 比特 SIMD 寄存器，该寄存器分为 2 个 128 比特通道。AVX 支持 8 路 32 比特整数异或（vpxor）、移位（vpslld）、置换（vpermd）、查表（vpgatherdd）等。表 4-5 总结了该方案使用的 AVX2 指令及对应的 C/C++接口。

表 4-5　使用的 AVX2 指令及对应的 C/C++接口

AVX2 指令	C/C++接口	功 能 描 述
vpand	_mm256_and_si256	256 比特逻辑与
vpxor	_mm256_xor_si256	256 比特异或
vpsrld	_mm256_srli_epi32	8 路 32 比特右移
vpslld	_mm256_slli_epi32	8 路 32 比特左移
vpshufb	_mm256_shuffle_epi8	字节置换
vpgatherdd	_mm_i32gather_epi32	4 路 32 比特查表
vpgatherdd	_mm256_i32gather_epi32	8 路 32 比特查表

ARX SIMD 使用 AVX2 实现"add-rotate-xor"（ARX），可以使用以下指令：8 路 32 比特整数加指令（vpaddd）、4 路 64 比特整数加指令（vpaddq）、256 比特异或指令（vpxor）、32/64 比特逻辑左移/右移指令（vpslld、vpsrld、vpsllq、vpsrlq）。

下面简单介绍 vpshufb 指令的执行过程。它以两个 xmm 寄存器作为操作数，如图 4-20 中的 xmm0 和 xmm1。目的操作数 xmm0 中 16 字节的置换结果取决于 xmm1，xmm1 中每字节低 4 比特值作为"置换掩码"，选取 xmm0 中某一位置的字节。例如，xmm1 中第 9 字节中的值为 0x10，低 4 比特为 0，因此将 xmm0 中第 9 字节中的内容置换为原始 xmm0 的第 0 字节，当 xmm1 中某一字节大于 127 时，对应 xmm0 字节位置被置为 0。

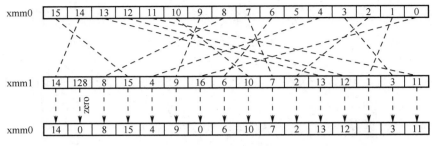

图 4-20　vpshufb 指令执行

该 SM4 并行实现方案如下。

1. SM4 消息存储格式

将 n 组 128 比特 SM4 明文消息记为 $P_i(0 \leq i < n, n = 4,8)$，需将 P_i 加载到 4 个 SIMD 寄存器 R_0, R_1, R_2, R_3 中，加载规则如下。

$$R_k[i] \leftarrow P_i[k], 0 \leq i < n, 0 \leq k < 4$$

式中，$R_k[i]$ 为 R_k 寄存器中第 i 个 32 比特位置；$P_i[k]$ 为明文消息 P_i 中第 k 个 32 比特的内容，即 R_k 寄存器依次存储着所有 n 组明文消息的第 k 个 32 比特内容，如图 4-21 所示。综上，AVX2 指令支持 4/8 路 32 比特向量查表操作，因此加载 n 组 SM4 明文消息可通过向量查表指令 vpgatherdd 完成。

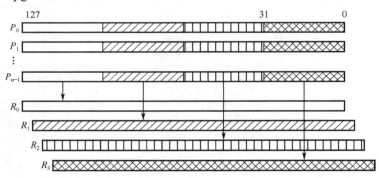

图 4-21　SM4 明文加载格式

2. 加载轮密钥

SM4 轮函数中包含轮密钥层变换，因此为实现 n 组消息并行加/解密，需将 n 个 32 比特轮密钥加载到 SIMD 寄存器中。将 32 个轮密钥加载到 SIMD 寄存器有两种方式：①每次轮变换时使用 AVX2 中的 vpgatherdd 指令加载到 SIMD 寄存器中；②进入 SM4 加/解密操作前，依次将 32 个轮密钥存放在 SIMD 寄存器中。受限于 Intel、AMD 处理器中只有 16 个 SIMD 寄存器，本方案采用第 1 种方式。

3. 轮函数 T 变换

SM4 轮函数中的 T 变换操作是由非线性变换 τ 和线性变换 L 复合而成的。并行实现

T 变换有两种策略：分别实现 τ 和 L；将 τ 和 L 合并实现。接下来分别阐述这两种策略的实现方法。

1）策略 1

T 变换中的 τ 是由 4 个 S 盒操作并置构成的。SM4 所使用的 S 盒规模为 8 比特，不同于轻量级密码所使用的 4 比特 S 盒（可通过 vpshufb 指令实现）。但是，可将 8 比特的 S 盒输出规模转换为 32 比特，借助 AVX2 中的 vpgatherdd 指令即可实现 SM4 的 S 盒操作。将 8 比特 S 盒输出规模转换为 32 比特有两种方法：将 8 比特 S 盒转换为 4 个 8 比特输入、32 比特输出表；8 比特 S 盒转换为 2 个 16 比特输入、32 比特输出表。

（1）方法 1：将 SM4 的 S 盒表记为 S_T，转换后的 4 个表记为 S_0、S_1、S_2、S_3。$S_0 \sim S_3$ 的生成规则如下。

$$S_0[i] = S_T[i]$$
$$S_1[i] = S_T[i] \lll 8$$
$$S_2[i] = S_T[i] \lll 16$$
$$S_3[i] = S_T[i] \lll 24; 0 \leqslant i < 256$$

因此，非线性变换 τ 即可通过掩码、移位、异或、查表操作实现，如下式所示。

$$\tau(R) = S_0[R \,\&\, 0\text{xFF}] \oplus S_1[(R \gg 8) \,\&\, 0\text{xFF}] \oplus S_2[(R \gg 16) \,\&\, 0\text{xFF}] \oplus S_3[R \gg 24]$$

（2）方法 2：将 SM4 的 S 盒表记为 S_T，转换后的两个表记为 S_0、S_1。S_0、S_1 的生成规则如下。

$$S_0[256i + j] = (S_T[i] \lll 8) \oplus S_T[j]$$
$$S_1[256i + j] = ((S_T[i] \lll 8) \oplus S_T[j]) \lll 16$$
$$0 \leqslant i < 256, 0 \leqslant j < 256$$

非线性变换 τ 即可通过掩码、移位、异或、查表操作实现，如下式所示。

$$\tau(R) = S_0[R \,\&\, 0\text{xFFFF}] \oplus S_1[(R \gg 16) \,\&\, 0\text{xFFFF}]$$

T 变换中的 L 包含循环移位和异或操作。一般来说，循环移位操作可通过左移、右移和异或操作实现。在实现过程中，可使用字节置换指令 vpshufb 优化 L 中包含的 4 个循环移位操作。

① $\lll 24$：循环移位 24 比特相当于循环移位 3 字节位置，这样，可以通过执行 vpshufb 指令实现。

② $\lll 2$：分别执行左移指令 vpslld、右移指令 vpsrld 和异或指令 vpxor 即可实现。

③ $\lll 10$、$\lll 18$：相当于完成 $\lll 2$ 后再次分别执行 $\lll 8$、$\lll 16$。这样，类似于 $\lll 24$、$\lll 8$ 和 $\lll 16$，可分别执行 vpshufb 指令实现。

因此，完成线性变换 L 中包含的循环移位操作只需执行 1 次左移 vpslld、1 次右移 vpsrld、1 次异或 vpxor、3 次字节置换 vpshufb 共 6 条 AVX2 指令即可。

2）策略 2

如前所述，SM4 中 T 变换包含的非线性变换 τ 与线性变换 L 合并后可生成：①4 个 8

比特输入、32 比特输出的查找表；②2 个 16 比特输入、32 比特输出的查找表。如前所述，对于输出规模为 32 比特的表，可使用 AVX2 中的 vpgatherdd 指令实现并行查表。

（1）8 比特输入、32 比特输出查表实现：将 T 变换制成的 4 个表记为 T_0、T_1、T_2、T_3。这样 T 变换即可通过掩码、异或、移位、查表操作实现，如下式所示。

$$T(R) = T_0[R \& 0xFF] \oplus T_1[(R \gg 8) \& 0xFF] \oplus T_2[(R \gg 16) \& 0xFF] \oplus T_3[R \gg 24]$$

（2）16 比特输入、32 比特输出查表实现：将 T 变换制成的两个表，记为 T_0、T_1。这样 T 变换即可通过掩码、异或、移位、查表操作实现，如下式所示。

$$T(R) = T_0[R \& 0xFFFF] \oplus T_1[(R \gg 16) \& 0xFFFF]$$

总结，策略 2 的实现方法与策略 1 中非线性变换 τ 的实现方法相比，除所使用的表中的数据不同之外，其他完全相同。但是，在策略 1 的实现中还包含线性变换 L 的实现过程。经实验验证，策略 2 优于策略 1 所使用的方法，因此，在实际实现方案上采用策略 2 中描述的实现方法。

4．轮函数 F 优化

这里简要介绍 SM4 轮函数 F 实现中的优化技巧。上面使用 4 个 SIMD 寄存器 R_0、R_1、R_2、R_3 存储 n 组消息。由算法规则可知，轮函数 F 中 T 变换的输入是 3 个 32 比特消息与轮密钥异或的结果，该结果需要存储在临时寄存器中。由于在每轮轮函数变换中均要将轮密钥从内存加载到 SIMD 寄存器中，因此可将存储轮密钥的 SIMD 寄存器 R_4 作为该临时寄存器存储 T 变换的输入。此外，SM4 的轮函数有如下规律：第 1、第 2、第 3 位置的 32 比特 R_1、R_2、R_3 和轮密钥 R_4 经过 T 变换后异或并更新第 0 位置的 32 比特 R_0。然后 4 个 32 比特循环左移一个 32 比特位置作为下一轮的输入。循环移位 32 比特通过调整 SIMD 寄存器的顺序实现，如轮函数 F 的输入为 R_0、R_1、R_2、R_3，下一轮的输入为 R_1、R_2、R_3、R_0，经过 4 次轮函数变换后寄存器的位置更新为 R_0、R_1、R_2、R_3。因此，可以将 SM4 的 4 轮变换展开实现，迭代 8 次即可完成 SM4 加/解密操作。这样实现轮函数 F 既可较少使用 SIMD 寄存器，还消除了不同 SIMD 寄存器内数据间的移动。

🔓4.6 测试示例

4.6.1 AES 参考常量

在字节替换时，以 8 位输入的高 4 位为行号，低 4 位为列号，送入 S 盒表（见表 4-6）中，检索对应结果获得 8 位输出。

表 4-6　AES 的 S 盒表（十六进制）

	0	1	2	3	4	5	6	7	8	9	A	B	C	D	E	F
0	63	7C	77	7B	F2	6B	6F	C5	30	01	67	2B	FE	D7	AB	76
1	CA	82	C9	7D	FA	59	47	F0	AD	D4	A2	AF	9C	A4	72	C0
2	B7	FD	93	26	36	3F	F7	CC	34	A5	E5	F1	71	D8	31	15
3	04	C7	23	C3	18	96	05	9A	07	12	80	E2	EB	27	B2	75
4	09	83	2C	1A	QB	6E	5A	A0	52	3B	D6	B3	29	E3	2F	84
5	53	D1	00	ED	20	FC	B1	5B	6A	CB	BE	39	4A	4C	58	CF
6	D0	EF	AA	FB	43	4D	33	85	45	F9	02	7F	50	3C	9F	A8
7	51	A3	40	8F	92	9D	38	F5	BC	B6	DA	21	10	FF	F3	D2
8	CD	0C	13	EC	5F	97	44	17	C4	A7	7E	3D	64	5D	19	73
9	60	81	4F	DC	22	2A	90	88	46	EE	B8	14	DE	5E	0B	DB
A	E0	32	3A	0A	49	06	24	5C	C2	D3	AC	62	91	95	E4	79
B	E7	C8	37	6D	8D	D5	4E	A9	6C	56	F4	EA	65	7A	AE	08
C	BA	78	25	2E	1C	A6	B4	C6	E8	DD	74	1F	4B	BD	8B	8A
D	70	3E	B5	66	48	03	F6	0E	61	35	57	B9	86	C1	1D	9E
E	E1	F8	98	11	69	D9	8E	94	9B	1E	87	E9	CE	55	28	DF
F	8C	A1	89	0D	BF	E6	42	68	41	99	2D	0F	B0	54	BB	16

轮常量 Rcon 为

$$Rcon = [01,02,04,08,10,20,40,80,1B,36]$$

4.6.2　AES 测试向量

随机密钥：

01100001 01100010 01100011 01100100
01100101 01100110 01100111 01101000
01100001 01100010 01100011 01100100
01100101 01100110 01100111 01101000

输入文本：

examplein128bits

明文：

01100101 01111000 01100001 01101101
01110000 01101100 01100101 01101001
01101110 00110001 00110010 00111000
01100010 01101001 01110100 01110011

初始轮密钥加：
00000100 00011010 00000010 00001001
00010101 00001010 00000010 00000001
00001111 01010011 01010001 01011100
00000111 00001111 00010011 00011011
第 1 轮：
轮密钥：
01010011 11100111 00100110 00101001
00110110 10000001 01000001 01000001
01010111 11100011 00100010 00100101
00110010 10000101 01000101 01001101
输出：
01111011 00011100 11100000 11010111
11010100 10011111 00001100 00111000
00101010 10011100 01001000 01000110
01100011 11001100 00010010 01011000
第 2 轮：
轮密钥：
11000110 10001001 11000101 00001010
11110000 00001000 10000100 01001011
10100111 11101011 10100110 01101110
10010101 01101110 11100011 00100011
输出：
11001010 10011001 00100101 00110100
11011110 10101001 10001001 10011000
01001101 10100111 11011000 11111110
01100011 11110101 10001101 11100011
密文：
00101101 00100100 10000011 11110110
01001111 10011001 10111000 01011110
01100010 00000001 10001001 01110000
00001101 10101010 00010010 10011001

4.6.3　SM4 参考常量

与 AES 类似，在字节替换时，以 8 位输入的高 4 位为行号，低 4 位为列号，送入 S 盒表（见表 4-7）中，检索对应结果获得 8 位输出。

表 4-7　SM4 的 S 盒表

	0	1	2	3	4	5	6	7	8	9	A	B	C	D	E	F
0	D6	90	E9	FE	CC	E1	3D	B7	16	B6	14	C2	28	FB	2C	05
1	2B	67	9A	76	2A	BE	04	C3	AA	44	13	26	49	86	06	99
2	9C	42	50	F4	91	EF	98	7A	33	54	0B	43	ED	CF	AC	62
3	E4	B3	1C	A9	C9	08	E8	95	80	DF	94	FA	75	8F	3F	A6
4	47	07	A7	FC	F3	73	17	BA	83	59	3C	19	E6	85	4F	A8
5	68	6B	81	B2	71	64	DA	8B	F8	EB	0F	4B	70	56	9D	35
6	1E	24	0E	5E	63	58	D1	A2	25	22	7C	3B	01	21	78	87
7	D4	00	46	57	9F	D3	27	52	4C	36	02	E7	A0	C4	C8	9E
8	EA	BF	8A	D2	40	C7	38	B5	A3	F7	F2	CE	F9	61	15	A1
9	E0	AE	5D	A4	9B	34	1A	55	AD	93	32	30	F5	8C	B1	E3
A	1D	F6	E2	2E	82	66	CA	60	C0	29	23	AB	0D	53	4E	6F
B	D5	DB	37	45	DE	FD	8E	2F	03	FF	6A	72	6D	6C	5B	51
C	8D	1B	AF	92	BB	DD	BC	7F	11	D9	5C	41	1F	10	5A	D8
D	0A	C1	31	88	A5	CD	7B	BD	2D	74	D0	12	B8	E5	B4	B0
E	89	69	97	4A	0C	96	77	7E	65	B9	F1	09	C5	6E	C6	84
F	18	F0	7D	EC	3A	DC	4D	20	79	EE	5F	3E	D7	CB	39	48

密钥扩展算法中的 CK_i 如表 4-8 所示。

表 4-8　密钥扩展算法中的 CK_i

CK_0	CK_1	CK_2	CK_3
00070E15	1C232A31	383F464D	545B6269
CK_4	CK_5	CK_6	CK_7
70777E85	8C939AA1	A8AFB6BD	C4CBD2D9
CK_8	CK_9	CK_{10}	CK_{11}
E0E7EEF5	FC030A11	181F262D	343B4249
CK_{12}	CK_{13}	CK_{14}	CK_{15}
50575E65	6C737A81	888F969D	A4ABB2B9

续表

CK$_{16}$	CK$_{17}$	CK$_{18}$	CK$_{19}$
C0C7CED5	DCE3EAF1	F8FF060D	141B2229
CK$_{20}$	CK$_{21}$	CK$_{22}$	CK$_{23}$
30373E45	4C535A61	686F767D	848B9299
CK$_{24}$	CK$_{25}$	CK$_{26}$	CK$_{27}$
A0A7AEB5	BCC3CAD1	D8DFE6ED	F4FB0209
CK$_{28}$	CK$_{29}$	CK$_{30}$	CK$_{31}$
10171E25	2C333A41	484F565D	646B7279

4.6.4 SM4 测试向量

随机密钥：

0123456789ABCDEFFEDCBA9876543210

明文：

0123456789ABCDEFFEDCBA9876543210

第 1 轮：

轮密钥：

rk[0]=F12186F9

输出：

$X[4]$=27FAD345

第 2 轮：

轮密钥：

rk[1]=41662B61

输出：

$X[5]$=A18B4CB2

密文：

681EDF34D206965E86B3E94F536E4246

习题

4.1　AES 的 5 种常用加密模式是什么？简述其基本原理及优、缺点。

4.2　在需要完整性校验的场景中常使用 AES-GCM 模式，查阅资料，简述其工作原理。

4.3　查询 TLS v1.3 相关资料，如 RFC 8446，TLS v1.3 中有哪些密码套件与 AES 有关？举例说明。

4.4　AES 算法的设计原则是什么？

4.5　SM4 算法中 S 盒给定输入，输出是如何计算的？

4.6　与 DES 算法相比，AES 算法的优点有哪些？

4.7　按照 4.1.1 节状态矩阵的排列，请问在 AES 算法中 128 比特状态矩阵经过行移位之后的结果是什么？192 比特和 256 比特呢？

4.8　假设 128 比特的初始密钥为

01100001 01100010 01100011 01100100
01100101 01100110 01100111 01101000
01100001 01100010 01100011 01100100
01100101 01100110 01100111 01101001

请问在 AES 算法中经过第 1 轮密钥编排后的轮密钥是什么？

4.9　假设 AES 算法的状态矩阵为

$$\begin{bmatrix} 87 & F2 & 4D & 97 \\ 6E & 4C & 90 & EC \\ 46 & E7 & 4A & C3 \\ A6 & 8C & D8 & 95 \end{bmatrix}$$

请问经过列混淆操作之后的结果是什么呢？

4.10　简要说明 SM4 和 AES 的区别。

第 5 章　SHA256/SM3 算法

哈希算法（又称为摘要算法或散列算法）被广泛应用于数字签名、消息认证和数据完整性校验，在密码学中具有重要的地位。哈希算法的输入是任意长度的消息，输出是固定长度的哈希值（或称为摘要）。一个理想的哈希算法应拥有以下 3 个主要的特性。

（1）高效率：对于任意一个给定的消息，能够快速运算出哈希值。

（2）不可逆：难以由一个已知的哈希值推算出原始的消息。

（3）抗碰撞：对于两个不同的消息，很难获得相同的哈希值。

目前，主流的哈希算法主要有美国国家标准与技术研究院（NIST）发布的 SHA2、SHA3 标准，以及我国国家密码管理局发布的 SM3 标准。本章描述的 SHA256 属于 SHA2 标准中的一个算法。

5.1　SHA256 算法描述

MD5 和 SHA1 标准分别于 1992 年和 1995 年由密码学家 Ronald Linn Rivest 和美国国家安全局提出。随着时间的推移，密码分析人员发现了有效的攻击方法，证明这两个算法在安全性方面存在不足。经过密码学家进一步研究，SHA2 标准作为 SHA1 的后继标准被提出。根据不同的循环次数与哈希值长度，SHA2 标准可再分为 6 个不同的算法，包括 SHA224、SHA256、SHA384、SHA512、SHA512/224 和 SHA512/256。本节主要对 SHA256 进行描述。

5.1.1　算法结构

SHA256 算法流程如下。

（1）比特填充：对消息进行扩充。

（2）长度值信息填充：在消息的尾部添加长度信息。

（3）消息分割与扩展：将消息以 512 比特为单位分割为 n 个消息块，如图 5-1 所示（设消息 M 被分割成 n 个消息块 M_i，$0 \leqslant i \leqslant n-1$）。一个消息块有 16 个 32 比特的消息子块，通过消息扩展再生成 48 个消息子块，即扩展后一个消息块共有 64 个消息子块。

（4）迭代压缩：在压缩函数中对通过消息扩展得到的消息子块与中间哈希值进行循环运算。一个消息块完成 64 次循环运算，称为完成 1 次迭代。SHA256 算法中给定了需要使用 256 比特的哈希初始值 H_0，其可分为 8 个 32 比特的块，记为 $H_0(0)$、$H_0(1)$、$H_0(2)$、$H_0(3)$、$H_0(4)$、$H_0(5)$、$H_0(6)$、$H_0(7)$。将哈希初始值 H_0 与首个消息块 M_0 通过压缩函数进行迭代运算，得到 H_1；再将 H_1 与第 2 个消息块 M_1 通过压缩函数进行迭代运算，得到 H_2；以此类推，最后得到 256 比特的哈希值 H_n，迭代过程如图 5-2 所示。

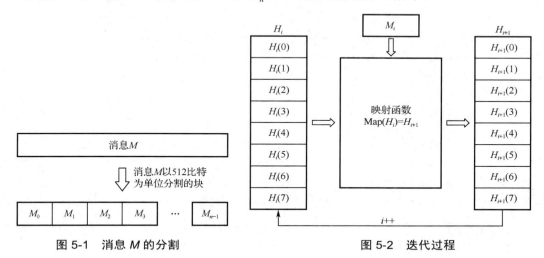

图 5-1　消息 M 的分割　　　　　　　　图 5-2　迭代过程

5.1.2　核心部件

为了更好地理解 SHA256，需要了解常量初始化、填充、消息分割与扩展、压缩函数和迭代这 5 个重要模块。

1. 常量初始化

SHA256 算法中使用到 8 个哈希初值以及 64 个哈希常量，其中的 8 个哈希初值如下。

```
#define H0 0x6A09E667
#define H1 0xBB67AE85
#define H2 0x3C6EF372
#define H3 0xA54FF53A
#define H4 0x510E527F
#define H5 0x9B05688C
#define H6 0x1F83D9AB
#define H7 0x5BE0CD19
```

这 8 个初值对应自然数的前 8 个质数（2,3,5,7,11,13,17,19）平方根的前 32 比特小数部分。例如，质数 2 对应的平方根 $\sqrt{2}$ 的小数部分约为 0.414213562373095048，取前 32 比特就可以得出 H0 =0x6A09E667。

在 SHA256 算法中使用到的 64 个哈希常量如下。

```
u32 k[64] = {0x428A2F98, 0x71374491, 0xB5C0FBCF, 0xE9B5DBA5,
            0x3956C25B, 0x59F111F1, 0x923F82A4, 0xAB1C5ED5,
            0xD807AA98, 0x12835B01, 0x243185BE, 0x550C7DC3,
            0x72BE5D74, 0x80DEB1FE, 0x9BDC06A7, 0xC19BF174,
            0xE49B69C1, 0xEFBE4786, 0x0FC19DC6, 0x240CA1CC,
            0x2DE92C6F, 0x4A7484AA, 0x5CB0A9DC, 0x76F988DA,
            0x983E5152, 0xA831C66D, 0xB00327C8, 0xBF597FC7,
            0xC6E00BF3, 0xD5A79147, 0x06CA6351, 0x14292967,
            0x27B70A85, 0x2E1B2138, 0x4D2C6DFC, 0x53380D13,
            0x650A7354, 0x766A0ABB, 0x81C2C92E, 0x92722C85,
            0xA2BFE8A1, 0xA81A664B, 0xC24B8B70, 0xC76C51A3,
            0xD192E819, 0xD6990624, 0xF40E3585, 0x106AA070,
            0x19A4C116, 0x1E376C08, 0x2748774C, 0x34B0BCB5,
            0x391C0CB3, 0x4ED8AA4A, 0x5B9CCA4F, 0x682E6FF3,
            0x748F82EE, 0x78A5636F, 0x84C87814, 0x8CC70208,
            0x90BEFFFA, 0xA4506CEB, 0xBEF9A3F7, 0xC67178F2};
```

与前面提到的 8 个哈希初值类似，这些常量对应自然数的前 64 个质数的立方根的前 32 比特小数部分（u32 是 C 语言中的无符号 32 比特数据类型）。

2．填充

填充模块的目的是确保进行哈希运算的消息长度满足指定条件，以便使其能够被分为多个消息块进行处理。上述需求一般通过在消息尾部填充特定的信息来实现，并且这些信息可以是任意的，但必须满足特定的格式要求。填充模块包含两个阶段：比特填充和长度值信息填充。

1）比特填充

在需要进行哈希运算的消息尾部进行比特填充，使其长度模 512 得 448 比特。具体的填充方案是：首先填充一个 "1" 比特，然后都补 "0" 比特。至少填充 1 比特，至多填充 512 比特。

2）长度值信息填充

在比特填充完成后，继续填充 64 比特的输入消息长度值信息（SHA256 输入消息的长度必须小于 2^{64} 比特）。比特填充把消息填充到模 512 为 448 的长度，在填充 64 比特的长度值信息后，消息的总长度为 512 的倍数，满足进行消息分割的条件。

【例】 消息 "enc" 中 e、n、c 的 ASCII 码分别是 101、110、99，则输入消息的二进制编码如下。

```
01100101 01101110 01100011          //共 24 比特
```

补 "1" 后为

```
01100101 01101110 01100011 1        //共 25 比特
```

补 423 比特的 "0"，凑齐 448 比特的数据，用十六进制数表示为

```
656E6380 00000000 00000000 00000000
00000000 00000000 00000000 00000000
00000000 00000000 00000000 00000000
00000000 00000000              //共 448 比特
```

填充长度值信息："enc" 占用 24 比特，填充 64 比特长度信息后的十六进制数表示为

```
656E6380 00000000 00000000 00000000
00000000 00000000 00000000 00000000
00000000 00000000 00000000 00000000
00000000 00000000 00000000 00000018   //共 512 比特
```

3．消息分割与扩展

将消息块 M_i 扩展生成 64 个消息子块 $W_0,W_1,\cdots,W_{63}$，用于压缩函数 CF，规则如下。

（1）将消息块 M_i 划分为 16 个消息子块 $W_0,\cdots,W_{15}$。

（2）针对 $W_{16},\cdots,W_{63}$：

$$W_t = \sigma_1(W_{t-2}) + W_{t-7} + \sigma_0(W_{t-15}) + W_{t-16}$$

获得的 64 个消息子块将与中间哈希值通过压缩函数进行循环运算。

4．压缩函数

1）内部结构

在压缩函数中进行消息子块与中间哈希值的循环运算，每次循环运算的过程如图 5-3 所示。

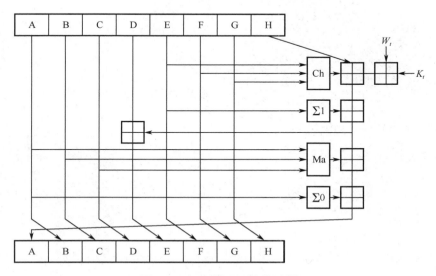

图 5-3　每次循环运算的过程

当 n 个（所有）消息块都完成了 64 次循环运算，即进行了 n 次迭代运算后，得到最

终哈希值。

2）逻辑运算

压缩函数中有 6 个重要的逻辑函数，每个逻辑函数的输入和输出均为 32 比特。其中"$\oplus$"表示按位"异或"操作，"$\wedge$"表示按位"与"操作，"$\neg$"表示按位"补"操作，"S_n"表示"循环右移 n 比特"操作，"R_n"表示"逻辑右移 n 比特"操作。假设输入的 32 比特字为 x、y、z，压缩函数中所涉及的逻辑运算及其 C 语言实现如下。

$$Ch(x, y, z) = (x \wedge y) \oplus (\neg x \wedge z)$$

```
u32 Ch(u32 x, u32 y, u32 z)
{
    return (x & y) ^ (~x & z);
}
```

$$Ma(x, y, z) = (x \wedge y) \oplus (x \wedge z) \oplus (y \wedge z)$$

```
u32 Ma(u32 x, u32 y, u32 z)
{
    return (x & y) ^ (x & z) ^ (y & z);
}
```

$$\sum 0(x) = S_2(x) \oplus S_{13}(x) \oplus S_{22}(x)$$

```
u32 S(u32 x, u32 n)
{
    return ((x & (((u32)1 << n) - 1)) << (32 - n)) | (x >> n);
}

u32 Sum0(u32 x)
{
    return S(x, 2) ^ S(x, 13) ^ S(x, 22);
}
```

$$\sum 1(x) = S_6(x) \oplus S_{11}(x) \oplus S_{25}(x)$$

```
u32 Sum1(u32 x)
{
    return S(x, 6) ^ S(x, 11) ^ S(x, 25);
}
```

$$\sigma_0(x) = S_7(x) \oplus S_{18}(x) \oplus R_3(x)$$

```
u32 Sigma0(u32 x)
{
    return S(x, 7) ^ S(x, 18) ^ (x >> 3);
}
```

$$\sigma_1(x) = S_{17}(x) \oplus S_{19}(x) \oplus R_{10}(x)$$

```
u32 Sigma1(u32 x)
{
    return S(x, 17) ^ S(x, 19) ^ (x >> 10);
}
```

5．迭代

将填充后的消息 M 以 512 比特为单位分割为 n 个消息块：$M = M_0 M_1 \cdots M_{n-1}$，其中 $n = (l+1+k+64)/512$（其中，l 为输入消息的长度；1 为填充的"1"的个数；k 为填充的"0"的个数；64 为所填充的长度值信息）。迭代方式如算法 5-1 所示（CF 为压缩函数；H_0 为 256 比特初始值 IV；M_i 为消息块，迭代压缩的结果为 H_n）。

算法 5-1：M 的迭代方式

1. FOR $i = 0$ TO $n-1$
2. $H_{i+1} = \mathrm{CF}(H_i, M_i)$
3. END FOR

🔓5.2　SM3 算法描述

SM3 是由我国国家密码管理局于 2010 年发布的哈希算法标准。SM3 算法的设计是公开的，是在 SHA256 基础上进行改进的一种算法。

5.2.1　算法结构

SM3 算法流程如下。

（1）比特填充：对消息进行扩充。

（2）长度值信息填充：在消息的尾部添加长度信息。

（3）消息分割与扩展：将消息以 512 比特为单位分割为 n 个消息块，如图 5-4 所示（设消息 M 被分割成 n 个消息块 M_i，$0 \leq i \leq n-1$）。一个消息块有 16 个 32 比特的消息子块，通过消息扩展再生成 116 个消息子块，即扩展后一个消息块共有 132 个消息子块。在这 132 个消息子块中，前 68 个消息子块构成数列 $\{W_j\}$，后 64 个消息子块构成数列 $\{W_j'\}$（$j = 0,1,2,\cdots,63$）。

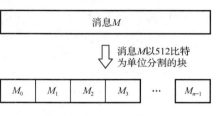

图 5-4　消息 M 的分解

（4）迭代压缩：在压缩函数中对通过消息扩展得到的消息子块与中间哈希值进行运算。一个消息块执行完 64 次循环运算（在 SM3 算法中，每两个消息子块参与一次循环运算），称为完成 1 次迭代。SM3 算法给定了需要使用到的 256 比特的哈希初始值 $V^{(0)}$，并放置在 8 个 32 比特寄存器 A、B、C、D、E、F、G 和 H 中。将哈希初始值 $V^{(0)}$ 与首个消息块 M_0 通过压缩函数进行迭代运算，得到 $V^{(1)}$；再将 $V^{(1)}$ 与第 2 个消息块 M_1 通过压缩函数进行迭代运算，得到 $V^{(2)}$；以此类推，最后得到 256 比特的哈希值 $V^{(n)}$，迭代过程如图 5-5 所示。

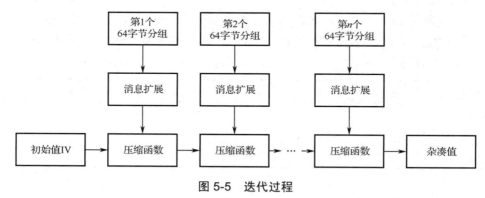

图 5-5　迭代过程

5.2.2　核心部件

为了更好地理解 SM3，需要了解常量初始化、填充、消息分割与扩展、压缩函数和迭代这 5 个重要模块。

1．常量初始化

SM3 中使用到 8 个哈希初值。

```
#define H0 0x7380166F
#define H1 0x4914B2B9
#define H2 0x172442D7
#define H3 0xDA8A0600
#define H4 0xA96F30BC
#define H5 0x163138AA
#define H6 0xE38DEE4D
#define H7 0xB0FB0E4E
```

2．填充

SM3 的填充方式与 SHA256 大致相同，本节不再赘述。

3．消息分割与扩展

将消息块 M_i 扩展生成 132 个消息子块 $W_0, W_1, \cdots, W_{67}, W_0', W_1', \cdots, W_{63}'$，用于压缩函数 CF，规则如下。

（1）将消息块 M_i 划分为 16 个消息子块 $W_0, \cdots, W_{15}$。

（2）针对 $W_{16}, \cdots, W_{67}$：

$$W_j = P_1(W_{j-16} \oplus W_{j-9} \oplus (W_{j-3} \lll 15)) \oplus (W_{j-13} \lll 7) \oplus W_{j-6}$$

（3）针对 $W_0', \cdots, W_{63}'$：

$$W_j' = W_j \oplus W_{j+4}$$

获得的 132 个消息子块将与中间哈希值通过压缩函数进行循环运算。

4．压缩函数

令 A、B、C、D、E、F、G、H 为字寄存器，SS1、SS2、TT1、TT2 为中间变量，压缩函数 $V^{i+1} = \mathrm{CF}(V^{(i)}, M_i)$（$0 \leqslant i \leqslant n-1$），计算过程如算法 5-2 和图 5-6 所示，其中字的存储为大端（Big-Endian）格式。

算法 5-2：压缩函数计算过程

1. $ABCDEFGH \leftarrow V^{(i)}$
2. FOR $j = 0$ TO 63
3. $\mathrm{SS1} \leftarrow ((A \lll 12) + E + (T_j \lll j)) \lll 7$
4. $\mathrm{SS2} \leftarrow \mathrm{SS1} \oplus (A \lll 12)$
5. $\mathrm{TT1} \leftarrow \mathrm{FF}_j(A, B, C) + D + \mathrm{SS2} + W_j'$
6. $\mathrm{TT2} \leftarrow \mathrm{GG}_j(E, F, G) + H + \mathrm{SS1} + W_j$
7. $D \leftarrow C$
8. $C \leftarrow B \lll 9$
9. $B \leftarrow A$
10. $A \leftarrow \mathrm{TT1}$
11. $H \leftarrow G$
12. $G \leftarrow F \lll 19$
13. $F \leftarrow E$
14. $E \leftarrow P_0(\mathrm{TT2})$
15. END FOR
16. $V^{(i+1)} \leftarrow ABCDEFGH \oplus V^{(i)}$

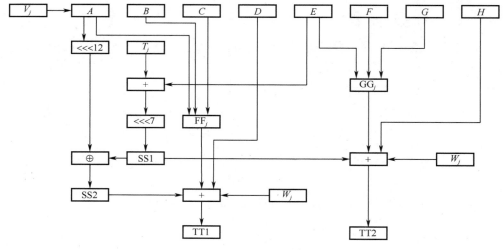

图 5-6　中间计算过程

5．迭代

将填充后的消息 M 以 512 比特为单位分割为 n 个消息块：$M = M_0 M_1 \cdots M_{n-1}$，其中 $n = (l+1+k+64)/512$（其中，l 为输入消息的长度，1 为填充的 "1" 的个数，k 为填充的 "0" 的个数，64 指填充的长度值信息）。迭代方式如算法 5-3 所示（CF 为压缩函数，$V^{(0)}$ 为 256 比特初始值 IV，M_i 为填充后的消息块，迭代压缩的结果为 $V^{(n)}$）。

算法 5-3：M 的迭代方式

1. FOR $i = 0$ TO $n-1$
2. $V^{(i+1)} = \mathrm{CF}(V^{(i)}, M_i)$
3. END FOR

🔓 5.3　SHA256 算法高速实现方法

5.3.1　树哈希

树哈希（Tree Hashing）是一种加速哈希函数运算的常用方法。j-lanes 模式是树哈希的一种特殊模式，它将输入的消息拆分成 j 个分片，分别计算每个分片的中间哈希值，并将它们连接起来作为最终的结果。此模式能够实现哈希运算的并行化，在现代处理器上具有性能优势。Gueron 等人为 SHA256 设计了 j-lanes 模式实现方案，并给出了 4-lanes，实现在 Intel 处理器上的性能测试，展现了 j-lanes 模式在 SIMD（单指令多数据）架构上的性能优势。他们的实现方案能够部署在 128 比特 SSE、AVX 和 NEON 以及 256 比特

AVX2 架构上。根据 SHA256 算法在 32 比特字上运算的特点，使用 AVX 和 AVX2 架构能够分别并行处理 4 个或 8 个通道（lane），Gueron 等人提出的 j-lanes 模式实现方案便是利用了这一特点。

AVX2 架构中包含 SHA256 高效实现所需的所有指令：32 比特移位（vpsrld）和加法（vpaddd）、按位逻辑运算（vpandn、vpand、vpxor）、32 比特旋转（两个移位 vpsrld/vpslld 与一个异或 vpxor 的组合）；AVX512 指令集支持 512 比特寄存器，可在 16 个通道上运行。此外，还增加了能够提高哈希函数并行化的指令：旋转（vprold）和三元逻辑操作（vpternlogd）。vprold 指令可以比 vpsrld + vpslld + vpxor 组合更快地执行 32 比特旋转。

j-pointers（指针）模式是树哈希的另一种特殊模式，它给出了定义消息 M 的 j 个切片的另一种方法，即使用 j-pointers 指向 M 的 j 个不相交的缓冲区 $\mathrm{Buff}_0, \cdots, \mathrm{Buff}_{j-1}$ 以及每个缓冲区长度值。j-pointers 和 j-lanes 模式拥有类似的构造，不同之处在于，在 SIMD 架构上实现时，j-lanes 模式按照自然顺序将字加载到 SIMD 寄存器中（每个字自然地放置在对应的通道中）；而 j-pointers 模式从 j 个位置加载数据，更适合在多处理器平台上进行实现。当然，j-pointers 模式也可以在 SIMD 架构上使用，但需要进行数据"转置"，以便将每个字放在寄存器的正确位置，而 j-lanes 模式能够节省此类开销。

Gueron 等人在 Intel Sandy Bridge（4 通道）和 Haswell（8 通道）平台上分别测试了 SHA256 在 $j = 4$、8、16 时的性能，并与 SHA256 的串行实现进行了比较。在 Sandy Bridge 平台上，j-lanes 模式下的 SHA256 与串行实现相比性能提升了一倍；在 Haswell 平台上，j-lanes 模式下的 SHA256 与串行实现相比性能提升了 3 倍。针对相同的平台，当 j 等于通道值时，运算速度最快；当 j 不等于通道值时，需要额外的步骤对数据进行处理；此外，j 大于通道值的实现与 j 小于通道值的实现相比具有更快的运算速度。综上，可以得到如下结论：与串行实现的 SHA256 相比，当处理长度为几千字节的消息时，j-lanes 模式下的 SHA256 具有更好的性能。此外，j 的选择对 j-lanes 模式下的 SHA256 运算速度具有很大的影响。

5.3.2　区块链中的 SHA256

Fan 等人于 2021 年利用区块链的特性以及数据级并行（Data-Level Parallelism）和线程级并行（Thread-Level Parallelism）两种并行机制来提高区块链中最常用的 SHA256 的计算速度，并提供了 3 点优化方法。

1. 预处理填充模块

填充模块的工作是对需要哈希的消息进行填充，确保其长度为 512 的倍数。在填充模块，对于任意的输入消息，都需要填充一个"1"位、若干位的"0"和 64 比特的长度值信息。Fan 等人对区块链中 SHA256 的运算模式进行分析，并提出了预处理填充模块技术。该技术通过对消息块进行预处理，使消息长度为 512 的整数倍，从而跳过了填充模块和信息分割与扩展模块的需要，提高了 SHA256 的计算速度。预处理填充模块的 SHA256 和一般 SHA256 的性能对比如图 5-7 所示。

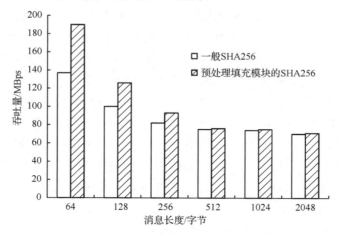

图 5-7 预处理填充模块的 SHA256 和一般 SHA256 的性能对比

2. 单核 SIMD 实现

SHA256 使用 32 比特的位宽，能够使用 SIMD 指令，允许多个数据通道并行执行相同的操作。Fan 等人针对 SHA256 的 SIMD 实现进行研究，进一步提升 SHA256 的计算速度。

已知寄存器的位宽 $l_{\text{sub-block}}=32$ 比特，假设参数 N 为给定的 SIMD 寄存器子块的数量，N 的计算公式为

$$N = \frac{l_{\text{SIMD}}}{l_{\text{sub-block}}}$$

对于支持 $l_{\text{SIMD}}=128$ 比特寄存器的 AVX 架构，$N=4$。类似地，对于 AVX2 和 AVX512 架构，$l_{\text{SIMD}}=256$ 比特和 512 比特，则 $N=8$ 和 16。

如图 5-8 所示，按照传统的方式依次计算 σ_0、σ_1 对应的消息块，得到对应的 W_t 消息子块。如图 5-9（a）所示，在 AVX2 架构下，未经优化的消息扩展方式称为串行消息扩展（DV-MS），会产生大量的资源浪费。为了充分利用 SIMD 架构的优势，Fan 等人提出交错多向量（Interleaved Multi-Vectorizing）执行的方案，称为 IMV 消息调度（IMV-MS）。如图 5-8（b）所示，IMV 将计算流程分割成多个块，只要计算流程满足控制流的要求，就能交错执行各个块，充分利用了 SIMD 架构的数据并行性。与 DV-MS 相比，它将线性执行的程序分割成多个块，对块进行挂起和恢复的操作，并且保证每个正在运行的状态都有对应的前后状态。此外，为了利用所有可用的通道，Fan 等人将两个连续的消息子块整合在一起，在一个操作中同时计算 4 个消息子块。对图 5-9（a）与图 5-9（b）进行观察可发现，IMV-MS 可以充分利用 SIMD 资源，避免了资源浪费。

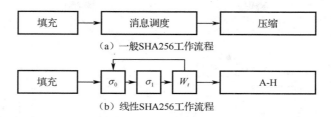

图 5-8　一般 SHA256 工作流程和线性 SHA256 工作流程

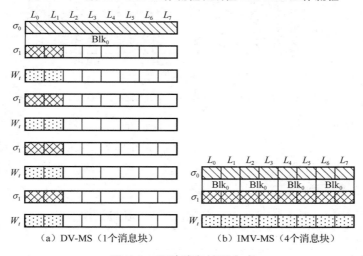

图 5-9　两种消息扩展方式

Fan 等人对 SHA256 消息调度策略的改进使得处理 4 个消息块仅需要 $\dfrac{64-16}{2}\times 3 = 72$ 轮，大大提高了 SHA256 的计算速度。作为对比，使用 DV-MS 处理 4 个消息块，总共需要 $\left(\dfrac{64-16}{8}+\dfrac{64-16}{2}\times 2\right)\times 4 = 216$ 轮。SIMD 寄存器被划分为 N 个通道时需要的轮次可由如下方程计算得出：

$$\left(\dfrac{64-16}{N}+\dfrac{64-16}{2}\times 2\right)\times \dfrac{N}{2} = 24(N+1)$$

通过轮次对比能够看出，IMV-MS 与 DV-MS 相比，更有效地利用了 SIMD 架构的数据并行性。随着 SIMD 指令集的发展，该方法所带来的性能优势将会更加显著。

3. 多核 SIMD 实现

IMV-MS 在 SIMD 架构中能对单个消息进行并行化调度，而在需要同时对多个（k 个）独立消息进行哈希运算的情况下，Fan 等人提出结合线程级并行和数据级并行架构加速 SHA256。他们提出了区块链中 SHA256 消息块的运算方式，即使用 IMV-MS 进行消息调度，使用标量指令压缩表达式。AVX2 架构中共有 8 个数据通路，一次计算 4 个子块，并将它们视为一个组，如图 5-10 所示。

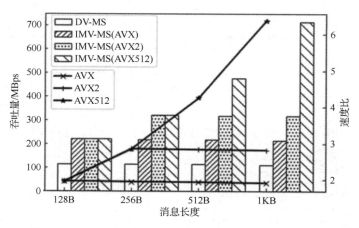

图 5-10　IMV-MS 在 Intel Xeon Bronze 3106 上的性能

　　然而，该工作流程仍然存在串行操作，不能充分利用多核线程级并行（TLP）和数据级并行（DLP）架构。因此，Fan 等人将 IMV-MS 引入 SHA256 的消息调度和压缩阶段，将一个 CPU 视为一个单元，同时处理 N 条消息（对于 n 核处理器，可以同时处理 $N \times n$ 条消息），如表 5-1 所示。

表 5-1　SHA256 的消息调度和压缩工作流程

Scalar 实现	SIMD 实现
压缩轮次 $(0 \leqslant t \leqslant 15)$	消息调度 $W_t (16 \leqslant t \leqslant 31)$
压缩轮次 $(16 \leqslant t \leqslant 31)$	消息调度 $W_t (32 \leqslant t \leqslant 47)$
压缩轮次 $(32 \leqslant t \leqslant 47)$	消息调度 $W_t (48 \leqslant t \leqslant 63)$
压缩轮次 $(48 \leqslant t \leqslant 63)$	—

🔓 5.4　SM3 算法优化实现方法

5.4.1　CUDA 框架

　　CUDA 是一个支持并行运算的计算框架和编程模型，CUDA 中的并行程序由线程执行；多个线程能够组成一个 block，同一个 block 中的线程可以进行同步，也可以通过共享内存进行通信；多个 block 可以组成 grid。CUDA 允许开发人员使用他们熟悉的高级编程语言在 GPU 设备上处理任务，如 C/C++、Python。此外，它还提供了一个线程并行执行（PTX）指令，使在 CUDA 上进行的优化更加灵活。CUDA 中针对 GPU 的编程模型与针对 CPU 的编程模型有所不同，GPU 设备作为主机的协处理器，按照异构编程的方式，通过调用异步和可配置的 kernel 函数，将烦琐的计算外包到 GPU 上，而其余的串行代码则在主机端（CPU 端）执行。

从硬件方面来看，GPU 建立在 SM（Streaming MultiProcessor）上，每个 SM 都以 SIMT（单指令多线程）的方式同时运行数千个线程，其中的调度单元是 warp（线程束），它是一个包含 32 个并行线程的基本执行单元；从软件方面来看，kernel 由多个 grid 组成，每个 grid 中的 block 数量和每个 block 中的线程数量都受到硬件的严格限制。

CUDA 允许多个 kernel 使用不同的流复制数据，并能够在 GPU 设备上并发执行。每个设备中 kernel 数量取决于设备本身，如 GTX1080 为 32 个。此外，当前的 GPU 设备通常有多个数据复制引擎，能够并行地进行数据传输与计算。

5.4.2　优化技术

1．优化数据通道

1）流水线执行

原有的 SM3 实现流程存在两个严重的问题：第一，当 GPU 计算多个消息的哈希值时，CPU 只能等待，导致计算能力的浪费；第二，所有消息只有在先前的消息被处理完成后才能开始运算，导致运算延迟的增加。Sun 等人提出流水线执行方案，可尽可能多地利用 CPU 和 GPU 的计算能力。GPU 中的 kernel 调用是异步的，当消息被外包到 GPU 端后，CPU 便可以开始准备下一次的运算，包括接收并填充新的信息等操作。GPU 设备能够同时进行多个迭代运算，可以避免为等待前一个迭代而浪费数千个 CPU 周期的情况发生。在接收（并填充）新到达的消息后，CPU 可以直接调用 SM3 对消息进行计算。总体来说，流水线技术避免了资源的浪费，减少了响应。

2）构建线程表

如果输入消息大小不固定，会使 CPU 端在填充阶段使用额外的线程，影响算法整体性能的稳定性。为了减少创建和销毁线程带来额外的开销，可以在消息填充阶段使用 OpenMP 框架创建一个线程表，并在运算结束后删除。这能够减少应用程序检查线程创建是否失败所需的运算，并将线程管理所需的成本分摊到整个应用程序。

2．优化 SM3 运算

如前文所述，在 GPU 平台上的原有 SM3 实现会浪费计算资源并降低算法整体的性能表现。Sun 等人提出了一些通用的和特用于硬件的优化方法，对 GPU 平台上的 SM3 实现进行改进。

1）循环展开

算法的循环展开可以由开发人员手动完成或由编译器自动执行，能够消除 SM3 中大量循环运算带来的资源以及性能开销，并减少寄存器的使用量，同时帮助编译器进行分支测试。该技术能够加快内存访问和计算速度，但在部分情况下会给寄存器带来过大压力，从而导致性能不稳定。但经测试证明，由于 SM3 算法在压缩函数模块和迭代模块中都存在大量的循环运算操作，当把循环都完全展开时，SM3 算法能够获得更好的性能。

2）在宏中存储常量

SM3 中的常量包括：哈希初始值 $V_0^{(0)}, V_1^{(0)}, \cdots, V_7^{(0)}$ 和哈希常量 $T_j(0 \leqslant j \leqslant 63)$。将这些常量存储在变量中会增加内存访问次数，增加延迟。通过展开压缩函数，将 $V_0^{(0)}, V_1^{(0)}, \cdots, V_7^{(0)}$ 和 T_j 及其左循环值嵌入在宏中，减少内存访问次数，降低延迟。

3）优化代码执行顺序

SM3 中的大部分计算都在压缩函数模块和迭代模块进行，具有高度的数据依赖性。为了减少这种依赖性并允许指令级并行（ILP）操作，Sun 等人在原有的压缩函数计算过程基础上推导出新的压缩函数方程。

$$SS1 = ((A \lll 12) + E + (T_j \lll j)) \lll 7$$
$$SS2 = SS1 \oplus (A \lll 12)$$
$$TT1 = FF_j(A, B, C) + D + SS2 + W_j'$$
$$TT2 = GG_j(E, F, G) + H + SS1 + W_j$$
$$D = C \quad C = B \lll 9$$
$$B = A \quad A = TT1$$
$$H = G \quad G = F \lll 19$$
$$F = E \quad E = P_0(TT2)$$

并且，删除变量 TT1 和 TT2，引入两个寄存器 A' 和 E' 来临时存储 A 和 E。由于变量 A 和 E 的更新只取决于 SS1，因此可以将它们的计算放在对 SS1 的运算之后，而其他变量的更新只涉及内存访问操作。使用这种方式进行运算可以增加计算与内存访问的重叠，从而提高算法的效率。

4）内联 PTX 组件

CUDA 框架支持直接嵌入 PTX 指令。在迭代模块和压缩函数模块中，PTX 指令能够直接进行位操作。例如，指令 xor.b32、and.b32、or.b32 和 not.b32 分别用于异或、与、或和非运算。左循环移位操作较为复杂，需要由 shl.b32、shr.b32 和 or.b32 这 3 条指令完成。此外，可以利用 prmt 指令交换 32 比特整数或 64 比特整数的字节顺序。

5）合并访问

SM3 算法中存在很多全局内存访问操作。例如，读取消息输入和写入哈希值输出。虽然全局内存较为充足，但有很高的访问延迟。因此，需要对访问方式进行改进。可以采用缓存技术来提高 SM3 算法的性能，缓存可以存储哈希运算过程中经常访问的数据，如消息块和中间哈希值等。通过缓存可以减少对全局内存的访问，提高访问速度和效率。此外，可以采用预取技术，提前从内存中读取需要的数据存放到缓存中，以减少等待时间，从而提高运算速度。

以存储哈希值为例，如图 5-11（a）所示，如果以行优先的方式存储哈希值，需要进行 32 次缓存转换。这意味着在实际只需要存储 128 字节数据的情况下，进行了 4096 字节的数据处理。在相同的情况下，如图 5-11（b）所示，如果采用列优先的方式进行存储，那么只需要进行 1 次缓存转换。因此，当输入消息的长度相同时，应采用列优先的方式进行存储；当输入消息的长度不相同时，应采用行优先的方式进行存储。

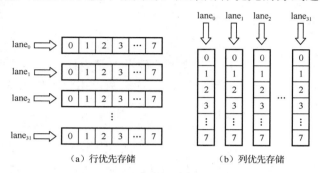

（a）行优先存储　　　　（b）列优先存储

图 5-11　哈希值的行优先存储与列优先存储

6）内联函数或宏

调用函数会带来额外的开销，例如，将寄存器保存到堆栈、跳转到被调用函数地址等操作，使用内联函数或宏能够减少此类损失。对于 CUDA 编程，编译器 NVCC 将自行决定合适的内联设备函数。同时，编译指示 forceinline 能够强制编译器内联设备函数。

3．优化数据传输

使用 PCI 总线在 CPU 和 GPU 之间进行数据传输，会使算法的延迟增加，可以通过如下优化技术对此过程进行改进。

1）固定内存

使用固定大小的内存空间能够提高内存传输带宽。它由 API 中的 cudaHostAlloc 函数分配在主机端并锁定一个特定的内存空间，用于 CPU 和 GPU 之间的数据交换。

2）并行执行数据复制与计算

一个 GPU 设备通常有多个数据复制引擎，如 GTX 1080 有两个。为了充分利用这些复制引擎，可以构建多个数据流来并行传输数据。不同数据流中的操作可以交错地进行执行，并可以在某些情况下并行执行，以隐藏主机和设备之间传输的数据。具体步骤如下：首先创建多个数据流，并对输入的消息进行分割；消息的每个部分都通过不同的数据流异步地从主机复制到设备，并使用 SM3 算法对其进行哈希运算；在处理完所有的消息后，将输出的哈希值再通过数据流异步地从设备复制回主机，计算策略如图 5-12 所示。

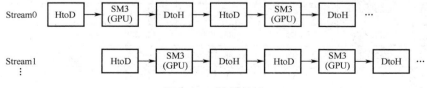

图 5-12　计算策略

通过进行上述的两项优化后，CPU 和 GPU 之间的吞吐量在 GTX 1080 上达到 95.2 Gbps。同时，NVIDIA CUDA Toolkit 提供的测试工具显示，PCI-E 在 GTX 1080 上的峰值吞吐量约为 112 Gbps，使用了 85%的带宽。

5.4.3　性能评估

SM3 算法的 kernel 函数能够由 grid 调用。假设 N 是内核的输入消息数，它受设备（主要是全局内存）的限制；n_t 表示每个 block 的线程数，由于硬件限制，n_t 的数量不能超过 1024；n_b 表示每个 grid 中 block 的数量；n_b 的计算公式为 $\left\lceil \dfrac{N}{n_t} \right\rceil$。通过实验可以得出结论，当 n_t 是 32 的倍数时，不会对性能产生影响。由于 SM 的调度单元是 warp，只要有足够的 warp 需要进行调度，GPU 设备上的所有 SM 都会处于忙碌状态，GPU 设备的计算能力就可以被充分利用，因此，可以将 n_t 的线程数固定为 32。

1．固定长度的数据

将该实现分别在两个平台上进行测试，仅使用一个 GPU 设备来处理固定长度的数据，数据大小分别为：2^0 KB, 2^1 KB, $\cdots$, 2^{13} KB。Sun 等人开发了一个自动测试程序以测试 N 的大小对 SM3 中 kernel 函数的影响，该测试软件以 2 的速率将 N 从 2^5 增加到 2^i，直到超过硬件限制。经过测试，可以得到如下结论：N 的上限因消息大小而异。例如，在数据大小为 1KB 的情况下，N 可以达到 524288。在数据大小为 64KB 的情况下，N 可以达到 32768。在 GTX 1080 上，若数据大小为 1KB，N=262144，则延迟为 27.09ms，吞吐量为 79272Mbps。并且，将 N 增加到 524288 时，会给寄存器带来较大的压力，在带来 54.66ms 的延迟的同时吞吐量会降低到 78576Mbps。

对于其他数据大小固定的测试也获得了类似的结果。这意味着当 N 足够大时能够获得峰值吞吐量，也证明 Sun 等人的优化实现可以在低延迟的情况下，获得高吞吐量。表 5-2 显示了在 GPU 平台上实现峰值吞吐量的 N 取值的选择以及相关延迟。

表 5-2　峰值吞吐量的 N 取值的选择以及相关延迟（固定长度的数据）

数据大小/KB	GTX 1080			TITAN Xp		
	最佳 N	延迟/ms	吞吐量/Mbps	最佳 N	延迟/ms	吞吐量/Mbps
1	262144	27.09	79272	65536	7.73	69453
2	524288	103.45	83035	524288	116.69	73613
4	524288	201.27	85357	262144	106.38	80748
8	524288	398.18	86292	524288	418.81	82041
16	262144	395.95	86778	16384	27.87	77054
32	131072	395.59	86857	262144	838.20	81985

数据大小/KB	GTX 1080			TITAN Xp		
	最佳 N	延迟/ms	吞吐量/Mbps	最佳 N	延迟/ms	吞吐量/Mbps
64	32768	199.24	86227	131072	832.17	82579
128	32768	397.94	86344	65536	902.26	76164
256	8192	200.17	85826	16384	428.96	80100
512	8192	400.03	85893	4096	225.74	76105
1024	4096	414.64	82866	8192	851.78	80677
2048	2048	483.44	71073	4096	972.42	70669
4096	1024	615.27	55845	1024	723.35	47501
8192	512	915.45	37533	256	812.70	21139

2．任意长度的数据

在消息长度不固定的情况下，Sun 等人选取两个 8 核平台进行测试。基准数据来自 ECRYPT Benchmarking of Cryptographic Systems（eBACS）的代码包，总共有 24475 个文件，文件的总大小、最大大小和平均大小分别为 245.59MB、4.02MB 和 10.28KB。对于任意长度的数据，输入消息以行优先的方式进行存储。

与固定长度的数据类似，数量 N 从 2^5 开始增长，每次翻倍。在数据长度任意的情况下，性能测试结果如表 5-3 所示。当 $N=16384$ 时，GTX 1080 上的最小延迟为 298.45ms，吞吐量为 6903 Mbps；在 TITAN Xp 设备上，以 312.87ms 延迟为代价的峰值吞吐量为 6585Mbps。虽然也能获得很高的吞吐量，但无法与固定长度数据的情况相比。造成这种性能下降的主要原因有以下两个。

（1）输入的消息无法进行合并访问操作，导致时钟周期数增加。

（2）输入的消息长度不统一，导致每个线程的计算不均匀，GPU 计算资源被浪费。

表 5-3　峰值吞吐量的 N 取值的选择以及相关延迟（任意长度的数据）

N	GTX 1080		TITAN Xp	
	延迟/ms	吞吐量/Mbps	延迟/ms	吞吐量/Mbps
32	7341.57	281	8651.28	238
64	4210.36	489	4518.81	456
128	2327.92	885	2461.89	837
256	1390.93	1481	1515.63	1359
512	734.19	2806	827.25	2490
1024	416.54	4946	527.16	3908
2048	320.57	6427	480.12	4291
4096	310.99	6625	402.99	5112
8192	306.50	6722	378.26	5447

N	GTX 1080		TITAN Xp	
	延迟/ms	吞吐量/Mbps	延迟/ms	吞吐量/Mbps
16384	298.45	6903	312.87	6585
32768	307.94	6690	314.46	6552

5.5 测试示例

SM3 测试示例如下。

输入消息为"abc"，其 ASCII 码表示为：

616263

填充后的消息：

61626380 00000000 00000000 00000000 00000000 00000000 00000000 00000000
00000000 00000000 00000000 00000000 00000000 00000000 00000000 00000018

扩展后的消息：

$W_0 W_1 \cdots W_{67}$

61626380 00000000 00000000 00000000 00000000 00000000 00000000 00000000
00000000 00000000 00000000 00000000 00000000 00000000 00000000 00000018
9092E200 00000000 000C0606 719C70ED 00000000 8001801F 939F7DA9 00000000
2C6FA1F9 ADAAEF14 00000000 0001801E 9A965F89 49710048 23CE86A1
B2D12F1B

E1DAE338 F8061807 055D68BE 86CFD481 1F447D83 D9023DBF 185898E0
E0061807

050DF55C CDE0104C A5B9C955 A7DF0184 6E46CD08 E3BABDF8 70CAA422
0353AF50

A92DBCA1 5F33CFD2 E16F6E89 F70FE941 CA5462DC 85A90152 76AF6296
C922BDB2

68378CF5 97585344 09008723 86FAEE74 2AB908B0 4A64BC50 864E6E08 F07E6590
325C8F78 ACCB8011 E11DB9DD B99C0545

$W_0' W_1' \cdots W_{63}'$

61626380 00000000 00000000 00000000 00000000 00000000 00000000 00000000
00000000 00000000 00000000 00000018 9092E200 00000000 000C0606 719C70F5
9092E200 8001801F 93937BAF 719C70ED 2C6FA1F9 2DAB6F0B 939F7DA9
0001801E

B6F9FE70　E4DBEF5C　23CE86A1　B2D0AF05　7B4CBCB1　B177184F　2693EE1F　341EFB9A

FE9E9EBB　210425B8　1D05F05E　66C9CC86　1A4988DF　14E22DF3　BDE151B5　47D91983

6B4B3854　2E5AADB4　D5736D77　A48CAED4　C76B71A9　BC89722A　91A5CAAB　F45C4611

6379DE7D　DA9ACE80　97C00C1F　3E2D54F3　A263EE29　12F15216　7FAFE5B5　4FD853C6

428E8445　DD3CEF14　8F4EE92B　76848BE4　18E587C8　E6AF3C41　6753D7D5　49E260D5

迭代压缩中间值：

i　A　　　　B　　　　C　　　　D　　　　E　　　　F　　　　G　　　　H

（给出了 i=0,1,2,…,63 次运算的结果。）

7380166F　4914B2B9　172442D7　DA8A0600　A96F30BC　163138AA　E38DEE4D　B0FB0E4E

0　B9EDC12B　7380166F　29657292　172442D7　B2AD29F4　A96F30BC　C550B189　E38DEE4D

1　EA52428C　B9EDC12B　002CDEE7　29657292　AC353A23　B2AD29F4　85E54B79　C550B189

2　609F2850　EA52428C　DB825773　002CDEE7　D33AD5FB　AC353A23　4FA59569　85E54B79

······

63　1547E69B　2BFA5F60　C6D696BC　069AE2E2　E808F43B　4AC3CF08　CAF04E66　3FB0A6AE

杂凑值：

66C7F0F4　62EEEDD9　D1F2D46B　DC10E4E2　4167C487　5CF2F7A2　297DA02B　8F4BA8E0

习题

5.1　简述哈希算法在现代密码学领域中的主要应用场景。

5.2　简述哈希算法应该具备的重要特性。

5.3　算法 F 定义如下：输入比特串 M，输出 M 的逐比特取反。试说明该算法是否可以作为哈希算法。

5.4 算法 G 定义如下：输入比特串 M，输出为 M 转化成整数形式后按 100 取模结果。试说明该算法是否可以作为哈希算法。

5.5 试写出消息"crypto"按照 ASCII 编码规则及 SHA256 算法下进行完整消息填充之后的比特表示形式。

5.6 试写出消息"crypto"按照 ASCII 编码规则及 SM3 算法下进行完整消息填充之后的比特表示形式。

5.7 若将 SHA256 算法的消息填充规则修改为：在消息尾部进行比特填充，填充方式为全部补 0 至其长度为 512 的倍数，至少填充 1 比特，至多填充 512 比特。试分析该填充规则是否存在问题。

5.8 若将 SHA256 算法的消息填充规则修改为：在消息尾部进行比特填充，填充方式为先填充单比特的 1，剩余补 0 至其长度为 512 的倍数，至少填充 0 比特，至多填充 511 比特。试分析该填充规则是否存在问题。

5.9 试分析哈希算法中的压缩函数是否越复杂越好，迭代轮数是否越多越好。

5.10 简述几种提高哈希算法实现性能的方法。

第 6 章 RSA 算法

自 Whitfield Diffie 和 Martin Hellman 于 1976 年在他们具有里程碑意义的论文中提出公钥密码学后,一个崭新的密码学分支迅速发展起来。自此,密码学家便开始寻找可以实现公钥加密的方法。1978 年,Ronald Rivest、Adi Shamir 和 Leonard Adleman 提出了一种基于有限域的公钥密码实现方案,即 RSA。

RSA(Rivest-Shamir-Adleman)是目前使用最广泛的非对称密码方案之一,在美国的专利期限一直持续到 2000 年。

RSA 应用广泛,常用于下面的应用场景中。

(1)小片段数据的加密,如密钥传输。

(2)数字签名,如互联网上的数字证书。

需要注意的是,RSA 加密方案的设计意图并不是取代对称密码。而且它的运行效率比诸如 AES 的对称密码方案要低很多,这是因为公钥算法的执行会涉及很多耗时的计算,本章的后面部分会对此进行介绍。实际上,RSA 等公钥算法主要用于加密对称密码的密钥。在现实中,RSA 通常与类似 AES 的对称密码一起使用,其中对称密码被用于加密大量的数据。

RSA 底层单向函数的单向性基于大整数因式分解问题:两个大素数相乘在计算上是容易的,但是对其乘积结果进行因式分解却是非常困难的。下面将首先描述 RSA 加密算法和签名算法的工作原理,然后分别介绍 RSA 的基本实现和优化实现方法。

6.1 RSA 算法描述

1. RSA 密钥生成

密钥生成步骤如下。

(1)任意选择两个大素数 p 和 q,满足 $p \neq q$,并计算 $n = pq$。

(2)计算欧拉函数 $\varphi(n) = (p-1)(q-1)$。

(3)任意选择一个小于 $\varphi(n)$ 的正整数 e,要求满足 $\gcd(e, \varphi(n)) = 1$。

(4)根据 $e \cdot d \equiv 1 (\bmod \varphi(n))$,求得 e 模 $\varphi(n)$ 的逆元 d。

(5)公钥 $k_{\text{pub}} = (n, e)$,私钥 $k_{\text{pri}} = d$。

RSA 加密和解密都是在整数环 $\mathbb{Z}_n$ 上完成的,模运算在其中发挥了核心作用。假设使用 RSA 加密明文 M,如果明文比特长度小于或等于 $\log_2 n$,则表示 M 的位字符串是

$\mathbb{Z}_n = \{0,1,\cdots,n-1\}$ 内的元素。如果明文空间大于 $\log_2 n$，我们可以将明文进行分组，使每组的明文分组比特长度小于或等于 $\log_2 n$，再分组执行加密。在解密时，对密文使用相同的方法进行分组，使每组的密文分组比特长度小于或等于 $\log_2 n$，再分组执行解密。为了简便描述，本章只考虑明文比特长度小于 $\log_2 n$ 的情况。

2．RSA 加密

给定公钥 $(n,e) = k_{\mathrm{pub}}$ 和明文 M，加密函数为：$C = e_{k_{\mathrm{pub}}}(x) \equiv M^e (\bmod\, n)$，其中 $M, C \in \mathbb{Z}_n$。

3．RSA 解密

给定私钥 $d = k_{\mathrm{pri}}$ 及密文 C，解密函数为：$M = d_{k_{\mathrm{pri}}}(C) \equiv C^d (\bmod\, n)$，其中 $M, C \in \mathbb{Z}_n$。

在实际中，M、C、n 和 d 都是大整数，通常为 1024 比特或更长。e 称为加密指数或公开指数，私钥 d 称为解密指数或保密指数。

如果 Alice 想将一个加密后的消息传输给 Bob，她需要拥有 Bob 的公钥 (n,e)，而 Bob 将用他自己的私钥 d 进行解密。下面通过一个简单的例子来演示 RSA 的工作方式。

【例 6-1】Alice 想要发送一个消息给 Bob，而且 Alice 不希望其他人获取这个消息。首先，Bob 执行密钥生成计算 RSA 参数，并公开公钥。其次，Alice 使用 Bob 的公钥将消息 $x=4$ 加密，并将得到的密文 y 发送给 Bob。最后，Bob 使用他的私钥解密 y。具体流程如下。

Alice：

消息 $x=4$。

Bob：

（1）选择 $p=3$ 和 $q=11$；

（2）$n = pq = 33$；

（3）$\varphi(n) = (3-1) \times (11-1) = 20$；

（4）选择 $e=3$；

（5）$d \equiv e^{-1} \equiv 7 (\bmod\, 20)$；

（6）公开 $k_{\mathrm{pub}} = (33,3)$。

Alice：

（1）计算 $y = x^e \equiv 4^3 \equiv 31 (\bmod\, 33)$；

（2）传输 $y=31$ （消息 4 对应的密文为 31）。

Bob：

计算 $y^d = 31^7 \equiv 4 (\bmod\, 33)$ （对密文 31 解密得到明文 4）。

注意，私钥指数和公钥指数需要满足条件 $e \cdot d = 3 \times 7 \equiv 1 (\bmod\, \varphi(n))$。

数字签名用于实现消息的不可否认性、消息完整性校验等，RSA 也可以实现数字签名。

4．RSA 签名过程

Bob 用自己的私钥 d 计算消息 M 的签名为 $\sigma \equiv M^d (\mathrm{mod}\, n)$，将 (M,σ) 发送给 Alice。

5．RSA 签名验证过程

Alice 用 Bob 的公钥 (n,e) 验证 $\sigma^e \equiv (M \bmod n)$ 等式是否成立，若成立则签名验证通过；否则签名验证不通过。

【例 6-2】Alice 想要发送一个消息给 Bob，并对消息进行签名。首先，Alice 执行密钥生成计算 RSA 参数，并公开公钥；其次，Alice 使用私钥对消息 $m = 4$ 进行签名，并将消息和得到的签名 σ 发送给 Bob；最后，Bob 使用 Alice 的公钥对签名进行验证。具体流程如下。

Alice：

（1）选择 $p = 5$ 和 $q = 11$；

（2）$n = pq = 55$；

（3）$\varphi(n) = (5-1) \times (11-1) = 40$；

（4）选择 $e = 3$；

（5）$d \equiv e^{-1} \equiv 27(\mathrm{mod}\, 40)$；

（6）公开 $k_{\mathrm{pub}} = (55,3)$；

（7）消息 $m = 4$；

（8）计算签名 $\sigma = 4^{27}(\mathrm{mod}\, 55) \equiv 49(\mathrm{mod}\, 55)$；

（9）传输 $(4,49)$，即消息 $m = 4$ 和签名 $\sigma = 49$。

Bob：

验证 $49^3 \equiv 4(\mathrm{mod}\, 55)$ 等式成立，签名有效（验证 $\sigma^e \equiv m(\mathrm{mod}\, n)$ 成立）。

6.2　RSA 算法原理

条件 $\gcd(e,\varphi(n)) = 1$ 保证了 e 模 $\varphi(n)$ 的逆元存在。因此，私钥 d 始终存在。由密钥生成过程可知，$e \cdot d \equiv 1(\mathrm{mod}\, \varphi(n))$，所以存在整数 k 满足 $e \cdot d = 1 + k \cdot \varphi(n)$。由加密过程可知，$C \equiv M^e (\mathrm{mod}\, n)$，所以 $C^d \equiv M^{ed} (\mathrm{mod}\, n) \equiv M^{1+k\cdot\varphi(n)}(\mathrm{mod}\, n)$。

下面分情况进行讨论，如果 M 与 n 互素，那么根据欧拉定理可知

$$M^{\varphi(n)} \equiv 1(\mathrm{mod}\, n), M^{k\cdot\varphi(n)} \equiv 1(\mathrm{mod}\, n), M^{1+k\cdot\varphi(n)} \equiv M(\mathrm{mod}\, n)$$

即 $C^d \equiv M(\mathrm{mod}\, n)$。

如果 M 与 n 不互素，因为 $n = pq$，且 p 和 q 均为素数，这意味着 M 只能是 p 的倍数或 q 的倍数。假设 M 是 p 的倍数，则存在正整数 t 使得 $M = tp$。此时，必有 M 与 q 互素，否则 M 必是 q 的倍数，从而是 pq 的倍数，与 $M < n$ 矛盾。

此时，由 M 与 q 互素和欧拉定理可得

$$M^{\varphi(q)} \equiv 1 (\mod q), M^{k \cdot \varphi(q)} \equiv 1 (\mod q), M^{k \cdot \varphi(p) \cdot \varphi(q)} \equiv 1 (\mod q)$$

即 $M^{k \cdot \varphi(n)} \equiv 1 (\mod q)$。因此存在整数 r 满足 $M^{k \cdot \varphi(n)} = 1 + rq$，两边同时乘以 M（$M = tp$）得 $M^{k \cdot \varphi(n)+1} = M + rtpq = M + rtn$，所以 $M^{k \cdot \varphi(n)+1} \equiv M (\mod n)$，即 $C^d \equiv M (\mod n)$。

同理可以推得，当 M 是 q 的倍数时，$C^d \equiv M (\mod n)$ 也成立。

RSA 的安全性依赖于大整数分解的困难性。假如 RSA 的模数 n 被成功地分解为两个素数的乘积 $n = pq$，则能够计算 $\varphi(n) = (p-1)(q-1)$，从而能够计算 e 模 $\varphi(n)$ 的逆元，即找到了私钥 d，因此攻击成功。目前，密钥长度大于 1024 比特的 RSA 方案被认为是安全的。

🔓 6.3 基础实现

6.3.1 大整数运算

在 C 语言中，用无符号整型数组来表示一个大整数，实现部分逻辑运算和算术运算。例如，对于一个 1024 比特的大整数 a，我们用 32 比特无符号整型数组来表示，即 uint32_t a[8]，若按小端存放（$a[0]$ 为 a 的最低 32 比特，$a[7]$ 为 a 的最高 32 比特），则 $a = a[0] + a[1] \times 2^{32} + \cdots + a[7] \times 2^{32 \times 7}$。以下代码给出了在 C 语言实现中的一些宏定义和类型定义。

```
/* 常量定义 */

#define MAX_BN_BITS 1024  /* 最大比特数 */
#define WBITS 32    /* 一个字的比特数 */
#define WMASK  UINT32_MAX /* 2^32 -1*/
#define MAX_BN_DIGS  ( MAX_BN_BITS/WBYTS ) /* */
#define WBYTS   (WBITS/8) /* 一个字的字节数 */


/* 多精度整数的表示*/
typedef uint32_t      dig_t; /* 多精度整数字 */
typedef uint64_t      udi_t; /* 无符号双精度整数 */
typedef int64_t       sdi_t; /* 有符号双精度整数 */
```

1. 大整数加法

```
/**
 * 计算 c = a+b
 *
 * @param[out] c                    - 结果
```

```
 * @param[in] a                    - 被加数
 * @param[in] b                    - 加数
 * @param[in] digs                 - 大整数的字长
 * @return 加法产生的进位
 */
dig_t bn_add(dig_t *c, const dig_t *a, const dig_t *b, int digs)
{
    int i;
    register udi_t carry;            //保存加法产生的进位

    carry = 0;                       //初始化为 0
    for (i = 0; i< digs; i++)
    {
        carry += (udi_t)a[i] + b[i]; //带进位的按字加法，结果存储在 carry 中
        c[i] = (dig_t)carry;         //carry 的低 32 比特是 c[i]的值
        carry = carry >> WBITS;      //carry 的高 32 比特是进位，用于下一次加法
    }

    return (dig_t)carry;             //返回进位
}
```

2．大整数减法

```
/**
 * 计算 c = a–b.
 *
 * @param[out] c                   - 结果
 * @param[in] a                    - 被减数
 * @param[in] b                    - 减数
 * @param[in] digs                 - 大整数的字长
 * @return 减法产生的借位
 */

dig_t bn_sub(dig_t *c, const dig_t *a, const dig_t *b, int digs)
{
    int i;
    register udi_t borrow=0;          //保存减法产生的借位，初始化为 0

    udi_t tmp = 0;                    //减法临时结果，初始化为 0
    for (i = 0; i< digs; i++)
    {
        tmp = (udi_t)a[i] – b[i] - borrow;//带借位的按位减，结果存储在 tmp 中
```

```
        c[i] = (dig_t)(tmp & UINT32_MAX); //tmp 的低 32 比特是 c[i]的值
        borrow = (tmp >> WBITS != 0) ? 1 : 0; //tmp 的高 32 比特不为 0，表示有借位，用于下一次减法
        }

        return (dig_t)borrow;                    //返回借位
    }
```

3. 大整数模加

假设 $|m|=1024$，对于 $0 \leq x \leq m-1$，$0 \leq y \leq m-1$，有 $0 \leq r = x+y \leq 2m-2$，则分 3 种情况进行讨论。

（1）若 $0 \leq r \leq m-1$，则不需要约减。

（2）若 $m \leq r \leq 2^{1024}-1$，则 $x+y$ 不产生进位，但需要一次减法计算 $r = r-m$ 使得 $0 \leq r \leq m-1$。

（3）若 $2^{1024} \leq r \leq 2m-2$，则 $x+y$ 产生进位，需要一次减法计算 $r = r-m$ 使得 $0 \leq r \leq m-1$。

这 3 种情况用代码表示如下。

```
/**
 * 计算  r = x+y (mod m)
 *
 * @param[out] r              - 结果
 * @param[in] x               - 被加数
 * @param[in] y               - 加数
 * @param[in] m               - 模数
 * @param[in] digs            - 大整数的字长
 */
void bn_mod_add(dig_t *r, const dig_t *x, const dig_t *y, const dig_t *m, int digs)
{
    dig_t c[MAX_BN_DIGS];

    if(bn_add(c, x, y, digs))             //情况 3
    bn_sub(r, c, m, digs);                //保证 r∈[0,m)
    else if(bn_cmp(c, m, digs)== 1)       //情况 2
    bn_sub(r, c, m, digs);                //保证 r∈[0,m)
    else bn_copy(r, c, digs);             //情况 1，复制 c 的值给 r
}
```

4. 大整数模减

假设 $|m|=1024$，对于 $0 \leq x \leq m-1$，$0 \leq y \leq m-1$，有 $1-m \leq r = x-y \leq m-1$，则分两种情况进行讨论。

（1）若 $0 \leq r \leq m-1$，则不需要约减。

（2）若$1-m \leq r < 0$，则$x - y$产生借位，通过 bn_sub(r, x, y, digs)运算后，$r = 2^{1024} + x - y$，于是$r - (2^{1024} - m) \equiv x - y (\bmod m)$。

这两种情况用代码表示如下。

```
/**
 * 计算  r = x−y (mod m)
 *
 * @param[out] r              - 结果
 * @param[in] a               - 被减数
 * @param[in] b               - 减数
 * @param[in] m               - 模数
 * @param[in] digs            - 大整数的字长
 */

void bn_mod_sub(dig_t *r, const dig_t *x, const dig_t *y, const dig_t *m, int digs)
{
    dig_t c[MAX_BN_DIGS] = { 0 };        //c 初始化为 0

    if(bn_sub(r, x, y, digs))            //如果产生借位
    {
        bn_sub(c, c, m, digs);           // c = 2^1024 − m
        bn_sub(r, r, c, digs);           // r = r−c
    }
}
```

5．大整数求逆

根据费马小定理（Fermat's Little Theorem，FLT），若a和m互素，则有$a^{m-1} \equiv 1 \bmod m$。于是，利用费马小定理可得$a^{-1} \equiv a^{m-2} \bmod m$，求逆即为求指数为$m-2$的模幂运算。

我们也可以使用二进制扩展欧几里得算法（Binary Extended Euclidean Algorithm，BEEA）来计算$a^{-1} \bmod m$。首先初始化$u = a, v = m, c = 0, d = 0$，于是有$d \cdot a \equiv u \bmod m$和$c \cdot a \equiv v \bmod m$成立。在运算过程中，保持这两个公式始终成立。通过不断约减u和v，最终$v = 1$，于是$c \equiv a^{-1} \bmod m$。

```
void bn_mod_inv(dig_t* ainv, const dig_t* a, const dig_t* m, int digs)
{
    dig_t u[MAX_BN_DIGS];
    dig_t v[MAX_BN_DIGS];
    dig_t c[MAX_BN_DIGS];
    dig_t d[MAX_BN_DIGS];
    dig_t carry;

    bn_copy(u, a, digs);                          //u = a
```

```
    bn_copy(v, m, digs);                    //v = m
    bn_set_zero(c, digs);                   //c = 0
    bn_set_zero(d, digs);
    d[0] = 1;                               //d = 1

    while(u[0] != 0)
    {
        while((u[0] & 0x1)== 0)             //当 u 为偶数时
        {
            bn_rsh_low(u, u, 1, digs);      //u = u/2
            bn_rsh_low(d, d, 1, digs);      //d = d/2 或 d = (d+m)/2
        }
        while((v[0] & 0x1)== 0)             //当 v 为偶数时
        {
            bn_rsh_low(v, v, 1, digs);      //v = v/2
            bn_rsh_low(c, c, 1, digs);      //c = c/2 或 c = (c+m)/2
        }
        if(bn_cmp(u, v, digs)>= 0)          //若 u≥v
        {
            bn_sub(u, u, v, digs);          //u = u−v
            bn_mod_sub(d, d, c, m, digs);   //d = d−c mod m
        }
        else
        {
            bn_sub(v, v, u, digs);          //v = v−u
            bn_mod_sub(c, c, d, m, digs);   //c = c−d mod m
        }
    }
            bn_copy(ainv, c, digs);         //c 中即是求逆的结果
}
```

从代码中可以发现，BEEA 算法使用移位运算来代替除法运算，显著地提升了计算效率。2017 年，Aldaya 首次指出 BEEA 算法会通过功耗信息泄露其底数的若干比特，攻击者能够通过 SPA 攻击得到这些值。因此，从应用性和安全性角度而言，BEEA 算法具有一定局限性。

基于费马小定理的模逆是一种模幂运算，通过调用模乘和模平方操作可以实现，其优势在于不过多增加代码量，且适用于各种资源受限的应用场景。此外，研究者们普遍认为基于费马小定理的模逆算法能有效防止秘密信息的泄露，并能抵抗 Aldaya 的组合攻击。

6.3.2　蒙哥马利模乘

模幂运算是 RSA 算法的核心运算，而模乘运算 $a \cdot b \,(\mathrm{mod}\, n)$ 又是模幂运算的基础。因此，要提高 RSA 算法的效率，首要问题在于提高模乘运算的速度。不难发现，$a \cdot b \,(\mathrm{mod}\, n)$ 计算过程中复杂度最高的操作是模运算。假设我们要计算 $t(\mathrm{mod}\, n)$，最简单的方法是 $t \,(\mathrm{mod}\, n) = t - \left\lfloor \dfrac{t}{n} \right\rfloor \cdot n$，该方法需要一次除法运算。一次除法实际上包含了多次加法、减法和乘法。如果在算法中能够尽量减少除法甚至避免除法，那么算法的效率会大大提高。

1985 年，Montgomery 提出了一种只需要乘法和移位操作就可以实现模乘运算的算法，用于快速计算 $t \cdot r^{-1}(\mathrm{mod}\, n)$，即蒙哥马利模乘算法。蒙哥马利模乘算法对模乘运算的效率提升给出了很好的解决方案，除法和模运算只需要通过简单的数移位和截取操作就能实现。另外，蒙哥马利模乘算法是时间恒定的算法，在密码实现中更能保障安全性，避免了定时攻击。

假设 $2^{k-1} \le n < 2^k$，$r = 2^k$，且 n 和 r 互素。为了利用蒙哥马利模乘算法计算 $a \cdot b \,(\mathrm{mod}\, n)$，首先需要将 a 和 b 转换为蒙哥马利域上的数 $\bar{a} \equiv a \cdot r(\mathrm{mod}\, n)$ 和 $\bar{b} \equiv b \cdot r(\mathrm{mod}\, n)$，定义蒙哥马利乘积为 $\bar{c} \equiv \bar{a} \cdot \bar{b} \cdot r^{-1}(\mathrm{mod}\, n) \equiv a \cdot b \cdot r(\mathrm{mod}\, n)$。于是 $c \equiv \bar{c} \cdot r^{-1}(\mathrm{mod}\, n) \equiv a \cdot b(\mathrm{mod}\, n)$，这一步骤称为蒙哥马利约减。算法 6-1 描述了蒙哥马利模乘算法 MonPro，其中对 r 进行模运算和除法运算都非常快速，因为 r 是 2 的次幂，这两个运算只需要移位操作就能完成。

算法 6-1：蒙哥马利模乘算法 MonPro

INPUT：

$\bar{a} \equiv a \cdot r(\mathrm{mod}\, n)$

$\bar{b} \equiv b \cdot r(\mathrm{mod}\, n)$

n' 满足 $r \cdot r^{-1} - n \cdot n' = 1$

OUTPUT：

$\bar{a} \cdot \bar{b} \cdot r^{-1}(\mathrm{mod}\, n)$

1. $t = \bar{a} \cdot \bar{b}$

2. $u = (t + (t \cdot n' \,\mathrm{mod}\, r) \cdot n)/r$

3. IF $u \ge n$ THEN

4. $u = u - n$

5. END IF

6. RETURN u

MonPro 有 5 种实现方法，分别为 SOS（Separated Operand Scanning）、CIOS（Coarsely Integrated Operand Scanning）、FIOS（Finely Integrated Operand Scanning）、FIPS（Finely

Integrated Product Scanning）和 CIHS（Coarsely Integrated Hybrid Scanning），其中 CIOS 是最快速的实现方法。具体而言，CIOS 将算法 6-1 中的第 1 步大整数乘法运算和第 2 步模运算交叉依次执行，如算法 6-2 所示。

算法 6-2：模 n 的蒙哥马利模乘算法 CIOS

INPUT：

$a \in [0, n-1]$

$b \in [0, n-1]$

n' 满足 $r \cdot r^{-1} - n \cdot n' = 1$

OUTPUT：

$a \cdot b \cdot r^{-1} (\bmod n)$

1. FOR $i = 0$ TO $s-1$ DO
2. $C = 0$
3. FOR $j = 0$ TO $s-1$ DO
4. $(C, S) = t[j] + a[j] \times b[i] + C$
5. $t[j] = S$
6. END FOR
7. $(C, S) = t[s] + C$
8. $t[s] = S$
9. $t[s+1] = C$
10. $C = 0$
11. $m = t[0] \cdot n'[0] (\bmod W)$
12. $(C, S) = t[0] + m \times n[0]$
13. FOR $j = 1$ TO $s-1$ DO
14. $(C, S) = t[j] + m \times n[j] + C$
15. $t[j-1] = S$
16. END FOR
17. $(C, S) = t[s] + C$
18. $t[s-1] = S$
19. $t[s] = t[s+1] + C$
20. END FOR

Koc 等人给出了不同方法下蒙哥马利模乘所需的乘法和加法操作数量以及对读写操作与内存空间的需求，如表 6-1 所示。从表 6-1 中可以看出，CIOS 方法的计算复杂度最低。另外，Koc 等人使用 C 语言和 ASM 语言（汇编语言）分别在 Intel 370 系列平台和 Intel Pentium-60 Linux 系统上对 MonPro 算法进行实现，测试结果如表 6-2 所示。

表 6-1 不同方法实现 MonPro 计算复杂度对比（s 为操作数字长）

方法	乘法	加法	读	写	内存
SOS	$2s^2 + s$	$4s^2 + 4s + 2$	$6s^2 + 7s + 3$	$2s^2 + 6s + 2$	$2s + 2$
CIOS	$2s^2 + s$	$4s^2 + 4s + 2$	$6s^2 + 7s + 2$	$2s^2 + 5s + 1$	$s + 3$
FIOS	$2s^2 + s$	$5s^2 + 3s + 2$	$7s^2 + 5s + 2$	$3s^2 + 4s + 1$	$s + 3$
FIPS	$2s^2 + s$	$6s^2 + 2s + 2$	$9s^2 + 8s + 2$	$5s^2 + 8s + 1$	$s + 3$
CIHS	$2s^2 + s$	$4s^2 + 4s + 2$	$6.5s^2 + 6.5s + 2$	$3s^2 + 5s + 1$	$s + 3$

表 6-2 不同方法实现 MonPro 算法的性能对比（时间/ms）

方法	512 比特		1024 比特		1536 比特		2048 比特		代码量/字节	
	C	ASM	C	ASM	C	ASM	C	ASM	C	ASM
SOS	1.376	0.153	5.814	0.869	13.243	2.217	23.567	3.968	1084	1144
CIOS	1.249	0.122	5.706	0.799	12.898	1.883	23.079	3.304	1512	1164
FIOS	1.492	0.135	6.52	0.86	14.55	2.146	26.234	3.965	1876	1148
FIPS	1.587	0.149	6.886	0.977	15.78	2.393	27.716	4.31	2832	1236
CIHS	1.662	0.151	6.268	1.037	16.328	2.396	29.284	4.481	1948	1164

为了实现蒙哥马利模乘，我们需要以下函数接口。

（1）int bn_mont_init(dig_t *mc, const dig_t *m); //计算 $mc = m^{-1} \bmod 2^w$

（2）int bn_mont_mul_low(dig_t *r, const dig_t *x, const dig_t *y, const dig_t*m, dig_t mc, int digs); //蒙哥马利模乘底层算法，计算 $r = x \cdot y \cdot R^{-1} \bmod m$ 并返回 r[digs]

（3）int bn_mont_rdc_low(dig_t *r, const dig_t *x, const dig_t *m, dig_t mc, int digs); //蒙哥马利约减底层算法，计算 $r = x \cdot R^{-1} \bmod m$

（4）void bn_mont_mul(dig_t *r, const dig_t *x, const dig_t *y, const dig_t *m, dig_t mc, int digs); //蒙哥马利模乘算法，计算 $r = x \cdot y \cdot R^{-1} \bmod m$

（5）void bn_mont_rdc(dig_t *r, const dig_t *x, const dig_t *m, dig_t mc, int digs); //蒙哥马利约减算法，计算 $r = x \cdot R^{-1} \bmod m$

（6）void bn_mont_squ(dig_t *r, const dig_t *x, const dig_t *m, dig_t mc, int digs); //蒙哥马利模平方算法，计算 $r = x^2 \cdot R^{-1} \bmod m$

接下来，分别给出这些函数接口的 C 语言程序。

```
int bn_mont_init(dig_t *mc, const dig_t *m)
{
    dig_t x, a;

    a = m[0];
    if ((a & 0x01)== 0)
        return −1;                      //若 m 是偶数，则返回错误
```

```
        //针对模 2^32 的快速求逆
        x = (((a + 2)& 4)<< 1)+ a;          // x ≡ a⁻¹ mod 2⁴
        x *= 2 - (a * x);                   // x ≡ a⁻¹ mod 2⁸
        x *= 2 - (a * x);                   // x ≡ a⁻¹ mod 2¹⁶
        x *= 2 - (a * x);                   // x ≡ a⁻¹ mod 2³²

        *mc = (~x + 1)& WMASK;              // mc ≡ -a⁻¹mod 2^WBITS

        return 0;
}

int bn_mont_mul_low(dig_t *r, const dig_t *x, const dig_t *y, const dig_t *m, dig_t mc, int digs)
{
        int i, j;
        udi_t carry;
        dig_t U;
        dig_tD[MAX_BN_DIGS + 2];

        bn_set_zero(D, digs + 2);           //初始化 D 为 0
        for (i = 0; i< digs; i++)
        {
                //D = D + x * y[i]
                carry = 0;
                for (j = 0; j < digs; j++)
                {
                        carry += (udi_t)D[j] + (udi_t)x[j] * (udi_t)y[i];
                        D[j] = (dig_t)carry;
                        carry = carry >> WBITS;
                }
                carry += (udi_t)D[digs];
                D[digs] = (dig_t)carry;
                D[digs + 1] = (dig_t)(carry >> WBITS);

                //D = (D + (D[0] * mc mod b)* p)/ b, 其中 mc = (-p)^(-1)mod b
                U = (dig_t)((udi_t)D[0] * (udi_t)mc);
                carry = ((udi_t)D[0] + (udi_t)U * (udi_t)m[0])>> WBITS;
                for (j = 1; j < digs; j++)
                {
                        carry += (udi_t)D[j] + (udi_t)U * (udi_t)m[j];
                        D[j - 1] = (dig_t)carry;
                        carry = carry >> WBITS;
```

```
        }
        carry += (udi_t)D[digs];
        D[digs - 1] = (dig_t)carry;
        D[digs] = D[digs + 1] + (dig_t)(carry >> WBITS);
    }
    bn_copy(r, D, digs);                 //复制 D 的值给 r

    return D[digs];
}

int bn_mont_rdc_low(dig_t *r, const dig_t *x, const dig_t *m, dig_t mc, int digs)
{
    int i, j;
    udi_t carry;
    dig_t U;

    bn_copy(r, x, digs);                 //复制 x 的值给 r
    for (i = 0; i< digs; i++)
    {
        //D = (D + (D[0] * mc mod b)* p)/ b,  其中 mc = (-p)^(-1)mod b
        U = (dig_t)((udi_t)r[0] * (udi_t)mc);
        carry = ((udi_t)r[0] + (udi_t)U * (udi_t)m[0])>> WBITS;
        for (j = 1; j < digs; j++)
        {
            carry += (udi_t)r[j] + (udi_t)U * (udi_t)m[j];
            r[j - 1] = (dig_t)carry;
            carry = carry >> WBITS;
        }
        r[digs - 1] = (dig_t)carry;
    }

    return 0;
}

void bn_mont_mul(dig_t *r, const dig_t *x, const dig_t *y, const dig_t *m, dig_t mc, int digs)
{
    int bits;

    if (bn_mont_mul_low(r, x, y, m, mc, digs))
    {
        for (bits = 0; !((m[digs - 1] >> (WBITS - 1 - bits))& 1); bits++);
        if (bn_sub_lsh(r, r, m, bits, digs))     //r = r - m << bits，借位为 1
```

```
                return;
            if (bn_sub_lsh(r, r, m, bits, digs))        //r= r - m << bits，借位为 1
                return;
        }
    }

    void bn_mont_rdc(dig_t *r, const dig_t *x, const dig_t *m, dig_t mc, int digs)
    {
        bn_mont_rdc_low(r, x, m, mc, digs);
        if (bn_cmp(r, m, digs)> 0)                       //若 r>m
            bn_sub(r, r, m, digs);
    }

    void bn_mont_squ(dig_t *r, const dig_t *x, const dig_t *m, dig_t mc, int digs)
    {
        int bits;

        if (bn_mont_mul_low(r, x, x, m, mc, digs))
        {
            for (bits = 0; !((m[digs - 1] >> (WBITS - 1 - bits))& 1); bits++)
            if (bn_sub_lsh(r, r, m, bits, digs))        //r = r - m << bits，借位为 1
                return;
            if (bn_sub_lsh(r, r, m, bits, digs))        //r = r - m << bits，借位为 1
                return;
        }
    }
```

6.3.3 幂指数运算

1. 二进制扫描法

在模指数运算中，我们采用二进制扫描法，模乘采用蒙哥马利模乘算法，为计算 $x^H (\bmod\, n)$，首先需要将 x 转换为蒙哥马利域上的数 $\bar{x} \equiv x \cdot r (\bmod\, n)$，再按照平方-乘进行运算，最后将结果 $\overline{x^H}$ 转换为 x^H，如算法 6-3 所示。

算法 6-3：蒙哥马利模指数算法

INPUT:

基元素 x，指数 $H = \displaystyle\sum_{i=0}^{s-1} h_i 2^i$，其中 $h_i \in \{0,1\}$，$h_{s-1} = 1$，模数 n 和 n' 满足 $r \cdot r^{-1} - n \cdot n' = 1$

OUTPUT：

$x^H (\mathrm{mod}\ n)$

1.　$\bar{x} \equiv x \cdot r (\mathrm{mod}\ n)$

2.　$\bar{a} \equiv 1 \cdot r (\mathrm{mod}\ n)$

3.　FOR $i = s-1\,\mathrm{DOWNTO}\ 0$ DO

4.　$\bar{a} = \mathrm{MonPro}(\bar{a}, \bar{a})$

5.　IF $h_i = 1$ THEN

6.　$\bar{a} = \mathrm{MonPro}(\bar{a}, \bar{x})$

7.　END IF

8.　END FOR

9.　$a = \mathrm{MonPro}(\bar{a}, 1)$

10.　RETURN a

蒙哥马利模指数算法的 C 语言程序如下。

```c
void bn_mont_exp(dig_t *r, const dig_t *x, const dig_t* e, const dig_t *m, dig_t mc, int digs)
{
    int i, bits;
    dig_t t[MAX_BN_DIGS];

    bits = bn_get_bits(e, digs);              //获取 e 的比特长度
    if (bits == 0)                            //如果 bits=0，直接令结果为 1
    {
        bn_set_dig(r, 1, digs);
        return;
    }
    bn_copy(t, x, digs);                      //复制 x 的值给 t
    for (i = bits − 2; i>= 0; i−−)
    {
        bn_mont_squ(t, t, m, mc, digs);       //每一比特执行平方运算
        if (BN_BIT(e, i))                     //如果第 i 个比特为 1
        {
            bn_mont_mul(t, t, x, m, mc, digs);  //执行乘法运算
        }
    }
    bn_copy(r, t, digs);                      //复制 t 的值给 r
}
```

【例 6-3】在本例中，我们演示如何使用蒙哥马利模乘来计算 $a \equiv 7^{10} (\mathrm{mod}\ 13)$。

首先，$n=13$，则 $r = 2^4 = 16 > n$。

计算 $16 \times 9 - 13 \times 11 = 1$，$r^{-1} = 9$，$n' = 11$。

计算 $\bar{x} \equiv 7 \times 16 (\mathrm{mod}\ 13) = 8$。

计算 $\bar{a} \equiv 1 \times 16 (\mathrm{mod}\, 13) = 3$。

指数 $H = 10 = (1010)_2$，for 循环执行如表 6-3 所示。

表 6-3　for 循环执行

h_i	第 4 步	第 6 步
1	MonPro(3,3) = 3	MonPro(3,8) = 8
0	MonPro(8,8) = 4	
1	MonPro(4,4) = 1	MonPro(1,8) = 7
0	MonPro(7,7) = 12	

于是 $a = \mathrm{MonPro}\,(12,1) = 4 \equiv 7^{10} (\mathrm{mod}\, 13)$。

2．固定窗口算法

固定窗口算法相当于指数的 r 进制表示法，由二进制扫描法改进而来，其目的是利用预计算来减少乘法的次数，从而提高效率。与二进制扫描法一样，固定窗口算法由高位向低位（或由低位向高位）对指数的二进制编码进行扫描，每轮扫描 r 比特从而将指数划分为若干个长度为 r 的块。例如，若指数 $H = (h_{s-1}h_{s-2}\cdots h_1 h_0) = \sum\limits_{i=0}^{s-1} h_i 2^i$，将 H 分为长度为 r 的块，如果 s 不能被 r 整除，那么在指数 H 的高位补 0，共划分出 $t = \left\lceil \dfrac{s}{r} \right\rceil$ 块，于是第 j 块表示为 $H_j = (h_{jr+r-1}h_{jr+r-2}\cdots h_{jr+1}h_{jr}) = \sum\limits_{k=0}^{r-1} h_{jr+k} 2^k$，且 $0 \leqslant H_j \leqslant 2^r - 1$，$0 \leqslant j \leqslant t$，则 $H = \sum\limits_{i=0}^{t-1} H_i 2^{ir}$。

为了计算 x^H，首先预计算 x^{H_i} 的值，$H_i \in \{2,\cdots,2^r-1\}$，一共 $2^r - 2$ 个值。在扫描指数计算模乘时，只需要根据 H_i 的值从预计算的存储值中取出相应的值，具体算法如算法 6-4 所示。

算法 6-4：固定窗口算法计算模幂

INPUT：

基元素 x，指数 $H = \sum\limits_{i=0}^{s-1} h_i 2^i$，其中 $h_i \in 0,1$，$h_{s-1} = 1$ 和模数 n

OUTPUT：

$x^H (\mathrm{mod}\, n)$

1．预计算并存储 x^{H_i}，$H_i \in \{2,\cdots,2^r-1\}$

2．将 H 划分为长度为 r 的块 H_i，$i \in \{0,1,\cdots,t-1\}$

3．从表中取出 $c = x^{H_{t-1}}$

4．FOR $i = t - 2\, \mathrm{DOWNTO}\, 0\, \mathrm{DO}$

5. $c \equiv c^{2^r} (\mod n)$

6. IF $H_i \neq 0$ THEN

7. 从表中取出 x^{H_i}，$c \equiv c \cdot x^{H_i} (\mod n)$

8. END IF

9. END FOR

10. RETURN c

【例 6-4】假设我们要计算 $123^{22325} (\mod 34198)$，则指数 $H = (22325)_{10} = (1010111001$ $10101)_2$，$s = 15$，如果每个分块的长度 $r = 4$，于是一共有 $t = \left\lceil \dfrac{s}{r} \right\rceil = 4$ 个分块，分别为 $H_3 = 0101$、$H_2 = 0111$、$H_1 = 0011$、$H_0 = 0101$。

首先，我们需要预计算 $123^2, 123^3, \cdots, 123^{15} (\mod 34198)$ 的值（注意到 $15 = 2^r - 1$）。

于是 $123^{22325} (\mod 34198)$ 的计算过程如表 6-4 所示。令 $c = 123^{H_3} = 123^5 = 32115$。

表 6-4　计算过程

i	H_i	x^{H_i}	第5步	第7步
2	0111	16849	$32115^{2^4} = 29927$	$29927 \times 16849 = 24711$
1	0011	14175	$24711^{2^4} = 15949$	$15949 \times 14175 = 28295$
0	0101	32115	$28295^{2^4} = 1579$	$1579 \times 32115 = 28149$

所以，$123^{22325} \equiv 28149 (\mod 34198)$。

3. 滑动窗口算法

固定窗口算法有一个很大的缺点，即不考虑指数的二进制表示中"0"的分布，把不需要进行模乘运算的"0"划到了窗口内，增加了窗口的数量，从而增加了乘法的次数。但是，滑动窗口算法可以解决这个问题。

滑动窗口编码技术是指用一个长度可变的窗口（假设其宽度为 m）对指数 H 的二进制表示从低位向高位（或从高位向低位）依次滑动，滑动窗口时将跳过一些连续的 0 比特位，直到窗口中最低位为 1，然后依次按窗口中的数对 H 重新编码，每个窗口 i 中的值属于 $\{0,1,3,5,\cdots,2^m-3,2^m-1\}$。在进行计算时，先预计算窗口的模幂值，再代入计算即可，如算法 6-5 所示。

算法 6-5：滑动窗口算法计算模幂

INPUT:

基元素 x

指数 $H = \sum_{i=0}^{s-1} h_i 2^i$，其中 $h_i \in \{0,1\}$，$h_{s-1} = 1$

滑动窗口大小 m

模数 n

OUTPUT：

$x^H (\bmod n)$

1. 预计算并存储 x^{H_i}，$H_i \in \{3, \cdots, 2^m - 3, 2^m - 1\}$

2. 令 $c = 1, i = s - 1$

3. WHILE $i \geqslant 0$ DO

4. IF $h_i = 0$ THEN

5. $c \leftarrow c^2, i \leftarrow i - 1$

6. ELSE

7. 找出最长的串 $L = h_i h_{i-1} \cdots h_l$，其中 $i - 1 + 1 \leqslant k$ 且 $h_l = 1$

8. $c \leftarrow c^{2^{|L|}} \cdot x^L$

9. $i \leftarrow l - 1$

10. END IF

11. END WHILE

12. RETURN c

【例 6-5】 假设我们要计算 $123^{22028}(\bmod 34198)$，则指数 $H = (22028)_{10} = (101011000001100)_2$。选取 $m = 3$，采用无符号窗口算法重新编码后，$H = (\underline{101} 0 \underline{11} 00000 \underline{11} 00)_2 = (\underline{5} 0 \underline{3} 00000 \underline{3} 00)_{10}$。

（1）首先预计算 $123^3 \equiv 14175(\bmod 34198)$，$123^5 \equiv 32115(\bmod 34198)$，$123^7 \equiv 16849(\bmod 34198)$。

（2）初始化 $c = 1, i = 14$。

（3）$h_{14} \neq 0$，找出满足条件的最长的串 $L = (101)_2 = 5$，计算 $c = 1^{2^3} \times 123^5 \equiv 32115(\bmod 34198)$。更新 $i = 11$。

（4）$h_{11} = 0$，计算 $c = 32115^2 \equiv 29941(\bmod 34198)$。更新 $i = 10$。

（5）$h_{10} \neq 0$，找出满足条件的最长的串 $L = (11)_2 = 3$，计算 $c = 29941^{2^2} \times 123^3 \equiv 11023(\bmod 34198)$。更新 $i = 8$。

（6）$h_8 = 0$，计算 $c = 11023^2 \equiv 1035(\bmod 34198)$。更新 $i = 7$。

（7）$h_7 = 0$，计算 $c = 1035^2 \equiv 11087(\bmod 34198)$。更新 $i = 6$。

（8）$h_6 = 0$，计算 $c = 11087^2 \equiv 13957(\bmod 34198)$。更新 $i = 5$。

（9）$h_5 = 0$，计算 $c = 13957^2 \equiv 6041(\bmod 34198)$。更新 $i = 4$。

（10）$h_4 = 0$，计算 $c = 6041^2 \equiv 4415(\bmod 34198)$。更新 $i = 3$。

（11）$h_3 \neq 0$，找出满足条件的最长的串 $L = (11)_2 = 3$，计算 $c = 4415^{2^2} \times 123^3 \equiv 31645(\bmod 34198)$。更新 $i = 1$。

（12）$h_1 = 0$，计算 $c = 31645^2 \equiv 20189(\bmod 34198)$。更新 $i = 0$。

（13）$h_0 = 0$，计算 $c = 20189^2 \equiv 23957 (\bmod\, 34198)$。

（14）所以 $123^{22028} \equiv 23957 (\bmod\, 34198)$。

🔓 6.4　RSA 算法优化实现方法

Liu 等人提出了 RSA 算法在 8 位 AVR 处理器上的性能优化方案，取得了 RSA 算法在 8 位 AVR 处理器上的性能记录。Seo 等人在 ARMv7 平台上借助 NEON 指令提出了性能优化方案，刷新了 RSA 算法在 ARMv7 平台上的性能纪录。Ochoa-Jiménez 等人提出了 RSA 中恒定时间的模幂运算在 CPU 和 GPU 上的实现方案。针对 GPU 平台，利用剩余数系统（Residue Number System，RNS）实现模运算；针对 CPU 平台，利用 AVX2 指令集（Advanced Vector eXtensions 2）提供的并行性实现基于 RNS 的运算。下面将着重讲解 Ochoa-Jiménez 等人的实现方案。

6.4.1　预备知识

1. 基于 RNS 的运算

假设 RSA 的模数 $n = pq$ 为 $2k$ 比特长的数，其中 p、q 为 k 比特长的素数，一次模 n 的幂运算可以由两次 k 比特模幂运算（分别模 p、模 q）完成，因此我们可以只关注 $y \equiv x^e \bmod p$ 并假设所有的操作数为 k 比特长的整数，并由 $h = \left\lceil \dfrac{k}{w} \right\rceil$ 个 w 比特长的字表示，通常 $w = 32$ 或 $w = 64$。

假设 $\mathcal{B} = \{m_1, m_2, \cdots, m_l\}$ 为一组包含 l 个互素整数的 RNS 基，且令 $M = \prod\limits_{i=1}^{l} m_i$。于是整数 $a \in [0, M-1]$ 可以唯一地表示为 $a = \{a_1, a_2, \cdots, a_l\}, a_i = a \bmod m_i$，简写为 $a_i = |a|_{m_i}$。根据中国剩余定理（Chinese Remainder Theorem，CRT），$a = \left| \sum\limits_{i=1}^{l} |a_i \cdot M_i^{-1}|_{m_i} \cdot M_i \right|_M$，其中 $M_i = M/m_i$。假设 a 和 b 为两个 k 比特长的整数，$a, b < M$，并以 RNS 形式表示为 $a = \{a_1, a_2, \cdots, a_l\}$ 和 $b = \{b_1, b_2, \cdots, b_l\}$。然后，RNS 加法 $\oplus$ 和 RNS 乘法 $\otimes$ 分别定义为

$$c = a \oplus b = (c_1 = |a_1 + b_1|_{m_1}, c_2 = |a_2 + b_2|_{m_2}, \cdots, c_l = |a_l + b_l|_{m_l})$$
$$d = a \otimes b = (d_1 = |a_1 \cdot b_1|_{m_1}, d_2 = |a_2 \cdot b_2|_{m_2}, \cdots, d_l = |a_l \cdot b_l|_{m_l})$$

注意，如果实现平台有 l 个处理单元，那么这两个操作的计算开销大约与执行一次系数乘法相等。

说明 1：假设 a、b 是两个 k 比特长的整数，则 $d = a \otimes b$ 能被从其 RNS 形式正确恢复的条件是当且仅当 $d < M$。由于 d 是 $2k$ 比特长的整数，因此需要包含 l 个 w 比特模数的

RNS 基，且 $l \geqslant 2\left\lceil \dfrac{k}{\omega} \right\rceil = 2h$ 。

说明 2：出于效率考虑，模数 m_i 通常选为 $m_i = 2^w - \mu_i$ ，其中 μ_i 尽可能小。若 $\mu_i < 2^{\left\lfloor \frac{w}{2} \right\rfloor}$ ，则最多计算两次 $t_i = d_i \bmod 2^w + \mu_i \cdot \left\lfloor d_i/2^w \right\rfloor$ 就可以计算出 d_i ，且 $t_i \in [0, 2^w]$ 。因为 $2^w > m_i$ ，最后还需要执行一次约减 $d_i = \left| a_i \cdot b_i \right|_{m_i} = t_i \bmod m_i$ ，只需要一次减法完成。

2．固定时间的模幂运算

给定 k 比特长的指数 e ，算法 6-6 输出长度为 $\eta = \left\lceil \dfrac{k}{\omega} \right\rceil + 1$ 的编码，每一比特的值为 $\{1, 2, \cdots, 2^\omega\}$ ，ω 为给定的窗口大小。基于固定窗口算法，算法 6-7 执行固定时间的模幂运算，从而可以抵抗基于时间的侧信道攻击，一共需要执行 $\left\lfloor \dfrac{k}{\omega} \right\rfloor$ 次模乘和 $k-1$ 次模平方运算。

算法 6-6：指数的无符号重新编码

INPUT：

k 比特长的指数 e ，窗口大小 ω

OUTPUT：

$f = (f_{n-1}, \cdots, f_0), f_i \in \{1, 2, \cdots, 2^\omega\}, 0 \leqslant i \leqslant \eta$

1．初始化 $i \leftarrow 0, j \leftarrow 1$

2．WHILE $e \geqslant 2^\omega + 1$ DO

3．$d \leftarrow e \bmod 2^\omega$

4．$d' \leftarrow d + j + 2^\omega - 2$

5．$f_i \leftarrow (d' \bmod 2^\omega) + 1$

6．$j \leftarrow \left\lfloor d'/2^\omega \right\rfloor$

7．$e \leftarrow \left\lfloor e/2^\omega \right\rfloor$

8．$i \leftarrow i + 1$

9．END WHILE

10．$f_i \leftarrow e + j - 1$

11．RETURN f

算法 6-7：固定窗口的模幂运算

INPUT：

k 比特长的整数 x, e, p ，窗口大小 ω

OUTPUT：

k 比特长的整数 $y = x^e \bmod p$

预计算：

1.　使用算法 6-6 对指数 e 进行重编码得到 f

2.　计算 $\Gamma[i] \leftarrow x^i \bmod p, i \in \{0, \cdots, 2^\omega\}$

计算：

3.　$y \leftarrow \Gamma[f_{\eta-1}]$

4.　FOR $i = \eta - 2$ DOWNTO 0 DO

5.　$y \leftarrow y^{2^\omega}$

6.　$z \leftarrow \Gamma[f_i]$

7.　$y \leftarrow y \cdot z$

8.　END FOR

9.　RETURN　y

3．RNS 模约减

为了计算 $d = a \cdot b \bmod p$，可以首先计算 $d = a \otimes b$，再将结果模 p 进行约减。假设 d 是以 l 个单字模数 RNS 基表示的大整数，p 是一个 n 字长的素数，则 $d \bmod p$ 的计算可以直接利用 $\left| \sum_{i=1}^{l} \gamma_i \cdot M_i \right|_M = \left(\sum_{i=1}^{l} \gamma_i \cdot M_i \right) \bmod M$，其中 $\gamma_i \overset{\Delta}{=} |d_i \cdot M_i^{-1}|_{m_i}$。注意，系数 $\gamma_i (i = 1, \cdots, l)$ 可以看作一组有 l 个坐标的 RNS 向量 $\boldsymbol{\gamma}$，因此 $d = \sum_{i=1}^{l} \gamma_i \cdot M_i - \alpha \cdot M$，其中 $\alpha \approx \sum_{i=1}^{l} \frac{\gamma_i}{m_i}$。由于 $\gamma_i < m_i$，因此有 $0 \leq \alpha < l$。观察到 $z = \sum_{i=1}^{l} \gamma_i \cdot |M_i|_p - |\alpha \cdot M|_p \equiv d \bmod p$，$z \geq d$。为了在高效计算的同时更好地估计 α 的值，利用 $m_i \approx 2^w$，γ_i / m_i 的值可以通过考虑 $\gamma_i / 2^w$ 的 σ 个最高比特位，σ 是在 $[1, w]$ 范围内的整数，于是 α 的估计值 $\hat{\alpha} \overset{\Delta}{=} \left\lfloor \sum_{i=1}^{l} \frac{\left\lfloor \frac{\gamma_i}{2^{w-\sigma}} \right\rfloor}{2^\sigma} + \Delta \right\rfloor$ 为一个误差修正参数，其中 $0 < \Delta < 1$。

算法 6-8 计算 $z \equiv d \bmod p$ 的 RNS 向量。在第 4～6 步，l 个处理单元同时计算 RNS 向量的 l 个值。尽管这些运算的计算开销是 l 次 RNS 乘法，但是它们的时延非常接近于一次 RNS 乘法的时延。第 7～13 步计算 z 的 RNS 向量，其中第 9 步执行 l 次 RNS 乘法和 $l-1$ 次 RNS 加法，第 10 步计算 α 的值，需要执行 l 次 σ 比特的整数加法，第 11 步通过一次 RNS 乘法和一次 RNS 减法，最终得到 z 的 RNS 向量值。算法 6-8 的时延等于 3 次 RNS 乘法、一次 RNS 减法和 l 次 σ 比特加法的时延之和。

算法 6-8：针对多核平台的优化 RNS 模约减

INPUT：

整数 d 以 RNS 形式表示，l 个模数的 RNS 基 $\mathcal{B}$，参数 r、σ、Δ

OUTPUT：

$z \equiv d \bmod p$ 的 RNS 向量

预计算：

1. RNS 向量 $|M_j^{-1}|_{m_j}, j \in \{1, \cdots, l\}$

2. RNS 向量表 $|M_i|_p, i \in \{1, \cdots, l\}$

3. RNS 向量表 $|\alpha \cdot M|_p, \alpha \in \{1, \cdots, l-1\}$

计算：

4. FOR 每个处理单元 j DO

5. $\gamma_j \leftarrow |d_j \cdot |M_j^{-1}|_{m_j}|_{m_j}$

6. END FOR

7. FOR 每个处理单元 j DO

8. FOR 每个处理单元 i DO

9. $z_j \leftarrow \left| \sum_{i=1}^{l} \gamma_i \cdot \||M_i|_p|_{m_j} \right|_{m_j}$

10. $\alpha \leftarrow \left\lfloor \sum_{i=1}^{l} \dfrac{\dfrac{\gamma_i}{2^{w-\sigma}}}{2^{\sigma}} + \Delta \right\rfloor$

11. $z_j \leftarrow |z_j - \||\alpha \cdot M|_p|_{m_j}|_{m_j}$

12. END FOR

13. END FOR

14. RETURN $z = (z_1, \cdots, z_l)$

4. RNS 蒙哥马利模约减

如算法 6-9 所示，对 k 比特的蒙哥马利约减需要处理两个不同的 RNS 基 $\mathcal{B} = \{m_1, m_2, \cdots, m_l\}$ 和 $\mathcal{B}' = \{m_1', m_2', \cdots, m_l'\}$，且 $M = \prod_{i=1}^{l} m_i, M' = \prod_{i=1}^{l} m_i', \gcd(M, M') = \gcd(M, p) = 1, l = \left\lceil \dfrac{k}{w} \right\rceil = n$。此外，蒙哥马利参数也需要用基 $\mathcal{B}$ 和基 $\mathcal{B}'$ 进行表示，可以令参数 $R = M$ 满足 $\gcd(R, p) = 1$ 且 $R > p$。参数 $\mu = -p^{-1} \bmod R$ 需要以基 $\mathcal{B}$ 表示为 RNS 向量。蒙哥马利约减的 RNS 版本可以采用 Walter 方法来避免条件减法。可以通过选择蒙哥马利基令 $4p < R$ 或选择 RNS 基 $\mathcal{B}'$ 令 $2p < M'$，获得蒙哥马利形式元素的冗余表示，从而用一个固定时间的减法来代替条件减法。

算法 6-9：RNS 蒙哥马利模约减

INPUT：

整数 d 的 RNS 形式 $d_{\mathcal{B}}$ 和 $d_{\mathcal{B}'}$，l 模数的 RNS 基 $\mathcal{B}$ 和 $\mathcal{B}'$

OUTPUT：

$z \equiv d \bmod p$ 的 RNS 向量 $z_{\mathcal{B}}$ 和 $z_{\mathcal{B}'}$

预计算：

1. RNS 向量 $|M_i^{-1}|_{m_i}, |M_i'^{-1}|_{m_i'}, |M^{-1}|_{m_i'}, |-p^{-1} \bmod M|_{m_i}, |p|_{m_i'}, i \in \{1, \cdots, l\}$

2．RNS 向量表 $|M_i|_{m'_j}$ 和 $|M'_i|_{m'_j}, i,j \in \{1,\cdots,l\}$

3．RNS 向量表 $|\alpha \cdot (-M)|_{m'_i}$ 和 $|\alpha \cdot (-M')|_{m_i}, \alpha, i \in \{1,\cdots,l\}$

计算：

4．FOR 每个处理单元 i　DO

5．　$\gamma_i \leftarrow |d_{B_i}| - p^{-1} \bmod M|_{m_i}|_{m_i}$

6．　$\theta_i \leftarrow |\gamma_i \cdot |M_i^{-1}|_{m_i}|_{m_i}$

7．END FOR

8．　$\alpha \leftarrow \left\lfloor \sum\limits_{j=1}^{l} \dfrac{\left\lfloor \dfrac{\theta_j}{2^{w-\sigma}} \right\rfloor}{2^{\sigma}} \right\rfloor$

9．FOR 每个处理单元 i DO

10．　$\delta_i \leftarrow \left| \sum\limits_{j=1}^{l} ||M_i|_{m'_j} \cdot \theta_j|_{m'_i} + |\alpha(-M)|_{m'_i} \right|_{m'_i}$

11．　$\gamma_i \leftarrow |d_{B'_i} + (\delta_i \cdot |p|_{m'_i})|_{m'_i}$

12．　$z_{B'_i} \leftarrow |\gamma_i \cdot |M^{-1}|_{m'_i}|_{m'_i}$

13．　$\theta_i \leftarrow |z_{B'_i} \cdot |M'^{-1}_i|_{m'_i}|_{m'_i}$

14．END FOR

15．　$\alpha \leftarrow \left\lfloor \sum\limits_{j=1}^{l} \dfrac{\left\lfloor \dfrac{\theta_j}{2^{w-\sigma}} \right\rfloor}{2^{\sigma}} \right\rfloor + 0.5$

16．FOR 每个处理单元 i DO

17．　$z_{B_i} \leftarrow \left| \sum\limits_{j=1}^{l} ||M'_i|_{m_j} \cdot \theta_j|_{m_i} + |\alpha(-M')|_{m_i} \right|_{m_i}$

18．END FOR

19．RETURN z_B 和 $z_{B'}$

6.4.2　CPU 平台上的 RSA 高速实现

1．基于蒙哥马利的运算

1）大整数乘法

实现大整数乘法有两个主流的方法，分别是 Schoolbook（教科书式）方法和 Karatsuba 方法。前者的计算复杂度主要取决于如何计算部分乘积以及如何将中间值加起来。由于 Schoolbook 方法使用操作数扫描方法，从而能够充分利用 MULX、ADCX 和 ADOX 指令。但是该方法受限于可利用的寄存器数量，因此只有当操作数的字长较小时，

Schoolbook 方法才较高效。

如表 6-5 所示，当操作数字长满足 $0 \leqslant d \leqslant 8$ 时，只使用 Schoolbook 方法实现的计算复杂度低于 Karatsuba 方法。因此，当 $d > 8$ 时，可以结合 Schoolbook 方法和 Karatsuba 方法进行实现。两个 d 字长的整数 a、b 可以写作 $a = a_0 + a_1 \cdot r^{\frac{d}{2}}$ 和 $b = b_0 + b_1 \cdot r^{\frac{d}{2}}$，$r = 2^w$。使用 Karatsuba 方法，计算 $c_L = a_0 \cdot b_0$，$c_M = (a_0 + a_1) \cdot (b_0 + b_1)$、$c_H = a_1 \cdot b_1$ 和 $c = c_L + (c_M - c_L - c_H) \cdot r^{\frac{d}{2}} + c_H \cdot r^d$ 需要两次 $\frac{d}{2}$ 字长的加法、3 次 $\frac{d}{2}$ 字长的乘法和一次 d 字长的加法、两次 d 字长的减法。对于 16 字长的乘法，首先应该用一次 Karatsuba 方法从 16 字长的乘法转换到 8 字长的乘法，然后利用 Schoolbook 方法进行计算。对于 24 字长的乘法，应该用两次 Karatsuba 方法从 24 字长转换到 12 字长，再转换到 6 字长。

表 6-5　使用 Karatsuba 方法和 Schoolbook 方法的整数乘法计算开销对比

d	MULX		时钟周期			
	Karatsuba	Schoolbook	Karatsuba		Schoolbook	
			Haswell	Skylake	Haswell	Skylake
2	3	4	20	14	12	8
3	9	9	28	28	20	16
4	12	16	60	43	32	24
6	27	36	112	87	84	48
8	48	64	196	137	184	87
12	121	—	400	278	—	—
16	209	—	692	419	—	—
24	376	—	1328	960	—	—

2）整数平方操作

如表 6-6 所示，对于字长 $d \geqslant 6$ 的操作数，Ochoa-Jiménez 等人使用 Karatsuba 方法的变体计算平方运算过程中重复的部分乘积。假设一个 n 字长的整数 $a = a_0 + a_1 \cdot r^{\frac{d}{2}}$，计算 $c_L = a_0^2$，$c_M = 2(a_0 \cdot a_1)$、$c_H = a_1^2$ 和 $c = a^2 = c_L + c_M \cdot r^{\frac{d}{2}} + c_H \cdot r^d$ 需要两次 $\frac{d}{2}$ 字长的平方、一次 $\frac{d}{2}$ 字长的乘法和两次 d 字长的加法。

对于 $d \in \{24, 16, 8\}$ 字长的平方运算，最多使用 3 次 Karatsuba 方法从 24 字长转换到 12 字长，然后转换到 6 字长，最后转换到 3 字长的乘法或平方运算。对于 $d = 24$，需要 18 次 3 字长的平方和 9 次 3 字长的乘法。对于 $d = 16$，两次 Karatsuba 方法从 16 字长转换到 8 字长，再转换到 4 字长，需要 6 次 4 字长的平方和 3 次 4 字长的乘法。对于 $d = 8$，需要一次 Karatsuba 方法转换到 4 字长，需要 2 次 4 字长的平方和 1 次 4 字长的乘法。根据 Ochoa-Jiménez 等人的实验，当只使用 Schoolbook 方法时，4 字长的平方运算计算效率更高。对于 $d \geqslant 6$，最好的方法是结合 Karatsuba 方法和 Schoolbook 方法。

表 6-6　使用 Karatsuba 方法和 Schoolbook 方法的整数平方计算开销对比

d	Word Muls		时钟周期			
	Karatsuba	Schoolbook	Karatsuba		Schoolbook	
			Haswell	Skylake	Haswell	Skylake
2	3	3	8	6	8	6
3	6	6	20	14	20	14
4	10	10	29	26	28	23
6	21	21	60	55	60	51
8	36	—	123	109	—	—
12	57	—	274	194	—	—
16	100	—	511	331	—	—
24	235	—	1024	713	—	—

表 6-7 总结了当字长 $d \in \{8,16,24\}$ 时，蒙哥马利约减、模乘和模平方的计算开销。

表 6-7　蒙哥马利约减、模乘和模平方的计算开销

算法	时钟周期					
	8 字长		16 字长		24 字长	
	Haswell	Skylake	Haswell	Skylake	Haswell	Skylake
蒙哥马利约减	232	224	900	728	1864	1582
模乘	424	349	1628	1233	3132	2688
模平方	420	338	1500	1131	2820	2395

2. 基于 RNS 运算的 CPU 实现

1）向量指令

mm256_mul_epu32：计算 4 个 32 比特×32 比特，并将这 4 个 64 比特的数存储在 256 比特的向量寄存器中。

（1）mm256_add_epi32/mm256_sub_epi32：同时计算 8 个 32 比特加法/减法，不处理进位/借位。

（2）mm256_slli_epi32/mm256_srli_epi32：计算 8 个 32 比特数的逻辑移位。

（3）mm256_shuffle_epi32：对源向量的 32 比特值重新排序，存储到由控制操作数指定位置的目标向量中。

（4）mm256_xor_si256/mm256_and_si256：计算两个 256 比特向量寄存器的 XOR/AND。

（5）mm256_cmpgt_epi32：根据在向量寄存器中 32 比特整数的比较结果，返回向量 $2^{32}-1$ 或 0。

由于 AVX2 乘法器的操作数为 32 比特，我们假设字的大小 $w=32$ 比特，这意味着对

于 RSA 解密/签名，1024/2048/3072 比特的密钥必须以字长 $n \in \{16,32,48\}$ 的整数进行计算。

2）向量 RNS 加法/减法

加法和减法可以直接使用 AVX2 指令集中的向量指令进行计算，整数加法或减法可以通过指令 mm256_add_epi32/mm256_sub_epi32 计算，计算结果存储在向量 C 中。通过指令 mm256_cmpgt_epi32，可以获得加法运算后的进位或减法运算后的借位，存储在向量 CB 中。指令 mm256_and_si256 用于计算向量 CB 与模数 m_i 的 AND，结果存储在向量 D 中。然后，向量 C 减/加向量 D 就得到 $A \oplus B$/ $A \ominus B$ 的结果，如图 6-1 所示。

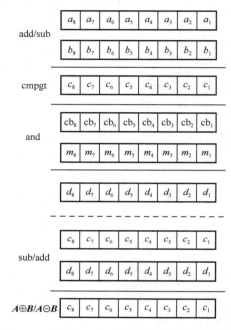

图 6-1　使用 AVX2 指令的 RNS 加法/减法

3）向量 RNS 乘法

为了计算两个 RNS 向量 A 和 B 的乘积，使用指令 mm256_mul_epu32，该指令一次计算索引为奇数的乘积。如图 6-2 所示，向量 D_0 中存储 $a_7 \times b_7$、$a_5 \times b_5$、$a_3 \times b_3$、$a_1 \times b_1$ 的值；然后使用指令 mm256_shuffle_epi32 将向量 A 和 B 的奇偶索引进行重排；再使用指令 mm256_mul_epu32，向量 D_1 中存储 $a_8 \times b_8$、$a_6 \times b_6$、$a_4 \times b_4$、$a_2 \times b_2$ 的值。

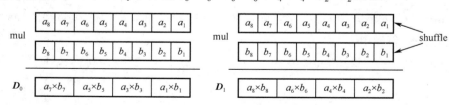

图 6-2　RNS 乘法

4）RNS 模约减

首先，使用指令 mm256_shuffle_epi32 对向量 $\boldsymbol{D}_0$、$\boldsymbol{D}_1$ 和 $\boldsymbol{M}$ 中的值进行重排，然后使用指令 mm256_mul_epu32 计算 $\mu_i \cdot \lfloor t_i/2^w \rfloor$，其中 $t_i = a_i \cdot b_i$ 存储在向量 $\boldsymbol{E}_0$ 和 $\boldsymbol{E}_1$ 中。对向量 $\boldsymbol{E}_0$ 和 $\boldsymbol{E}_1$ 使用指令 mm256_srli_epi32，偏移量取 32，得到向量 $\boldsymbol{F}_0$ 和 $\boldsymbol{F}_1$，使用指令 mm256_add_epi64 得到 $\boldsymbol{D}_0$ 和 $\boldsymbol{D}_1$，得到 $d_i = t_i \bmod 2^w + \lfloor \mu_i \cdot t_i/2^w \rfloor$。在两轮迭代后，$d_i = t_i \bmod m_i$，结合 $\boldsymbol{D}_0$ 和 $\boldsymbol{D}_1$ 得到向量 $\boldsymbol{D} = \boldsymbol{A} \otimes \boldsymbol{B}$，如图 6-3 所示。

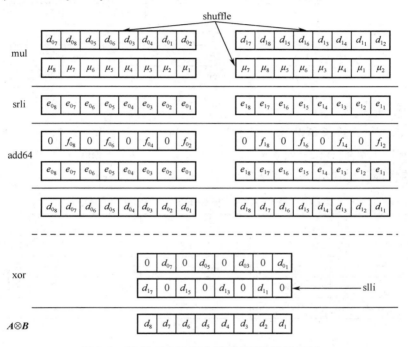

图 6-3　使用 AVX2 指令实现 RNS 乘法/平方

当执行算法 6-8 计算 RNS 约减时，需要对每个存储 $\varGamma = (\gamma_1, \cdots, \gamma_l)$ 的向量计算 $\hat{a}$，这个计算由指令 mm256_srli_epi32 完成，对于 RSA-1024 偏移量取 5，对于 RSA-2048 和 RSA-3072 偏移量取 25。在算法 6-9 中，对于 RSA-1024 和 RSA-2048 偏移量取 18，对于 RSA-3072 偏移量取 16。然后，对每个向量执行指令 mm256_slli_epi32 以确保接下来的加法结果在 $[0, 2^{32}-1]$ 范围内。例如，在算法 6-7 中，对于 RSA-1024 偏移量取 19，对于 RSA-2048 和 RSA-3072 偏移量取 17。在算法 6-8 中，RSA-1024、RSA-2048、RSA-3072 的偏移量分别取 14、10、8。在最后一步中，使用指令 mm256_add_epi32 将所有输出向量的结果相加得到 32 比特的值，并右移 24 比特。

算法 6-8 和算法 6-9 的实验结果如表 6-8 所示，可以看出，算法 6-9 的 RNS 模约减比算法 6-8 快两倍左右，主要是由于 RNS 蒙哥马利约减所使用基的大小为 $l = d$，而算法 6-8 中所使用基的大小为 $l = 2d + 3$，而且算法 6-9 需要处理的向量大小大约是算法 6-8 的一半。

表 6-8　基于 AVX2 指令算法 6-8 和算法 6-9 的模乘、模平方时间比较

算法	时钟周期					
	8 字长		16 字长		24 字长	
	Haswell	Skylake	Haswell	Skylake	Haswell	Skylake
算法 6-8	3322	2943	11862	10059	26046	22420
模乘	3522	3039	12066	10332	27450	22627
模平方	3402	3008	12050	10270	26314	22589
算法 6-9	1434	1330	4902	4012	12042	10571
模乘	1498	1385	5074	4131	12350	10776
模平方	1494	1382	5066	4123	12206	10750

3．测试结果

使用算法 6-7 计算模幂运算，对于 RSA-1024 窗口大小取 $\omega = 4$，对于 RSA-2048 和 RSA-3072 窗口大小取 $\omega = 5$。表 6-9 列出了分别使用算法 6-8 和算法 6-9 计算约减时 RSA 解密/签名的性能。结果表明，算法 6-9 比算法 6-8 大约快两倍。

表 6-9　基于 AVX2 指令 RSA 解密/签名的性能

RNS 约减算法	时钟周期（百万）					
	RSA-1024		RSA-2048		RSA-3072	
	Haswell	Skylake	Haswell	Skylake	Haswell	Skylake
算法 6-8	2.3	2.0	15.1	12.9	48.7	41.9
算法 6-9	0.99	0.90	6.3	5.1	22.5	19.8

6.4.3　GPU 平台上的 RSA 高速实现

1．GPU 架构简介

GPU（Graphic Processing Unit，图像处理单元）是专门用于绘制图像和处理图像数据的特定芯片。GPGPU（General-Purpose GPU）是指可以进行通用计算的 GPU。2006 年，英伟达提出了一种并行计算框架 CUDA，定义了线程模型、层级内存架构等重要特性。一个典型的 CUDA 编程结构包括 5 个主要步骤：①分配 GPU 内存；②从 CPU 内存中复制数据到 GPU 内存；③调用 CUDA 内核函数来完成程序指定的运算；④将数据从 GPU 复制回 CPU 内存；⑤释放 GPU 内存空间。在 GPU 中，线程是执行运算和资源分配的基本单元。一个块包含一组线程，一个网格由多个块构成。块中的线程会被进一步划分为线程束，一个线程束由 32 个连续的线程组成，这些线程按单指令多线程（Single Instruction Multiple Thread，SIMT）执行。

Ochoa-Jiménez 等人实验中主要使用到的汇编指令有以下几个。

（1）addc：带进位地将两个 32/64 比特数相加，并设置进位标志。

（2）subc：带借位地将两个 32/64 比特的数相减，并设置借位标志。

（3）mul.lo：将两个 32/64 比特的数相乘并返回 $x_i \cdot y_i \bmod 2^r$，其中 x_i、y_i 为非负数，r 根据 GPU 的字长大小进行选择。

（4）mul.hi：将两个 32/64 比特的数相乘并返回 $x_i \cdot y_i / 2^r$，其中 x_i, y_i 为非负数；

（5）mad.(hi, lo).cc：将两个 32/64 比特的数相乘，提取结果的高 r 比特或低 r 比特，再带进位地加上一个 32/64 比特的数。

此外，Ochoa-Jiménez 等人使用了数据类型 uint2，一个包含两个元素的向量分别存储一个 64 比特整数的高 32 比特和低 32 比特。该数据类型支持对存储在寄存器和共享内存中数据的快速访问。

2．RNS 形式下的主要运算

首先，由 CPU 服务器选择 RNS 基 $\mathcal{B}$ 并将所有 RSA 操作数和模数转换为对应的 RNS 形式并将值发送到 GPU 平台。然后，由 GPU 平台执行模幂运算完成 RSA 解密/签名，主要的运算包括整数乘法和模约减。

1）RNS 整数乘法

整数乘法可以通过调度 l 个包含 l 个线程的块并行执行，同时计算 l 个独立的 RSA 乘法 $C = A \otimes B$，其中 A 和 B 以基 $\mathcal{B} = \{m_1, m_2, \cdots, m_l\}$ 表示（或使用算法 6-8 时，以基 $\mathcal{B} = \{m_1, m_2, \cdots, m_l\}$ 和 $\mathcal{B}' = \{m_1', m_2', \cdots, m_l'\}$ 表示）。如图 6-4（a）所示，每个线程处理一对 RNS 坐标的乘积 $|a_i \cdot b_i|_{m_i}$（或 $|a_i \cdot b_i|_{m_i}$ 和 $|a_i' \cdot b_i'|_{m_i'}$），由于每个线程束中的线程执行相同的指令，这种线程分配避免了线程分叉。此外，这些乘法同时执行且无须同步。由于这些值分配在连续的内存段上，因此线程可以快速访问 RNS 向量的值。每个线程将计算结果存储在寄存器上，从而避免对全局内存的访问。

2）RNS 模约减

在所有线程完成乘法计算后，需要使用算法 6-8 的约减算法或算法 6-9 的 RNS 蒙哥马利约减算法计算模 p 约减，如图 6-4（b）～图 6-4（e）所示。以算法 6-8 为例，首先由 CPU 完成预计算，在正式计算开始前将预计算值发送到 GPU。算法 6-8 的第 1～2 步中的 RNS 向量 $|M_i^{-1}|_{m_i}$ 和 $|M_i|_p$ 均存储在共享内存上，从而所有线程都可以访问。第 3 个预计算值是包含向量 $|\alpha \cdot M|_p, \alpha \in \{1, \cdots, l-1\}$ 的 RNS 表，由于只有少量内存需要访问，因此将其存储在纹理内存（Texture Memory）上。

算法 6-8 中的第 5 步的乘法操作如图 6-4（b）所示。第 9 步执行约减算法，需要 l 次 RNS 乘法和 $l-1$ 次 RNS 加法，如图 6-4（c）所示，需要调度 l 个包含 l 个线程的块。然后需要同步所有线程，每个线程将其结果存储到共享内存，再将所有的部分结果相加。第 10 步使用 l 个块计算 α 的 l 个值，如图 6-4（d）所示。第 11 步由每个块中的一个线程执行 RNS 减法，并将模约减的最后结果存储到全局内存，如图 6-4（e）所示，从而避免当写入同一个内存地址时线程发生竞争。

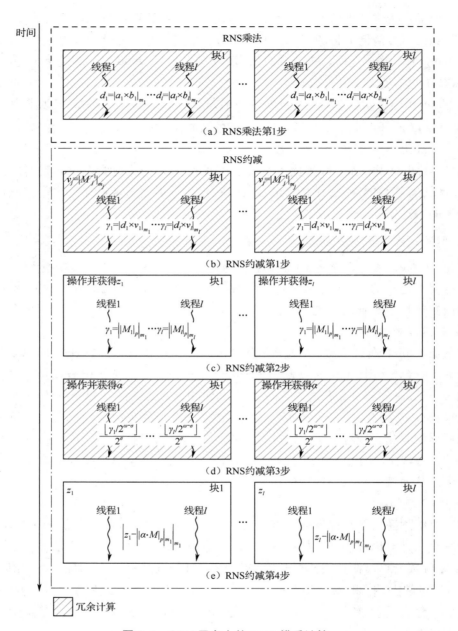

图 6-4　GPU 平台上的 RNS 模乘计算

3．测试结果

测试环境：CUDA Toolkit V9.1，20 个多单元流处理器（128 核，1.81GHz），8GB 全局内存。测试结果如表 6-10 所示。

表 6-10　RSA 解密/签名运算时间

算法	GPU		时延/ms		
	型号	时钟频率/GHz	RSA-1024	RSA-2048	RSA-3072
算法 6-8	GTX TITAN	0.88	2.1	5.1	8.9
算法 6-8	GTX 1080	1.81	1.0	2.1	3.4
算法 6-9	GTX 980	1.81	2.3	5.0	8.2

6.4.4　快速素数生成

Lu 等人给出了快速生成 RSA 密钥的方法。要生成一个 b 比特的素数，首先想到的方法是先随机生成一个 b 比特的奇数 q，然后使用素数检验算法（如 Miller-Rabin 算法）进行检验，如果不是素数就重新生成并重新检验，直到生成素数为止。若使用该方法，则要生成一个 512 比特的素数，平均需要执行 176 次 Miller-Rabin 算法。而要生成一个 1024 比特的素数，平均需要执行 355 次 Miller-Rabin 算法。

因此，为了提高生成素数的效率，一种方法是在执行 Miller-Rabin 算法前先用一定数量的小奇素数对 q 进行筛选，这个方法称为 Eratosthenes 筛法，如算法 6-10 所示。

算法 6-10：Eratosthenes 筛选函数

INPUT:
奇数 q

OUTPUT:

1，若通过筛选

0，若 q 未通过筛选，即 q 为合数

1. 令 p_i 为第 i 个最小的奇素数，即 $p_0 = 3, p_1 = 5, \cdots$
2. 令 $S(k)$ 为小素数的集合 $S(k) = \{p_i | p_i \leq k, i \in N\}$，其中 k 为任意正整数
3. FOREVERY p_i IN $S(k)$ DO
4. $w = q(\mathrm{mod}\ p_i)$
5. IF $w = 0$ THEN
6. RETURN 0
7. END IF
8. END FOR
9. RETURN 1

在执行 Miller-Rabin 检验算法前先进行筛选，可以避免进行检测的数是合数，从而一定程度上减少执行 Miller-Rabin 检测算法的次数。当算法 6-10 中的参数 k 较小时，Eratosthenes 筛法非常高效，又能先筛选掉因子为小素数的合数，从而提高素数生成算法

的性能。通过随机生成 50000 个奇数，在不同 k 下执行 Eratosthenes 筛法得到通过筛选的比例，如表 6-11 所示。可以看到，即使对于很小的 $k=29$，都可以筛掉约 70% 的合数。

表 6-11　不同 k 下通过筛选的比例

$S(k)$	$S(29)$	$S(256)$	$S(512)$	$S(2560)$	$S(5120)$
通过筛选的比例	30.9%	20.0%	17.8%	14.3%	13.1%

　　实际上，我们不需要在 Miller-Rabin 检验算法输出"合数"后重新选择一个随机数，这样计算代价太高。另一种方法是前一个奇数加上一个固定值，成为一个新的奇数，再进行筛选和素性检测，如算法 6-11 所示。

算法 6-11：通过 Eratosthenes 筛法与素性检测生成素数

INPUT:
选定一个数 d,b
OUTPUT:
素数 q

1. 随机选取一个 b 比特长的奇数 q
2. IF Seive(q)=0 THEN
3. 　$q=q+2d$
4. END IF
5. WHILE Miller-Rabin(q)=0 DO
6. 　$q=q+2d$
7. GOTO 2
8. END WHILE
9. RETURN q

　　直观地，更大的集合 $S(k)$ 可以减少执行 Miller-Rabin 素性检测的次数，但是 $S(k)$ 越大，需要越大的空间存储 $S(k)$ 中的素数，同时执行筛选算法的时间会增加。因此，优化素数生成算法的一个目标是找到最优的 k 值，在尽可能增加 $S(k)$ 集合大小的同时保持较小的存储和计算开销。

　　在筛选算法中最常用的方法是"试除法"，如算法 6-12 所示。

算法 6-12：使用试除法生成素数

INPUT:
b
OUTPUT:
素数 q

1. 选定一个集合 $S(k)=\{p_1,p_2,\cdots,p_k\}$

2．随机选取一个 b 比特长的奇数 q

3．FOR $j=1$ TO k DO

4．$w_j = q(\bmod p_j)$

5．IF $w_j = 0$ THEN

6．GOTO 12

7．END IF

8．END FOR

9．IF Miller-Rabin(q)=1 THEN

10．RETURN q

11．END IF

12．$q = q + 2$，GOTO 3

　　值得注意的是，在算法 6-12 中，当执行完第 12 步跳转到第 3 步时，有这样的关系 $w_j = q\,(\bmod\ p_j)$，则 $w_j + 2 = q + 2(\bmod p_j)$。因此我们只需要计算一次 $w_j = q\,(\bmod p_j)$，随后计算 $w_j = w_j + 2(\bmod p_j)$ 即可。w_j 是 8 比特的操作数，这样大大减少了 b 比特模约减的数量，而用 8 比特的模运算代替，有效地提高了计算效率，如算法 6-13 所示。由于算法 6-13 需要一个表来存储 $[w_1, w_2, \cdots, w_k]$ 的值，因此又被称为查表法。

算法 6-13：使用查表法生成素数

INPUT：

b

OUTPUT：

素数 q

1．选定一个集合 $S(k) = \{p_1, p_2, \cdots, p_k\}$

2．随机选取一个 b 比特长的奇数 q

3．FOR $j=1$ TO k DO

4．$w_j = q(\bmod p_j)$

5．END FOR

6．FOR $j=1$ TO k DO

7．IF $w_j = 0$ THEN

8．GOTO 14

9．END IF

10．END FOR

11．IF Miller-Rabin(q)=1 THEN

12．RETURN q

13．END IF

14. $w_j = w_j + 2$

15. IF $w_j \geq p_j$ THEN

16. $w_j = w_j - p_j$

17. END IF

18. $q = q + 2$ ，GOTO 6

另一种更紧凑的实现方法是将表替换为比特序列 $[a_1 a_2 \cdots a_l]$，其中 a_i 与 q_i 一一对应，有 $q_i - q_j = 2(a_i - a_j), i \geq j$。$a_i = 0, 1 \leq i \leq l$ 表示奇数 q_i 通过筛选算法，即 q_i 不被 $p_j (1 \leq j \leq k)$ 整除。

对于 $1 \leq j \leq k$，我们计算 $r_j = q_0 \pmod{p_j}$。第 1 种情况 $r_j = 0$，且有 $q_0 + 2p_j = 0 \pmod{p_j}$，$q_0 + 4p_j = 0 \pmod{p_j}, \cdots$，则令 $a_0 = 1, a_{0+p_j} = 1, a_{0+2p_j} = 1, \cdots$。第 2 种情况 $r_j \neq 0$ 且为奇数，$q_0 + 2 \times \frac{p_j - r}{2} = 0 \pmod{p_j}$，则令 $a_{\frac{p_j-r}{2}} = 1, a_{\frac{p_j-r}{2}+p_j} = 1, a_{\frac{p_j-r}{2}+2p_j} = 1, \cdots$。第 3 种情况 $r_j \neq 0$ 且为偶数，$q_0 + 2 \times \frac{2p_j - r}{2} = 0 \pmod{p_j}$，则令 $a_{\frac{2p_j-r}{2}} = 1, a_{\frac{2p_j-r}{2}+p_j} = 1, a_{\frac{2p_j-r}{2}+2p_j} = 1, \cdots$。

将这 3 种情况中的 $0, \frac{p_j - r}{2}, \frac{2p_j - r}{2}$ 用 $g(p_j)$ 表示，于是 $g(p_j) = \min\{i | q_0$ 能被 p_j 整除$\}$。伪代码如算法 6-14 所示。

算法 6-14：使用比特序列的素数查找算法

INPUT：

b

OUTPUT：

素数 q

1. 选定一个集合 $S(k) = \{p_1, p_2, \cdots, p_k\}$

2. 随机选取一个 b 比特长的奇数 q

3. 令 $q_0 = q, [a_1 a_2 \cdots a_l] = [000 \cdots 0]$

4. FOR $j = 1$ TO k DO

5. $w_j = q \pmod{p_j}$

6. 计算 $g(p_j)$

7. 令 $a_{g(p_j)+mp_j} = 1$，对所有满足 $g(p_j) + mp_j \leq l$ 的 m

8. END FOR

9. FOR $j = 1$ TO l DO

10. IF $a_j = 1$ THEN

11. IF Miller-Rabin $(q_j) = 1$ THEN

12.　RETURN q_j

13.　END IF

14.　END IF

15.　END FOR

16.　$q = q + 2l$，GOTO 3

6.4.5　中国剩余定理加速幂运算

RSA 解密和签名操作均需要进行指数为 d 的幂运算，其中 $|d| \approx |n|$，这意味着若使用二进制扫描法计算 $M \equiv C^d (\text{mod } n)$ 或 $\sigma \equiv M^d (\text{mod } n)$，将非常耗时。利用中国剩余定理，已知 $n = p \times q$，可以将 $M \equiv C^d (\text{mod } n)$ 分为以下两个部分：

$$M_1 \equiv C^d (\text{mod } p) \equiv C^{d_p} (\text{mod } p)$$
$$M_2 \equiv C^d (\text{mod } q) \equiv C^{d_q} (\text{mod } q)$$

其中，$d_p \equiv d(\text{mod } p-1)$，$d_q \equiv d(\text{mod } q-1)$。

根据中国剩余定理，因为有 $M \equiv M_2 + [(M_1 - M_2) \cdot (q^{-1} \bmod p) \bmod p] \cdot q$，所以 M 满足 $M \equiv M_1 (\text{mod } p)$，$M \equiv M_2 (\text{mod } q)$。因此，需要在密钥生成阶段计算 $d_p \equiv e^{-1} (\text{mod } p-1)$、$d_q \equiv e^{-1} (\text{mod } q-1)$ 和 $q^{-1} (\text{mod } p)$，而无须计算 d。

Joye 等人给出了计算 d_p 和 d_q 的方法，假设 e 和 f 是互素的两个整数，则 $d \equiv e^{-1} (\text{mod } f) \equiv \dfrac{1 + f \cdot (-f^{-1} \bmod e)}{e}$，当 e 为素数时，$d \equiv e^{-1} (\text{mod } f) \equiv \dfrac{1 + f \cdot (-f^{e-2} \bmod e)}{e}$。而 Diffie 等人的方法需要一次大整数除法。为了避免除法，由于观察到 $d \equiv e^{-1} (\text{mod } f) < 2^{|f|}$，因此 $d \equiv \dfrac{1 + f \cdot (-f^{e-2} \bmod e)}{e} (\text{mod } 2^{|f|}) \equiv [1 + f \cdot (-f^{e-2} \bmod e)] \cdot (e^{-1} \bmod 2^{|f|}) (\text{mod } 2^{|f|})$。在 RSA 中，取 $f = p-1$ 和 $q-1$，其中 $|p-1|$ 和 $|q-1|$ 相等，且都是 2 的幂，可以使用算法 6-15 计算 $e^{-1} (\text{mod } 2^{|p-1|})$。

算法 6-15：模数为 2^{2^b} 的快速求逆算法

INPUT：

奇数 a，模数 2^{2^b}

OUTPUT：

y 满足 $a \cdot y \equiv 1 (\text{mod } 2^{2^b})$

1.　令 $y = 1$ 满足 $a \cdot y \equiv 1 (\text{mod } 2)$

2.　FOR $i = 2$　TO b　DO

3.　　$y = y \times (2 - ay)$

4．END FOR

5．RETURN y

算法 6-15 的正确性如下，若已知 $a \cdot y \equiv 1(\bmod 2^i)$，可推出 $a \cdot y - 1 \equiv 0(\bmod 2^i)$、$(a \cdot y - 1)^2 \equiv 0(\bmod 2^{2i})$、$a^2 y^2 - 2ay + 1 \equiv 0(\bmod 2^{2i})$、$2ay - a^2 y^2 \equiv 1(\bmod 2^{2i})$，$ay \cdot (2 - ay) \equiv 1(\bmod 2^{2i})$。通过 $b - 1$ 次迭代，即可得到 $y \equiv a^{-1}(\bmod 2^{2^b})$。

🔓 6.5　测试示例

本节给出 RSA 公钥加密算法的测试向量，密钥长度分别为 512 比特和 1024 比特，数据均以十六进制表示。

1．RSA-512

$p =$ D68ED228　522F2512　7170345D　927AECFD　C6C42FAA　2D46E5EA　1D5F6ED3　C1DC6243。

$q =$ C6607AB8　EBC4072F　280C24FA　3E8B65BD　351A871B　B5D4CD2E　B9702FF0　BD8B2C6B。

$n = p \times q =$ A64352F5　0B16F2C9　0C0D2331　AD15F092　34D544D6　3FE48BEB　9511D7E0　95141176　0D957B56　4A350523　F57F0E50　96FEA5B3　4389FB33　6B46E71E　CE001AD8　B9619601。

$\varphi(n) = (p-1) \times (q-1) =$ A64352F5　0B16F2C9　0C0D2331　AD15F092　34D544D6　3FE48BEB　9511D7E0　95141174　70A62E75　0C41D8E2　5C02B4F8　C5F852F8　47AB446D　882B3405　F7307C14　39FA0754。

$e =$ 10001。

$d = e^{-1} \bmod \varphi(n) =$ 1C725666　40B07B77　B48D26E1　5FF8EA01　49F2D765　44E7489D　55130979　8E683198　5791C74F　157ACAAD　E80A3A86　79F0C3D9　6101C7A2　69F2E262　C6E94FC1　722DFA45。

设待加密消息为"This is an example of RSA"，其 ASCII 编码为 $m =$ 54　68697320　69732061　6E206578　616D706C　65206F66　20525341。

加密：密文 $C = m^e \bmod n =$ 034C6130　0A7D7D81　96E19262　07EBF88A　32524903　469572C3　7E882D32　246825C9　42096AD2　330925A0　F597FB31　43471FC9　E06A1FBC　237FDA58　2CDBD8D2　7D37578D。

解密：$M = C^d \bmod n =$ 54　68697320　69732061　6E206578　616D706C　65206F66　20525341，字符串表示为"This is an example of RSA"。

2. RSA-1024

$p =$ F4751B1A　24AB3C87　FA2AC955　20B1C972　57743365　8F6C7750　A1FECCDA 42622789　5A97A269　0EB0BC5D　68FE3E1C　AC5880A4　8EFB481A　D8C0774E A9CACDDD 8F97CBDF。

$q =$ 301B5525　A9632AB6　3BDDD67E　1D4E2172　7A5FACBA　CD0DE61E　A114FD31 D9695B89　B3F0ED65　4114203D　CC346481　19A55F7F　208CB1AA　83A0525A　CB82447E 1CAAB91D。

$n = p \times q =$ 2DF00EBD　9B4E9354　0147E8EC　A3D7AAD6　C988AB2E　A159A4D0 34EECBAD 3B04AB72 D0EC5D6A FE70B11B 4BC93676 E93A672A 3F796B97 111027F0 E058BDB5　18858F09　E89E8053　3A3579B5　0E59CEA3　095A24FA　C77B7962　E502DFAA C2A7DE1F　6BB677BD　78E040B6　9E80AB67　632F1231　98FE9087　BF058BC1　C7BFDD24 16AFF7B9　BC9C3F43。

$\varphi(n) = (p-1) \times (q-1) =$ 2DF00EBD　9B4E9354　0147E8EC　A3D7AAD6　C988AB2E A159A4D0　34EECBAD　3B04AB72　D0EC5D6A　FE70B11B　4BC93676　E93A672A 3F796B97　111027F0　E058BDB5　18858F08　C40E1013　6C271276　D8512ECF　CB5A3A15 F5A79942　8888823B　7F941413　4FEAF4AA　6A57B0E8　4EBBCECC　2DFC6F93　D300B064 0F7D91FC　6B5F137A　A162E55E　1059BA48。

$e = 10001$。

$d = e^{-1} \bmod \varphi(n) =$ 281F3B40　AF9CF960　AD9DB8FA　B63F6F9F　19769CCC　A5703E5A FB6075D4　5F6FBCAF　137ADE3C　CCEE7041　7EF7C6F2　24D235B8　D8A79C28 DD6656FC 33764E7B 1567D17D BE7EE9DB 8CE2B365 C9995E61 6F22E708 B6FE2305 D16A2914　FE60BF07　FF0D1F94　983CEEEE　7795E110　C4396EDA　95B84C57　988FFC29 933DFF2D　6437944D　8BCA52C1。

设待加密消息为"This is an example of RSA"，其 ASCII 编码为 $m = 54$ 68697320 69732061 6E206578 616D706C 65206F66 20525341。

加密：密文 $C = m^e \bmod n =$ 18E4309F　0DBE6A55　A337FCF1　3F9BAE2E　B78A24AA 54EB6BDA　963C3A64　71A30FF1　2401B84F　A6ECFF2F　5E5743EB　72A92593　30FFDC9C 1CC6B897　3D64BF0F　F7BFFA3A　D46729B0　5C8DB8E6　F63970E3　F3463923　C4A639A8 B8F6A5A9　B6BBF6D4　BFCDFBC8　BA148C18　3B020BFA　7542124B　F55936F4　29D15716 A416BF60　69AECCE3　D2ABC16A。

解密：$M = C^d \bmod n = 54$ 68697320 69732061 6E206578 616D706C 65206F66 20525341，字符串表示为"This is an example of RSA"。

🔓习题

6.1 计算 $3^{10203} \bmod 101$。

6.2 证明 $2^{56} + 3^{56}$ 能够被 17 整除。

6.3 计算 5817 和 1428 的最大公因数，并求解 x 和 y 满足 $\gcd(5817, 1428) = 5817x + 1428y$。

6.4 使用扩展欧几里得算法计算 $8928^{-1} \bmod 456791$。

6.5 设整数 x 满足同余方程

$$\begin{cases} x \equiv 17 \bmod 25 \\ x \equiv 21 \bmod 26 \\ x \equiv 11 \bmod 27 \end{cases}$$

求解 x。

6.6 设整数 x 满足同余方程

$$\begin{cases} 7x \equiv 18 \bmod 25 \\ 19x \equiv 17 \bmod 26 \\ 14x \equiv 9 \bmod 27 \end{cases}$$

求解 x。

6.7 设 Alice 的公钥为 (n_A, e_A)，私钥为 (n_A, d_A)；Bob 的公钥为 (n_B, e_B)，私钥为 (n_B, d_B)。现 Alice 想要发送消息给 Bob，Alice 如何确保只有 Bob 能获取这些消息呢？Bob 如何确保消息的确是 Alice 发送的呢？

6.8 设 RSA 公钥为 (n, e)，C_1 是 m_1 的 RSA 密文，C_2 是 m_2 的 RSA 密文，C_3 是 $m_1 \cdot m_2$ 的 RSA 密文。证明对于任意 $m_1, m_2 \in \mathbb{Z}_n$，$C_3 \equiv C_1 \cdot C_2 \bmod n$ 成立。

6.9 设模数 $n = 101 \times 113$。

（1）对于模数 n，$e_1 = 8145$ 和 $e_2 = 7653$ 中只有一个是有效的 RSA 公钥，指出哪一个是有效的公钥并说明理由；

（2）使用有效的公钥计算私钥；

（3）解密密文 $C = 3233$。

6.10 设 RSA 公钥为 $n = 3551$，$e = 587$。字符编码方式为 $a = 01, b = 02, \cdots, z = 26$，空格编码为 27，每两个字符（包括空格）为一个分组，如 "ab" 的编码为 0102。

（1）加密字符串 i have a cat。

（2）解密密文（2790, 976, 796, 2350）。

6.11 设 RSA 公钥为 $n = 1493 \times 2221$，$e = 257$，利用中国剩余定理解密密文 $C = 1521714$。

第 7 章 椭圆曲线/SM2 密码算法

🔓 7.1 椭圆曲线密码算法描述

自 Diffie 和 Hellman 于 1976 年提出公钥密码体制后，RSA、ElGamal、椭圆曲线密码（Elliptic Curve Cryptography，ECC）公钥密码体制相继被提出。

椭圆曲线密码是在 1985 年由 Koblitz 和 Miller 分别独立提出的，其算法的安全性基于椭圆曲线离散对数问题（Elliptic Curve Discrete Logarithm Problem，ECDLP）的困难性。相较于 RSA 算法等其他的公钥密码体制，椭圆曲线密码算法具有安全性高、运行效率高和传输带宽低等优势。

由于椭圆曲线密码算法优势众多，近年来关于椭圆曲线密码算法的研究成果层出不穷，相关的密码产品也被广泛应用。许多国际标准化组织已将各种椭圆曲线密码体制作为其标准化文件向全球颁布。

2010 年，我国推出了 SM2 椭圆曲线密码算法标准，这是我国国密体系建设中的重要节点。随后，SM2 算法逐渐应用于各种以 PBOC3.0 为参考规范的金融类和非金融类应用中，并被 TPM 2.0 规范所采纳，逐步成为一种 ISO/IEC 标准。

🔓 7.2 椭圆曲线密码算法原理

椭圆曲线是一种特殊的多项式方程。密码学中使用的通常不是实数域内的曲线，而是有限域内的曲线，最常用的有限域就是素数域，其中所有的算术运算都需要针对素数 p 执行模运算。

【定义 7-1】有限域 有限域也称为伽罗瓦域（Galois Field），是仅含有限个元素的域，表示为 GF(q)，q 是一个奇素数或某个素数的方幂。当 q 是奇素数 p 时，称为素（数）域；当 q 是 2 的方幂 2^m 时，称为二元扩域；当 q 是其他素数的方幂时，统称为扩域。本节只介绍素域内的椭圆曲线，对二元扩域及其他扩域内的椭圆曲线感兴趣的读者请自行查找相关文献知识。

【定义 7-2】素（数）域 GF(p) 当有限域 GF(q) 中的 q 是奇素数 p 时，称 GF(q) 为素域。素域 GF(p) 中的元素用整数 $0,1,2,\cdots,p-1$ 表示。其性质有以下几种。

① 加法单位元是整数 0 。

② 乘法单位元是整数 1 。

③ 域元素的加法是整数的模 p 加法，即若 $a,b \in \mathrm{GF}(p)$ ，则 $a+b=(a+b) \bmod p$ 。

④ 域元素的乘法是整数的模 p 乘法，即若 $a,b \in \mathrm{GF}(p)$ ，则 $a \cdot b=(a \cdot b) \bmod p$ 。

【定义 7-3】椭圆曲线 有限域 $\mathrm{GF}(p)(p>3)$ 上的椭圆曲线由以下等式定义：

$$E: y^2 + a_1 xy + a_3 y \equiv x^3 + a_2 x^2 + a_4 x + a_6 \bmod p$$

该等式被称为魏尔斯特拉斯方程（Weierstrass Equation）。其中 $a_1, a_2, a_3, a_4, a_6 \in \mathrm{GF}(p)$ ， Δ 为椭圆曲线 E 的判别式且有 $\Delta \neq 0$ ，其定义为

$$\begin{cases} \Delta = -d_2^2 d_8 - 8d_4^3 - 27d_6^2 + 9d_2 d_4 d_6 \\ d_2 = a_1^2 + 4a_2 \\ d_4 = 2a_4 + a_1 a_3 \\ d_6 = a_3^2 + 4a_6 \\ d_8 = a_1^2 a_6 + 4a_2 a_6 - a_1 a_3 a_4 + a_2 a_3^2 - a_4^2 \end{cases}$$

在素域 $\mathrm{GF}(p)$ 中，通过对椭圆曲线 E 的表达式进行一系列同构转换，得到简化魏尔斯特拉斯方程

$$y^2 \equiv x^3 + a \cdot x + b \bmod p$$

和一个无穷大的虚数点 $\mathcal{O}$ ，其中 $a,b \in \mathrm{GF}(p)$ ，判别式为 $\Delta = 4 \cdot a^3 + 27 \cdot b^2 \neq 0 \bmod p$ 。

我们用加法符号"$+$"表示域中的加法操作，当给定两个点及其对应的坐标 $P=(x_1, y_1)$ 和 $Q=(x_2, y_2)$ 时，计算得到第 3 个点的坐标为

$$R=(x_3, y_3)=P+Q=(x_1, y_1)+(x_2, y_2)$$

现在考虑它在素域 $\mathrm{GF}(p)$ 上的特性，就可得到上述"$+$"操作的表达式，即

$$x_3 = \lambda^2 - x_1 - x_2 \bmod p$$
$$y_3 = \lambda(x_1 - x_3) - y_1 \bmod p$$

当 $P \neq Q$ 时，相异点相加的构建方式为：画一条经过 P 点和 Q 点的线，该线与椭圆曲线的交点是第 3 个点，将第 3 个点关于 x 轴映射，得到的映射点就是点 R 。此时， $\lambda = \dfrac{y_2 - y_1}{x_2 - x_1} \bmod p$ 。

当 $P=Q$ 时，相同点相加的构建方式与相异点相加不同：画一条经过 P 点的切线，得到此切线与椭圆曲线的第 2 个交点，将此交点关于 x 轴映射，得到的映射点就是点 R 。此时， $\lambda = \dfrac{3x_1^2 + a}{2y_1} \bmod p$ 。

无穷远点也是椭圆曲线点群上的单位元 $\mathcal{O}$ ，使得椭圆曲线上所有的点都满足 $P+\mathcal{O}=P$ 。事实证明，满足这个条件的点是不存在的。所以，我们将一个无穷的抽象点定义为单位元 $\mathcal{O}$ 。这个无穷点可以看作位于 x 轴正半轴的无穷远处或者 y 轴负半轴的无穷远处。根据群的定义，现在可将任何群元素 P 的逆元 $-P$ 定义为： $P+(-P)=\mathcal{O}$ 。

【例 7-1】有限域 GF(19) 上的一条椭圆曲线的点加运算。

GF(19) 上的一条椭圆曲线 E 的方程为 $y^2 = x^3 + x + 1$，其中 $a = 1, b = 1$，则 GF(19) 上椭圆曲线的点为

$$(0,1),(0,18),(2,7),(2,12),(5,6),(5,13),(7,3),(7,16),(9,6),(9,13),(10,2),$$
$$(10,17),(13,8),(13,11),(14,2),(14,17),(15,3),(15,16),(16,3),(16,16)$$

即椭圆曲线 $E(\text{GF}(19))$ 上有 21 个点（包括无穷远点 $\mathcal{O}$）。

（1）取 $P_1 = (10,2)$，$P_2 = (9,6)$，计算 $P_3 = P_1 + P_2$：

$$\lambda = \frac{y_2 - y_1}{x_2 - x_1} = \frac{6-2}{9-10} = \frac{4}{-1} = -4 \equiv 15 (\text{mod } 19)$$

$$x_3 = 15^2 - 10 - 9 = 225 - 10 - 9 \equiv 16 - 10 - 9 = -3 \equiv 16 (\text{mod } 19)$$

$$y_3 = 15 \times (10 - 16) - 2 = 15 \times (-6) - 2 \equiv 3 (\text{mod } 19)$$

所以 $P_3 = (16,3)$。

（2）取 $P_1 = (10,2)$，计算 $2P_1$：

$$\lambda = \frac{3x_1^2 + a}{2y_1} = \frac{3 \times 10^2 + 1}{2 \times 2} = \frac{301}{4} \equiv \frac{-3}{4} \equiv 4 (\text{mod } 19)$$

$$x_3 = 4^2 - 10 - 10 = -4 \equiv 15 (\text{mod } 19)$$

$$y_3 = 4 \times (10 - 15) - 2 = -22 \equiv 16 (\text{mod } 19)$$

所以 $2P_1 = (15,16)$。

根据前面已经给出的单位元，以及求曲线上任何一点的逆元的方法，可以得出如下定理。

【定理 7-1】 曲线上的点与无穷远点 $\mathcal{O}$ 一起构成了循环子群，在某些条件下，椭圆曲线上的所有点可以形成一个循环群。

在构建基于离散对数（Discrete Logarithm，DL）问题的密码体制时，知道群的阶至关重要。尽管确切知道曲线上点的个数是很困难的，但我们可以根据 Hasse's 定理得知它的大概数量。

【定理 7-2】Hasse's 定理　给定一个 GF(p) 上的椭圆曲线 E，曲线上点的个数表示为 $\#E$，并且在以下范围内：

$$p + 1 - 2\sqrt{p} \leqslant \#E \leqslant p + 1 + 2\sqrt{p}$$

Hasse's 定理也称为 Hasse's 边界，它给出了点的个数的大概范围。这个结论具有非常强的实用性。例如，如果需要一个拥有 2^{160} 个元素的椭圆曲线，就必须使用一个长度大约为 160 位的素数。下面将介绍离散对数问题的构建方法。

【定义 7-4】椭圆曲线离散对数问题（ECDLP）　给定一个椭圆曲线 E，考虑本原元 P 和另一个元素 Q，则 ECDLP 找到整数 $d(1 \leqslant d \leqslant \#E)$，满足：

$$\underbrace{P + P + \cdots + P}_{d \uparrow P} = dP (\text{或}[d]P) = Q$$

在密码体制中，d 通常为整数，也是私钥，而公钥 Q 是曲线上的一个点，坐标为 $Q = (x_Q, y_Q)$。在 GF(p) 上，ECDLP 中的私钥 d 和公钥 Q 都是整数。本定义中的操作也称

为标量乘法（或称为点乘法），因为其结果可以记作 $Q=dP$。

一个椭圆曲线密码算法主要由一个六元组组成：

$$T=\langle p,a,b,G,n,h\rangle$$

式中，p 为一个大于 3 的素数；$a,b\in GF(p)$ 为椭圆曲线相关参数；G 为循环子群的生成元；n 为循环子群的阶，且为素数，循环子群由 G 和 n 确定；h 为一个余因子，且为整数，其大小为 $h=N/n$，其中 N 为椭圆曲线点群的阶（椭圆曲线中点的数量）。

【例 7-2】有限域 GF(11) 上的一条椭圆曲线的标量乘法运算。

GF(11) 上的一条椭圆曲线 E 的方程为 $y^2=x^3+x+6$，其中 $a=1,b=6$，则 GF(11) 上椭圆曲线的点为

$$(2,4),(2,7),(3,5),(3,6),(5,2),(5,9),(7,2),(7,9),(8,3),(8,8),(10,2),(10,9)$$

即椭圆曲线 E(GF(11)) 上有 13 个点（包括无穷远点 $\mathcal{O}$）。

（1）由于点的个数为 13，因此椭圆曲线点群的阶为 $N=13$，而 13 为素数，所以此群是循环群，而且任何一个非 $\mathcal{O}$ 元素都是生成元。

（2）选取 $G=(2,7)$ 为生成元，则椭圆曲线六元组中的各个元素为 $p=11,a=1,b=6,G=(2,7),n=13,h=N/n=13/13=1$。

（3）经过计算得到

$$G=(2,7),2G=(5,2),$$
$$3G=(8,3),4G=(10,2),$$
$$5G=(3,6),6G=(7,9),$$
$$7G=(7,2),8G=(3,5),$$
$$9G=(10,9),10G=(8,8),$$
$$11G=(5,9),12G=(2,4),$$
$$13G=12G+G=(2,4)+(2,7)=\mathcal{O}$$

基于椭圆曲线离散对数问题，密码学家提出了许多椭圆曲线密码算法，主要可以分为三大类：数字签名算法、密钥交换算法和公钥加密算法。其中较为典型的算法有椭圆曲线数字签名算法（ECDSA）以及 2010 年我国推出的 SM2 椭圆曲线密码算法等。SM2 椭圆曲线密码算法主要包括数字签名算法、密钥协商算法和公钥加密算法三部分。下面介绍 ECDSA 和 SM2 算法的相关知识。

7.2.1 椭圆曲线数字签名算法

在基于椭圆曲线的数字签名算法中，签名者使用自己的私钥对数据进行签名，验证者收到签名后使用签名者的公钥进行验证，用于对消息发送者做身份认证和保证数据的完整性。

ECDSA 数字签名算法主要由参数生成、签名生成和签名验证三部分组成，其过程

如下。

1．参数生成

系统使用一个特定参数的生成算法生成椭圆曲线公开参数六元组 $T = \langle p,a,b,G,n,h \rangle$，用户使用另一个特定参数的生成算法生成私钥 $1 < d < n$ 以及对应的公钥 $Q = dG$，并将 T 和 Q 公开。

2．签名生成

持有私钥 d 的签名者运行算法 7-1 生成消息 M 的数字签名 $\langle r,s \rangle$，并将签名消息三元组 $\langle M,r,s \rangle$ 发送给验证者。

算法 7-1：ECDSA 签名生成算法

INPUT：

椭圆曲线参数组 T，私钥 d，消息 M

OUTPUT：

数字签名 $\langle r,s \rangle$

1. $k \xleftarrow{\$} \{1,2,\cdots,n-1\}$
2. $(x_1,y_1) \leftarrow kG$
3. $r \leftarrow x_1 \bmod n$
4. IF $r = 0$ THEN
5. GOTO 1
6. END IF
7. $e \leftarrow H(M)$
8. $s \leftarrow k^{-1}(e + d \cdot r) \bmod n$
9. IF $s = 0$ THEN
10. GOTO 1
11. END IF
12. RETURN $\langle r,s \rangle$

3．签名验证

接收到签名者发来的签名消息三元组 $\langle M',r',s' \rangle$ 后，验证者运行算法 7-2，使用签名者的公钥 Q 验证签名的正确性。

算法 7-2：ECDSA 签名验证算法

INPUT：

椭圆曲线参数组 T，公钥 Q，签名消息三元组 $\langle M',r',s' \rangle$

OUTPUT：

签名验证结果，验证通过返回 1，不通过则返回 0

---

1. IF $r' \notin \{1, 2, \cdots, n-1\}$ or $s' \notin \{1, 2, \cdots, n-1\}$ THEN
2. RETURN 0
3. END IF
4. $e \leftarrow H(M)$
5. $w \leftarrow s'^{-1} \bmod n$
6. $u_1 \leftarrow e \cdot w \bmod n$
7. $u_2 \leftarrow r \cdot w \bmod n$
8. IF $u_1 = 0$ or $u_2 = 0$ THEN
9. RETURN 0
10. END IF
11. $(x_1', y_1') \leftarrow u_1 G + u_2 Q$
12. IF $x_1' = 0$ THEN
13. RETURN 0
14. END IF
15. $v \leftarrow x_1' \bmod n$
16. IF $v = r'$ THEN
17. RETURN 1
18. ELSE
19. RETURN 0
20. END IF

对于算法正确性的证明如下。

由于 $s' = s = k^{-1}(e + d \cdot r) \bmod n$，因此 $w = s'^{-1} = s^{-1} = k(e + d \cdot r)^{-1} \bmod n$，那么

$$
\begin{aligned}
(x_1', y_1') &= u_1 G + u_2 Q = u_1 G + u_2 \cdot dG \\
&= (u_1 + u_2 \cdot d)G = (e \times w + r \cdot w \cdot d)G \\
&= w(e + d \cdot r)G = k(e + d \cdot r)^{-1} \times (e + d \cdot r)G \\
&= kG = (x_1, y_1)
\end{aligned}
$$

所以有 $x_1' = x_1$，也就有 $v = x_1' \bmod n = x_1 \bmod n = r = r'$，算法正确性得证。

SM2 数字签名算法主要由参数生成、签名生成和签名验证三部分组成，其过程如下。

1. 参数生成

由于 SM2 椭圆曲线公钥加密算法系统已经给出了推荐的椭圆曲线相关参数元组 $T = \langle p, a, b, G, n, h \rangle$，因此只需签名者使用一个特定参数的生成算法生成签名私钥 $1 < d_A < n$ 以及对应的公钥 $P_A = d_A G = (x_A, y_A)$。

2. 签名生成

签名者 A 首先将 entlen_A 比特的身份信息 ID_A 转换为具有 2 字节的比特串 ENTL_A，并

将身份信息和椭圆曲线相关信息拼接在一起后做哈希运算 $Z_A = H_{256}(\text{ENTL}_A\|\text{ID}_A\|a\|b\|x_G\|y_G\|x_A\|y_A)$，其中 SM2 算法所选用的哈希函数为 SM3，表示为 $H_v(m)$ 或 $\text{Hash}(m)$，代表输入一个任意长度的比特串 m，输出一个哈希长度为 v 比特的哈希摘要；然后，运行算法 7-3 生成消息 M 的数字签名 $\langle r,s\rangle$，并将签名消息三元组 $\langle M,r,s\rangle$ 发送给验证者，其中用 " $k \xleftarrow{\$} M$ " 表示从集合 M 中均匀抽样出一个元素赋值给 k。

算法 7-3：SM2 数字签名生成算法

INPUT:

椭圆曲线参数组 T，私钥 d_A，信息 Z_A，消息 M

OUTPUT:

数字签名 $\langle r,s\rangle$

1.　$\bar{M} \leftarrow Z_A\|M$

2.　$e \leftarrow H_v(\bar{M})$

3.　$k \xleftarrow{\$} \{1,2,\cdots,n-1\}$

4.　$(x_1,y_1) \leftarrow kG$

5.　$r \leftarrow (e+x_1) \bmod n$

6.　IF $r=0$ or $r+k=n$ THEN

7.　GOTO 3

8.　END IF

9.　$s \leftarrow ((1+d_A)^{-1}\cdot(k-r\cdot d_A)) \bmod n$

10.　IF $s=0$ THEN

11.　GOTO 3

12.　END IF

13.　RETURN $\langle r,s\rangle$

3．签名验证

接收到签名者发来的签名消息三元组 $\langle M',r',s'\rangle$ 后，验证者 B 可以根据签名者 A 的身份信息和椭圆曲线相关信息，生成相同的 Z_A，然后运行算法 7-4，使用签名者的公钥 Q 验证签名的正确性。

算法 7-4：SM2 数字签名验证算法

INPUT:

椭圆曲线参数组 T，公钥 P_A，信息 Z_A，签名消息三元组 $\langle M',r',s'\rangle$

OUTPUT:

验证通过；或者验证不通过

1.　IF $r'\notin\{1,2,\cdots,n-1\}$ or $s'\notin\{1,2,\cdots,n-1\}$ THEN

2.　验证不通过

3．END IF

4．$\bar{M}' \leftarrow Z_A \| M'$

5．$e' \leftarrow H_v(\bar{M}')$

6．$t \leftarrow (r' + s') \bmod n$

7．IF $t = 0$ THEN

8．验证不通过

9．END IF

10．$(x_1', y_1') \leftarrow s'G + tP_A$

11．$R \leftarrow (e' + x_1') \bmod n$

12．IF $R = r'$ THEN

13．验证通过

14．ELSE

15．验证不通过

16．END IF

对于算法正确性的证明如下。

由于

$$
\begin{aligned}
(x_1', y_1') = s'G + tP_A &= s'G + (r' + s') \times d_A G \\
&= (r' \times d_A + s'(1 + d_A))G \\
&= (r \times d_A + s(1 + d_A))G \\
&= (r \times d_A + (1 + d_A)^{-1} \times (k - r \times d_A)(1 + d_A))G \\
&= (r \times d_A + (k - r \times d_A))G = kG = (x_1, y_1)
\end{aligned}
$$

因此有 $x_1' = x_1$。又因为 $M' = M$，所以有 $\bar{M}' = Z_A \| M' = \bar{M}$，也就有 $e' = H_v(\bar{M}') = e$。因此，$R = (e' + x_1') \bmod n = (e + x_1) \bmod n = r$，算法正确性得证。

7.2.2 椭圆曲线密钥协商算法

在基于椭圆曲线的密钥协商算法中，参与密钥协商的通信双方使用公钥密码算法协商出一个共同的对称密钥，然后使用这个共同的对称密钥加密会话的消息。

SM2 密钥协商算法主要由参数生成和密钥协商两部分组成，其过程如下。

1．参数生成

由于 SM2 椭圆曲线公钥加密算法系统已经给出了推荐的椭圆曲线相关参数元组 $T = \langle p, a, b, G, n, h \rangle$，记 $w \leftarrow \lceil (\lceil \log_2(n) \rceil / 2) \rceil - 1$，SM2 密钥协商算法只需发起方用户 A 和响应方用户 B 分别使用一个特定参数的生成算法生成他们的私钥 $1 < d_A < n, 1 < d_B < n$，以及对应的公钥 $P_A = d_A G = (x_A, y_A), P_B = d_B G = (x_B, y_B)$。

2．密钥协商

密钥协商算法包括发起方用户 A 和响应方用户 B 的各两个阶段的密钥协商算法四部分，其中使用到的函数除了前文介绍过的 SM3 算法，还有密钥派生函数 KDF，运算过程如算法 7-5 所示。

算法 7-5：密钥派生函数 KDF(Z,klen)

INPUT：

比特串 Z，整数

klen[表示要获得的密钥数据的比特长度，要求该值小于$(2^{32}-1)v$,
v 为哈希函数生成的消息摘要长度]

OUTPUT：

长度为 klen 的密钥数据比特串 K

1．ct ← 0x00000001

2．FOR $i=1$ TO $\lceil \text{klen}/v \rceil$ DO

3．$H_{a_i} \leftarrow H_v(Z \parallel \text{ct})$

4．ct++

5．END FOR

6．IF klen/v 是整数 THEN

7．$H_{a'_{\text{klen}/v}} \leftarrow H_{a_{\lceil \text{klen}/v \rceil}}$

8．ELSE

9．$H_{a'_{\lceil \text{klen}/v \rceil}} \leftarrow H_{a_{\lceil \text{klen}/v \rceil}}$ 最左边 $(\text{klen}-(v\times\lfloor \text{klen}/v \rfloor))$ 比特

10．END IF

11．$K \leftarrow \parallel H_{a_1} H_{a_2} \parallel \cdots \parallel H_{a_{\lceil \text{klen}/v-1 \rceil}} \parallel H_{a'_{\lceil \text{klen}/v \rceil}}$

12．RETURN K

在密钥协商算法中，持有私钥 d_A 的发起方用户 A 有长度为 entlen_A 比特的身份信息 ID_A，持有私钥 d_B 的响应方用户 B 有长度为 entlen_B 比特的身份信息 ID_B，B 分别将 entlen_A、entlen_B 转换为具有两字节的比特串 ENTL_A、ENTL_B，并将身份信息和椭圆曲线相关信息拼接后分别做哈希运算，即

$$Z_A = H_{256}(\text{ENTL}_A \text{ID}_A \| a \| b \| x_G \| y_G \| x_A \| y_A)$$
$$Z_B = H_{256}(\text{ENTL}_B \| \text{ID}_B \| a \| b \| x_G \| y_G \| x_B \| y_B)$$

其中，SM2 算法所选用的哈希函数为 SM3 算法。

发起方用户 A 的第 1 阶段密钥协商算法如算法 7-6 所示。

算法 7-6：SM2 密钥协商算法（用户 A 的第 1 阶段）

INPUT：

椭圆曲线系统参数 T

OUTPUT:

椭圆曲线上的点 R_A

1. $r_A \xleftarrow{\$} \{1,2,\cdots,n-1\}$

2. $R_A = (x_1, y_1) \leftarrow r_A G$

3. RETURN R_A

发起方用户 A 使用算法 7-6 生成一个椭圆曲线上的点 R_A 后，将这个点的坐标发送给响应方用户 B，然后 B 运行其第 1 阶段的密钥协商算法，如算法 7-7 所示。

算法 7-7：SM2 密钥协商算法（用户 B 的第 1 阶段）

INPUT:

椭圆曲线系统参数 T，信息 Z_A 和 Z_B，私钥 d_B，公钥 P_A，R_A

OUTPUT:

椭圆曲线上的点 R_B，（选项）哈希值 S_B；或者 B 协商失败

1. $r_B \xleftarrow{\$} \{1,2,\cdots,n-1\}$

2. $R_B = (x_2, y_2) \leftarrow r_B G$

3. $\bar{x}_2 \leftarrow 2^w + (x_2 \,\&\, (2^w - 1))$

4. $t_B \leftarrow (d_B + \bar{x}_2 \cdot r_B) \bmod n$

5. IF R_A 满足椭圆曲线方程 THEN

6. $\bar{x}_1 \leftarrow 2^w + (x_1 \,\&\, (2^w - 1))$

7. $V = (x_V, y_V) \leftarrow [h \cdot t_B](P_A + \bar{x}_1 R_A)$

8. IF $V = \mathcal{O}$ THEN

9. B 协商失败

10. ELSE

11. $K_B \leftarrow \text{KDF}(x_V \| y_V \| Z_A \| Z_B, \text{klen})$

12. （选项）
$S_B \leftarrow \text{Hash}(0x02 \| y_V \| \text{Hash}(x_V \| Z_A \| Z_B \| x_1 \| y_1 \| x_2 \| y_2))$

13. RETURN R_B，（选项）S_B

14. END IF

15. ELSE

16. B 协商失败

17. END IF

当发起方用户 A 接收到响应方用户 B 发送来的椭圆曲线上的点 R_B，（选项）S_B 后，执行其第 2 阶段的密钥协商算法，如算法 7-8 所示。

算法 7-8：SM2 密钥协商算法（用户 *A* 的第 2 阶段）

INPUT:

椭圆曲线系统参数 T，信息 Z_A 和 Z_B，私钥 d_A，公钥 P_B，R_A 和 R_B，（选项）S_B

OUTPUT:

（选项）哈希值 S_A；或者 A 协商失败

1. $\bar{x}_1 \leftarrow 2^w + (x_1 \,\&\, (2^w - 1))$
2. $t_A \leftarrow (d_A + \bar{x}_1 \cdot r_A) \bmod n$
3. IF R_B 满足椭圆曲线方程 THEN
4. $\bar{x}_2 \leftarrow 2^w + (x_2 \,\&\, (2^w - 1))$
5. $U = (x_U, y_U) \leftarrow [h \times t_A](P_B + \bar{x}_2 R_B)$
6. IF $U = \mathcal{O}$ THEN
7. A 协商失败
8. ELSE
9. $K_A \leftarrow \text{KDF}(x_U \| y_U \| Z_A \| Z_B, \text{klen})$
10. （选项）
    $S_1 \leftarrow \text{Hash}(0x02 \| y_U \| \text{Hash}(x_U \| Z_A \| Z_B \| x_1 \| y_1 \| x_2 \| y_2))$
11. IF $S_1 = S_B$ THEN
12. （选项）
    $S_A \leftarrow \text{Hash}(0x03 \| y_U \| \text{Hash}(x_U \| Z_A \| Z_B \| x_1 \| y_1 \| x_2 \| y_2))$
13. RETURN（选项）S_A
14. ELSE
15. A 协商失败
16. END IF
17. END IF
18. ELSE
19. A 协商失败
20. END IF

　　如果发起方用户 A 在执行算法 7-8 时选择了计算 S_A，那么 A 将会把哈希值 S_A 发送给响应方用户 B，然后 B 执行其第 2 阶段的密钥协商算法，如算法 7-9 所示。

算法 7-9：SM2 密钥协商算法（用户 *B* 的第 2 阶段）

INPUT:

椭圆曲线系统参数 T，信息 Z_A 和 Z_B，R_A 和 R_B，（选项）S_A

OUTPUT:

协商成功；或者 B 协商失败

1．（选项）

$S_2 \leftarrow \mathrm{Hash}(0x03\|y_V\|\mathrm{Hash}(x_V\|Z_A\|Z_B\|x_1\|y_1\|x_2\|y_2))$

2．IF $S_2 = S_A$ THEN

3．协商成功

4．ELSE

5．B 协商失败

6．END IF

如果上述的过程没有出现某一方协商失败的结果，那么用户 A 和 B 之间将产生一个相同的会话密钥 $K_A = K_B$；只要上述过程的任何一处出现了协商失败的结果，都将会导致最终协商失败。

对于整个密钥协商算法正确性的证明如下。

要使得用户 A 和 B 能够成功协商出一个相同的会话密钥，就必须有 $K_A = K_B$，以及（选项） $S_1 = S_B$ 和 $S_2 = S_A$，反观这几个参数：

$$K_A = \mathrm{KDF}(x_U\|y_U\|Z_A\|Z_B, \mathrm{klen})$$

$$K_B = \mathrm{KDF}(x_V\|y_V\|Z_A\|Z_B, \mathrm{klen})$$

$$S_1 = \mathrm{Hash}(0x02\|y_U\|\mathrm{Hash}(x_U\|Z_A\|Z_B\|x_1\|y_1\|x_2\|y_2))$$

$$S_B = \mathrm{Hash}(0x02\|y_V\|\mathrm{Hash}(x_V\|Z_A\|Z_B\|x_1\|y_1\|x_2\|y_2))$$

$$S_2 = \mathrm{Hash}(0x03\|y_V\|\mathrm{Hash}(x_V\|Z_A\|Z_B\|x_1\|y_1\|x_2\|y_2))$$

$$S_A = \mathrm{Hash}(0x03\|y_U\|\mathrm{Hash}(x_U\|Z_A\|Z_B\|x_1\|y_1\|x_2\|y_2))$$

不难发现，$K_A = K_B, S_1 = S_B, S_2 = S_A$ 这 3 个等式的两边只有 (x_U, y_U) 与 (x_V, y_V) 的不同，即椭圆曲线上点 U 和 V 的不同，那么方案正确的充要条件就是 $U = V$。由于

$$U = [h \times t_A](P_B + \overline{x}_2 R_B) = [h \times (d_A + \overline{x}_1 \times r_A)]([d_B]G + [\overline{x}_2 \times r_B]G)$$
$$= [h \times (d_A + \overline{x}_1 \times r_A) \times (d_B + \overline{x}_2 \times r_B)]G$$

$$V = [h \times t_B](P_A + \overline{x}_1 R_A) = [h \times (d_B + \overline{x}_2 \times r_B)]([d_A]G + [\overline{x}_1 \times r_A]G)$$
$$= [h \times (d_B + \overline{x}_2 \times r_B) \times (d_A + \overline{x}_1 \times r_A)]G$$

显然有 $U = V$，算法正确性得证。

7.2.3　椭圆曲线公钥加密算法

在基于椭圆曲线的公钥加密算法中，发送者用接收者的公钥将消息加密成密文，将密文发送给接收者，接收者收到发来的密文后用自己的私钥对密文进行解密还原成原始消息。

SM2 椭圆曲线公钥加密算法主要由参数生成、加密算法和解密算法三部分组成，其过程如下。

1．参数生成

由于 SM2 椭圆曲线公钥加密算法系统已经给出了推荐的椭圆曲线相关参数元组 $T = \langle p, a, b, G, n, h \rangle$，因此只需消息接收者使用另一个特定的参数生成算法生成私钥 $1 < d_B < n$ 以及对应的公钥 $P = d_B G = (x_B, y_B)$。

2．加密算法

消息发送者 A 使用消息接收者 B 的公钥 P_B 对 klen 比特的消息 M 进行加密，得到密文 C，并将密文发送给接收者 B。加密算法以及后面的解密算法中使用的函数有 SM3 密码杂凑函数和密钥派生函数 KDF(Z, klen)，所选用的函数与 7.2.2 节中选用的函数完全相同。加密算法运算过程如算法 7-10 所示。

算法 7-10：SM2 椭圆曲线公钥加密算法

INPUT：

椭圆曲线参数组 T，公钥 P_B，比特长度为 klen 的消息 M

OUTPUT：

密文 $C = C_1 \| C_3 \| C_2$；或者报错并退出

1. $k \xleftarrow{\$} \{1, 2, \cdots, n-1\}$

2. $C_1 = (x_1, y_1) \leftarrow kG$

3. $S \leftarrow hP_B$

4. IF $S = \mathcal{O}$ THEN

5. 报错并退出

6. ELSE

7. $(x_2, y_2) \leftarrow kP_B$

8. $t \leftarrow \text{KDF}(x_2 \| y_2, \text{klen})$

9. IF t 全 0 THEN

10. GOTO 1

11. ELSE

12. $C_2 \leftarrow M \oplus t$

13. $C_3 \leftarrow \text{Hash}(x_2 \| My_2)$

14. RETURN $C = C_1 \| C_3 \| C_2$

15. END IF

16. END IF

注：$\oplus$ 运算符表示两个数字进行二进制异或运算。

3．解密算法

消息接收者 B 收到消息发送者 A 发来的密文 C 后，使用私钥 d_B 对其进行解密得到明

文消息 M'。解密算法运算过程如算法 7-11 所示。

算法 7-11：SM2 私钥解密算法

INPUT:

椭圆曲线参数组 T，私钥 d_B，密文 $C = C_1 \| C_3 \| C_2$

OUTPUT:

明文消息 M'；或者报错并退出

1. 从密文中取出 C_1
2. IF C_1 满足椭圆曲线方程 THEN
3. $S \leftarrow hC_1$
4.   IF $S = \mathcal{O}$ THEN
5.   报错并退出
6.   ELSE
7. $(x_2, y_2) \leftarrow d_B C_1$
8. $t \leftarrow \text{KDF}(x_2 y_2, \text{klen})$
9.   IF t 全 0 THEN
10.   报错并退出
11.   ELSE
12. $M' \leftarrow C_2 \oplus t$
13. $u \leftarrow \text{Hash}(x_2 \| M' y_2)$
14.   IF $u = C_3$ THEN
15.   RETURN M'
16.   ELSE
17.   报错并退出
18.   END IF
19.   END IF
20.   END IF
21.   ELSE
22.   报错并退出
23.   END IF

对于算法正确性的证明如下。

只有加密算法和解密算法都不出现"报错并退出"的情况，消息接收者 B 才能用他的私钥 d_B 执行解密算法，对密文 C 进行解密，得到明文消息 M。

加密算法中的" $S = \mathcal{O}$ "，以及解密算法中的" $S = \mathcal{O}$ "和" t 全 0 "这 3 种情况都会导致算法的加/解密失败，加/解密算法中的两个" $S = \mathcal{O}$ "事件发生的概率都是可忽略的，而解密算法中的"t 全 0"事件在算法正确运行时是不可能发生的（加密算法限制了 t 的大小）。从而当算法正确运行时，一定有加/解密算法中的两个"$S \neq \mathcal{O}$"和解密算法中的"t 不全是 0"。

观察加密算法中的点 (x_2, y_2) 为

$$(x_2, y_2) = kP_B = [k \times d_B]G$$

观察解密算法中的点 (x_2, y_2) 为

$$(x_2, y_2) = d_B C_1 = [d_B \times k]G$$

不难发现，加密算法中的 (x_2, y_2) 和解密算法中的 (x_2, y_2) 是完全相同的，那么观察加密算法产生的 C_3 和解密算法中的 u 为

$$C_3 = \text{Hash}(x_2\|M\|y_2)$$

$$u = \text{Hash}(x_2\|M'\|y_2)$$

显然，要使"$u = C_3$"事件发生就必须要有

$$M = M'$$

由于加密算法和解密算法中 t 的表达式相同，(x_2, y_2) 也相同，因此 t 所表示的大小是相同的，那么观察解密算法中的 M' 为

$$M' = C_2 \oplus t = (M \oplus t) \oplus t = M \oplus (t \oplus t) = M$$

即有 $M' = M$。

综上，只要加/解密算法正确运行，就一定有 $M' = M$，消息接收者 B 使用他的私钥 d_B 执行解密算法一定能得到正确的明文消息 M，算法正确性得证。

🔓 7.3 椭圆曲线密码算法基础实现

椭圆曲线密码算法的基础运算包括底层的大整数运算和基于大整数运算的椭圆曲线相关运算。对于大整数运算的实现方法，第 6 章中已经有所介绍，因此本节将着重讲解椭圆曲线点加、倍点、标量乘法（点乘法）运算的一些基础实现方法。本节将介绍 3 个实践中常用的标量乘法算法，分别是从右到左的二进制扫描法（Right-To-Left Binary Method）、从左到右的二进制扫描法（Left-To-Right Binary Method）和二进制 NAF 法（Binary Non-Adjacent Form Method）。

从右到左的二进制扫描法和从左到右的二进制扫描法是重复平方与乘法求幂的加法版本。算法 7-12 的扫描法是对标量 k 的二进制位从右到左进行扫描，算法 7-13 的扫描法是对标量 k 的二进制位从左到右进行扫描。

算法 7-12：从右到左的二进制扫描法的标量乘法

INPUT:

$k = (k_{l-1}, k_{l-2}, \cdots, k_0)_2 \in \{1, 2, \cdots, p-1\}$，$P \in \text{GF}(p)$

OUTPUT：

kP

1. $Q \leftarrow \mathcal{O}$

2. FOR $i = 0$ TO $l - 1$ DO

3. IF $k_i = 1$ THEN

4. $Q \leftarrow Q + P$

5. END IF

6. $P \leftarrow 2P$

7. END FOR

8. RETURN Q

算法 7-13：从左到右的二进制扫描法的标量乘法

INPUT：

$k = (k_{l-1}, k_{l-2}, \cdots, k_0)_2 \in \{1, 2, \cdots, p-1\}$，$P \in \mathrm{GF}(p)$

OUTPUT：

kP

1. $Q \leftarrow \mathcal{O}$

2. FOR $i = l - 1$ DOWNTO 0 DO

3. $Q \leftarrow 2Q$

4. IF $k_i = 1$ THEN

5. $Q \leftarrow Q + P$

6. END IF

7. END FOR

8. RETURN Q

对于 $P = (x, y) \in \mathrm{GF}(p)$，它的逆可以表示为 $-P = (x, p - y)$，这依然是椭圆曲线上的点。因此，我们可以将椭圆曲线上两个点 $P, Q \in \mathrm{GF}(p)$ 的减法 $P - Q$ 表示为加法 $P + (-Q)$ 的形式，也就是说，椭圆曲线上的减法和加法占用的内存与效率是等价的。那么 k 的 NAF 表示法就由此而诞生了。

【定义 7-5】NAF 表示法 NAF 表示法是指将一个正整数 k 表示为 $k = \sum_{i=0}^{l-1} k_i 2^i$，其中 $k_i \in \{0, \pm 1\}, k_{l-1} \neq 0$，并且不存在连续的两个非零比特。数字在 NAF 表示法下的长度为 l。

【定理 7-3】NAF 表示法的属性 对于一个正整数 k 有以下几种属性。

① k 具有唯一的 NAF 表示 $\mathrm{NAF}(k)$。

② 相比于任何其他关于 k 的有符号表示法，NAF 表示法中存在的非零比特 k_i 的数量最少。

③ k 的 NAF 表示法长度比二进制表示长度至多大 1。

④ 如果 k 的 NAF 表示法长度为 l，那么一定有 $2^l/3 < k < 2^{l+1}/3$。

⑤ 所有在 NAF 表示法下长度为 l 的数字的非零比特平均密度约为 1/3。

我们可以使用算法 7-14 将一个正整数 k 转换为用 NAF 表示法表示的形式，然后对算法 7-14 做一些微小修改，将其变为 NAF 表示法下的标量乘法，如算法 7-15 所示。

算法 7-14：NAF 转换

INPUT：

一个正整数 k

OUTPUT：

NAF(k)

1. $i \leftarrow 0$

2. WHILE $k \geqslant 1$ DO

3. IF k is odd THEN

4. $k_i \leftarrow 2 - (k \bmod 4)$

5. $k \leftarrow k - k_i$

6. ELSE

7. $k_i \leftarrow 0$

8. END IF

9. $k \leftarrow k/2$

10. $i \leftarrow i + 1$

11. END WHILE

12. RETURN $(k_{i-1}, k_{i-2}, \cdots, k_0)$

算法 7-15：NAF 表示法下的标量乘法

INPUT：

一个正整数 k，一个椭圆曲线上点 $P \in \mathrm{GF}(p)$

OUTPUT：

kP

1. $\mathrm{NAF}(k) = \sum_{i=0}^{l-1} k_i 2^i$，$k_i \in \{0, \pm 1\}$，$k_{l-1} \neq 0$

2. $Q \leftarrow \mathcal{O}$

3. FOR $i = l - 1$ DOWNTO 0 DO

4. $Q \leftarrow 2Q$

5. IF $k_i = 1$ THEN

6. $Q \leftarrow Q + P$

7. ELSEIF $k_i = -1$ THEN

8. $Q \leftarrow Q - P$

9. END IF

10. END FOR

11. RETURN Q

以上 3 种标量乘法算法均可比较容易地实现椭圆曲线标量乘法，是较基础的椭圆曲线标量乘法运算的实现方法。

🔓 7.4 椭圆曲线密码算法优化实现方法

椭圆曲线密码算法实现的效率取决于椭圆曲线相关算法的运算速度和所占用的内存大小。在椭圆曲线密码系统中，标量乘法是最耗时且最占用内存的运算，它决定了整个系统的性能。因此，如何提高标量乘法的运算效率，是椭圆曲线密码算法高效实现的核心。

对于一个形如 kP 的标量乘法，其中 $k \in \{1, 2, \cdots, p-1\}$，$P \in \mathrm{GF}(p)$，其底层的运算为大整数的模加、模减、模乘、模除 4 种运算。其中模约减操作贯穿大整数相关的所有运算，模逆即模除运算则是大整数运算中最消耗时间的运算，进行 1 次模除运算所花费的时间大约相当于进行 10 次模乘运算所花费的时间。而椭圆曲线密码算法中所选取的椭圆曲线往往是确定的，也就是说，模数 p 是确定的，因此可以使用一些特殊的方法来加快模 p 操作的运行速度；同时，椭圆曲线在不同坐标系下所进行的大整数运算也略有不同，选取不同的坐标系可以避免一些不必要的模逆运算。

因此，椭圆曲线密码算法在大整数运算层面上的高速实现除了使用第 6 章介绍的一些高速实现方法，还会着重加快模约减操作的运行速度，减少模逆运算的操作次数等。而对于标量乘法优化，则会通过预计算技术来提高其运行效率。本节将主要从模约减操作、坐标系选取和标量乘法优化 3 个方面介绍椭圆曲线密码算法优化实现方法。

7.4.1 模约减操作

在介绍高速的模约减操作之前，首先需要了解伪梅森素数的概念。对于一个形如 $2^l - k$ 的素数，其中 l 为素数的二进制位长，k 可以表示为一组 2 的幂次的线性组合的形式，称为伪梅森素数。

对于一个整数 $a_1 \times 2^l$，根据 $a_1 \cdot (2^l - k) \equiv 0 \bmod (2^l - k)$，有 $a_1 \cdot 2^l \equiv a_1 \cdot k \bmod (2^l - k)$。因此，对于一个大整数 $2^l < a < 2^{2l}$，可以将其表示为 $a = a_0 + a_1 \times 2^l$ 的形式，那么有

$$a \equiv a_0 + a_1 \cdot 2^l \equiv a_0 + a_1 \cdot k \bmod (2^l - k)$$

通过这样的方法，可以直接将一个二进制位长至多为 2^l 的大整数模约减为一个二进

制位长至多为 l 的大整数，再进行一次简单的比较大小和一次减法操作即可完成整个模约减操作。

以在 SM2 椭圆曲线密码算法中使用的快速模约减方法为例，SM2 椭圆曲线所选用的模数 $p = 2^{256} - 2^{224} - 2^{96} + 2^{64} - 1$ 是一种典型的伪梅森素数，其快速模约减方法如算法 7-16 所示。

算法 7-16：SM2 椭圆曲线密码算法快速模约减方法

INPUT：

模数 $p = 2^{256} - 2^{224} - 2^{96} + 2^{64} - 1$

一个 512 比特正整数 $c = (c_{15}, c_{14}, c_{13}, c_{12}, c_{11}, c_{10}, c_9, c_8, c_7, c_6, c_5, c_4, c_3, c_2, c_1, c_0)_{2^{32}}$

满足 $0 \leqslant c < p$

OUTPUT：

$c \bmod p$

1. $s_1 \leftarrow (c_7, c_6, c_5, c_4, c_3, c_2, c_1, c_0)$

2. $s_2 \leftarrow (c_{15}, c_{14}, c_{13}, c_{12}, c_{11}, 0, c_9, c_8)$

3. $s_3 \leftarrow (c_{14}, 0, c_{15}, c_{14}, c_{13}, 0, c_{14}, c_{13})$

4. $s_4 \leftarrow (c_{13}, 0, 0, 0, 0, 0, c_{15}, c_{14})$

5. $s_5 \leftarrow (c_{12}, 0, 0, 0, 0, 0, 0, c_{15})$

6. $s_6 \leftarrow (c_{11}, c_{11}, c_{10}, c_{15}, c_{14}, 0, c_{13}, c_{12})$

7. $s_7 \leftarrow (c_{10}, c_{15}, c_{14}, c_{13}, c_{12}, 0, c_{11}, c_{10})$

8. $s_8 \leftarrow (c_9, 0, 0, c_9, c_8, 0, c_{10}, c_9)$

9. $s_9 \leftarrow (c_8, 0, 0, 0, c_{15}, 0, c_{12}, c_{11})$

10. $s_{10} \leftarrow (c_{15}, 0, 0, 0, 0, 0, 0, 0)$

11. $s_{11} \leftarrow (0, 0, 0, 0, 0, c_{14}, 0, 0)$

12. $s_{12} \leftarrow (0, 0, 0, 0, 0, c_{13}, 0, 0)$

13. $s_{13} \leftarrow (0, 0, 0, 0, 0, c_9, 0, 0)$

14. $s_{14} \leftarrow (0, 0, 0, 0, 0, c_8, 0, 0)$

15. $T \leftarrow [s_1 + s_2 + 2s_3 + 2s_4 + 2s_5 + s_6 + s_7 + s_8 + s_9 + 2s_{10} - s_{11} - s_{12} - s_{13} - s_{14}]$

16. IF $T > p$

17. RETURN $T - p$

18. ELSE

19. RETURN T

20. END IF

这样的模约减方法虽然会牺牲些许内存，但是会极大地提升模约减运算效率，是一种针对伪梅森素数型模数非常好的模约减方法。

7.4.2 坐标系选取

前文中所介绍的椭圆曲线点运算均是基于仿射坐标系的，即 (x, y) 类型的坐标系，每次点加运算和倍点运算均需要进行一次模逆运算，而模逆运算所花费的时间代价是非常昂贵的，因此为了减少模逆运算的次数，许多投影坐标表示法被提了出来。

投影坐标表示法中的坐标为 (X, Y, Z)，其与仿射坐标系中的点 (x, y) 的对应关系为 $x = X/Z^c$ 和 $y = Y/Z^d$，其中 c 和 d 均为正整数。较为常用的投影坐标系有标准投影坐标系和 Jacobian 投影坐标系。

当 $c = 1, d = 1$ 时，投影坐标为标准投影坐标，此时的椭圆曲线方程为 $Y^2 Z = X^3 + aXZ^2 + bZ^3$；当 $c = 2, b = 3$ 时，投影坐标为 Jacobian 投影坐标，此时的椭圆曲线方程为 $Y^2 = X^3 + aXZ^4 + bZ^6$。特别地，Chudnovsky Jacobian 投影坐标在 Jacobian 投影坐标的基础上额外存储了两个值 Z^2 和 Z^3，此时的坐标为 (X, Y, Z, Z^2, Z^3)。

根据我国 SM2 椭圆曲线密码算法标准，在标准投影坐标系下，椭圆曲线点加和倍点运算如算法 7-17 和算法 7-18 所示；Jacobian 投影坐标系下，椭圆曲线点加和倍点运算如算法 7-19 和算法 7-20 所示。

算法 7-17：标准投影坐标系下椭圆曲线点加运算

INPUT：

两个椭圆曲线上点 $P, Q \in \mathrm{GF}(p)$，且 $P \neq Q$

OUTPUT：

$P + Q$

1. $\lambda_1 \leftarrow X_1 Z_2$
2. $\lambda_2 \leftarrow X_2 Z_1$
3. $\lambda_3 \leftarrow \lambda_1 - \lambda_2$
4. $\lambda_4 \leftarrow Y_1 Z_2$
5. $\lambda_5 \leftarrow Y_2 Z_1$
6. $\lambda_6 \leftarrow \lambda_4 - \lambda_5$
7. $\lambda_7 \leftarrow \lambda_1 + \lambda_2$
8. $\lambda_8 \leftarrow Z_1 Z_2$
9. $\lambda_9 \leftarrow \lambda_3^2$
10. $\lambda_{10} \leftarrow \lambda_3 \lambda_9$

---

11. $\lambda_{11} \leftarrow \lambda_8 \lambda_6^2 - \lambda_7 \lambda_9$

12. $X_3 \leftarrow \lambda_3 \lambda_{11}$

13. $Y_3 \leftarrow \lambda_6 (\lambda_9 \lambda_1 - \lambda_{11}) - \lambda_4 \lambda_{10}$

14. $Z_3 \leftarrow \lambda_{10} \lambda_8$

15. RETURN (X_3, Y_3, Z_3)

算法 7-18：标准投影坐标系下椭圆曲线倍点运算

INPUT：

一个椭圆曲线上点 $P \in \mathrm{GF}(p)$

OUTPUT：

$2P$

1. $\lambda_1 \leftarrow 3X_1^2 + aZ_1^2$

2. $\lambda_2 \leftarrow 2Y_1 Z_1$

3. $\lambda_3 \leftarrow Y_1^2$

4. $\lambda_4 \leftarrow \lambda_3 X_1 Z_1$

5. $\lambda_5 \leftarrow \lambda_2^2$

6. $\lambda_6 \leftarrow \lambda_1^2 - 8\lambda_4$

7. $X_3 \leftarrow \lambda_2 \lambda_6$

8. $Y_3 \leftarrow \lambda_1 (4\lambda_4 - \lambda_6) - 2\lambda_5 \lambda_3$

9. $Z_3 \leftarrow \lambda_2 \lambda_5$

10. RETURN (X_3, Y_3, Z_3)

算法 7-19：Jacobian 投影坐标系下椭圆曲线点加运算

INPUT：

两个椭圆曲线上点 $P, Q \in \mathrm{GF}(p)$，且 $P \neq Q$

OUTPUT：

$P + Q$

1. $\lambda_1 \leftarrow X_1 Z_2^2$

2. $\lambda_2 \leftarrow X_2 Z_1^2$

3. $\lambda_3 \leftarrow \lambda_1 - \lambda_2$

4. $\lambda_4 \leftarrow Y_1 Z_2^3$

5. $\lambda_5 \leftarrow Y_2 Z_1^3$

6. $\lambda_6 \leftarrow \lambda_4 - \lambda_5$

7. $\lambda_7 \leftarrow \lambda_1 + \lambda_2$

8. $\lambda_8 \leftarrow \lambda_4 + \lambda_5$

9. $X_3 \leftarrow \lambda_6^2 - \lambda_7 \lambda_3^2$

10. $\lambda_9 \leftarrow \lambda_7 \lambda_3^2 - 2X_3$

11. $Y_3 \leftarrow (\lambda_9 \lambda_6 - \lambda_8 \lambda_3^3)/2$

12. $Z_3 \leftarrow Z_1 Z_2 \lambda_3$

13. RETURN (X_3, Y_3, Z_3)

算法 7-20：Jacobian 投影坐标系下椭圆曲线倍点运算

INPUT：

一个椭圆曲线上点 $P \in \mathrm{GF}(p)$

OUTPUT：

$2P$

1. $\lambda_1 \leftarrow 3X_1^2 + aZ_1^4$

2. $\lambda_2 \leftarrow 4X_1 Y_1^2$

3. $\lambda_3 \leftarrow 8Y_1^4$

4. $X_3 \leftarrow \lambda_1^2 - 2\lambda_2$

5. $Y_3 \leftarrow \lambda_1(\lambda_2 - X_3) - \lambda_3$

6. $Z_3 \leftarrow 2Y_1 Z_1$

7. RETURN (X_3, Y_3, Z_3)

借助以上坐标系，可以去掉标量乘法过程中不必要的模逆运算，只需要在最后的结果中做一次模逆运算即可。同时，椭圆曲线中 a 的选取会影响标量乘法的运行效率，当选择一个特殊的 a，如 $a = -3$ 时，可以简化一部分操作以达到更高的运行效率；在某些情况下，使用混合坐标，如 Jacobian 投影坐标，点加上仿射坐标点 $(X_1, Y_1, Z_1) + (X_2, Y_2, 1)$ 来做点加运算也可提高运行效率。

7.4.3 标量乘法优化

对于标量乘法 kP 中的点 $P \in \mathrm{GF}(p)$，在一些密码算法中它是未知的。因此在椭圆曲线密码算法中，预计算只能在运行过程中进行。当预计算量较大时，容易产生不必要的浪费，即某些预计算的数值可能在标量乘法中使用不上，这反倒会降低标量乘法的性能。因此，所选用的预计算空间要适当小一些，使得预计算的数值尽量都被使用。本节介绍一种窗口大小为 w 的 NAF 表示法和窗口 NAF 表示法下的标量乘法，如算法 7-21 和算法 7-22 所示。这两个算法是根据算法 7-14 和算法 7-15 改进而成的，这种表示法将 k_i 的表示范围由 $\{0, \pm 1\}$ 变为了 $[-2^{w-1}, 2^{w-1} - 1]$ 范围内的奇数。

算法 7-21：窗口大小为 w 的 NAF 表示法

INPUT：

一个正整数 k，窗口大小为 w

OUTPUT：

$\text{NAF}_w(k)$

1. $i \leftarrow 0$

2. WHILE $k \geqslant 1$ DO

3. IF k is odd THEN

4. $k_i \leftarrow k \bmod 2^w$

5. IF $k_i \geqslant 2^{w-1}$

6. $k_i \leftarrow k_i - 2^w$

7. END IF

8. $k \leftarrow k - k_i$

9. ELSE

10. $k_i \leftarrow 0$

11. END IF

12. $k \leftarrow k/2$

13. $i \leftarrow i + 1$

14. END WHILE

15. RETURN $(k_{i-1}, k_{i-2}, \cdots, k_0)$

算法 7-22：窗口 NAF 表示法下的标量乘法

INPUT：

一个正整数 k，一个椭圆曲线上点 $P \in \text{GF}(p)$，窗口大小为 w

OUTPUT：

kP

1. $\text{NAF}_w(k) = \sum\limits_{i=0}^{l-1} k_i 2^i$，$k_i \in [-2^{w-1}, 2^{w-1} - 1]$

2. 计算 $P_i \leftarrow iP$，其中 $i \in \{1, 3, 5, \cdots, 2^{w-1} - 1\}$

3. $Q \leftarrow \mathcal{O}$

4. FOR $i = l - 1$ DOWNTO 0 DO

5. $Q \leftarrow 2Q$

6. IF $k_i \neq 0$ THEN

7. IF $k_i > 0$ THEN

8. $Q \leftarrow Q + P_{k_i}$

9.   ELSEIF $k_i < 0$ THEN

10. $Q \leftarrow Q - P_{-ki}$

11.   END IF

12.   END IF

13.   END FOR

14.   RETURN Q

而对于固定点 $P \in \mathrm{GF}(p)$，可以在算法运行前就进行大量的离线预计算来提高标量乘法的运行效率，进而提高椭圆曲线密码算法的运行效率。下面介绍一种基于固定窗口的标量乘法，如算法 7-23 所示。

算法 7-23：基于固定窗口的标量乘法

INPUT：

一个正整数 $k = (k_{d-1}, k_{d-2}, \cdots, k_0)_{2^w}$，一个椭圆曲线上点 $P \in \mathrm{GF}(p)$，其中 w 为窗口大小，$d = \lceil l/w \rceil$ 为窗口数，l 表示 k 的二进制位长

OUTPUT：

kP

1. 预计算：$P_i \leftarrow 2^{wi}P$，$0 \leqslant i \leqslant d-1$

2. $A \leftarrow \mathcal{O}$

3. $B \leftarrow \mathcal{O}$

4. FOR $j = 2^w - 1$ DOWNTO 1 DO

5. FOR $i = 0$ TO $d - 1$ DO

6. IF $k_i = j$ THEN

7. $B \leftarrow B + P_i$

8. END IF

9. END FOR

10. $A \leftarrow A + B$

11. END FOR

12. RETURN A

固定窗口标量乘法通过一定的预计算来提高标量乘法的运行效率，进而提升椭圆曲线密码算法的运行效率，是一种典型的以空间换取时间的高速实现方法。

7.4.4 并行实现技术

微体系结构设计的一个有趣趋势是单指令多数据（SIMD）指令。在这种设计下，处

理器包含一组特殊的向量寄存器和相关的向量指令，它们能够对向量寄存器中存储的每个元素进行运算。

自 1997 年以来，SIMD 指令已出现在商用处理器上。首先是包含 64 比特向量的 MMX 指令集，进而发展出了 128 比特的 SSE 指令集。

2011 年，Intel 发布的高级向量扩展（AVX）指令集将向量寄存器的大小扩展到 256 比特。但是，大多数 AVX 指令专注于加速图形和科学计算的浮点运算，并计划在以后的版本中支持整数运算。2013 年，Intel 发布了带有 AVX2 指令集的 Haswell 微体系结构，其中包含许多新指令，包括对整数运算的支持。同年，Intel 还发布了 AVX512 指令集，和之前的 AVX/AVX2 一样，都属于向量运算指令，其将指令宽度进一步扩展到了 512 比特，相比 AVX2 在数据寄存器宽度、数量以及 FMA 单元的宽度都增加了一倍。AVX512 的每个寄存器可包含 32 个双精度或 64 个单精度浮点数，或者 8 个 64 比特或 16 个 32 比特整数，在图像/音视频处理、数据分析、科学计算、数据加密/压缩以及人工智能/深度学习等密集型计算应用场景中，会带来前所未有的强大性能表现。理论上，浮点运算性能翻倍，整数运算则会提升约 33%的性能。近些年，已经有学者开始着手研究使用 AVX512 指令集并行实现各种密码算法。

在简化魏尔斯特拉斯方程表示的椭圆曲线中，当 $a = -3$ 时，Meloni 于 2007 年提出了一种 Jacobian 坐标系下高效实现椭圆曲线点加运算的方法，被称为 Co-Z Jacobian 运算。Lu 等人针对 NIST P-256 和 SM2 算法在 8 位 AVR 处理器上的优化方案便采用这种运算方法。这种方法实现点加运算需要相加的两点具有相同的 Z 坐标，假设 $P = (X_P, Y_P, Z), Q = (X_Q, Y_Q, Z), P \neq \pm Q$ 且 $P, Q \in E(\mathrm{GF}(p)) \backslash \{\mathcal{O}\}$，设 $R = P + Q = (X_R, Y_R, Z_R)$，则 Co-Z Jacobian 运算方法为

$$\begin{cases} A = (X_Q - X_P)^2, B = X_P A, C = X_Q A \\ D = (Y_Q - Y_P)^2, E = Y_P(C - B), X_R = D - (B + C) \\ Y_R = (Y_Q - Y_P)(B - X_R) - E, Z_R = Z(X_Q - X_P) \end{cases}$$

从上式中不难发现：

$$B = X_P A = x_P Z^3 (X_Q - X_P)^2 = x_P Z_R^2, \quad \text{即 } x_P = B/Z_R^2$$

$$E = Y_P(C - B) = y_P Z^3 (X_Q - X_P)^3 = y_P Z_R^3, \quad \text{即 } y_P = E/Z_R^3$$

因此在计算 $R = P + Q = (X_R, Y_R, Z_R)$ 时可以同时更新点 P 的坐标为 (B, E, Z_R)，这也为后续标量乘法的计算提供了更多的便利。同时对于 $P - Q$，可以进行 Co-Z Jacobian 运算：

$$\begin{cases} A = (X_Q - X_P)^2, B = X_P A, C = X_Q A \\ F = (Y_Q + Y_P)^2, E = Y_P(C - B), X_R = F - (B + C) \\ Y_R = (Y_Q + Y_P)(X_R - B) - E, Z_R = Z(X_Q - X_P) \end{cases}$$

观察上式可以发现，$P + Q$ 和 $P - Q$ 两种运算产生的 Z_R 值是相同的，且会将 P 点坐标更新为 (B, E, Z_R)（注意，更新后的坐标与原坐标在仿射坐标系下表示的点是相同的）。

2020 年，Huang 等人根据上面的几组公式，基于 SIMD 指令提出了 SIMD_XYCZ_

ADD 和 SIMD_XYCZ_ADDC 两种并行实现 Co-Z Jacobian 加法运算的算法。

SIMD_XYCZ_ADD 算法输入两个点 $P=(X_P,Y_P,Z)$、$Q=(X_Q,Y_Q,Z)$ 的 X 坐标和 Y 坐标且满足 $P\neq\pm Q$、$P,Q\in E(\mathrm{GF}(p))\backslash\{\mathcal{O}\}$，使用并行实现技术输出两个点 $R=P+Q$ 和 P' 的 X 坐标和 Y 坐标，其中 $P'\equiv P$ 且 P' 和 $P+Q$ 对应的 Z 坐标相等。算法的运行过程如算法 7-24 所示。

算法 7-24：SIMD_XYCZ_ADD 算法的运行过程

INPUT:

椭圆曲线上点 $P,Q\in\mathrm{GF}(p)$ 的 X 坐标和 Y 坐标 $(X_P,Y_P),(X_Q,Y_Q)$ 且 $P\neq\pm Q$

OUTPUT:

R 和 P' 的 X 坐标和 Y 坐标 $(X_R,Y_R),(B,E)$，其中 $P'\equiv P$ 且 P' 和 $P+Q$ 对应的 Z 坐标相等

1. $T_1 \leftarrow X_P - X_Q$ $\qquad\qquad\qquad\qquad$ $T_2 \leftarrow Y_Q - Y_P$

2. $A \leftarrow T_1^2$ $\qquad\qquad\qquad\qquad\qquad$ $D \leftarrow T_2^2$

3. $B \leftarrow X_P A$ $\qquad\qquad\qquad\qquad\qquad$ $C \leftarrow X_Q A$

4. $T_3 \leftarrow B + C$

5. $X_R \leftarrow D - T_1$ $\qquad\qquad\qquad\qquad\quad$ $T_3 \leftarrow C - B$

6. $T_1 \leftarrow B - X_R$

7. $T_1 \leftarrow T_1 T_2$ $\qquad\qquad\qquad\qquad\qquad$ $E \leftarrow Y_P T_3$

8. $Y_R \leftarrow T_1 - E$

9. RETURN $((X_R,Y_R),(B,E))$

SIMD_XYCZ_ADDC 算法输入两个点 $P=(X_P,Y_P,Z)$、$Q=(X_Q,Y_Q,Z)$ 的 X 坐标和 Y 坐标且满足 $P\neq\pm Q$、$P,Q\in E(\mathrm{GF}(p))\backslash\{\mathcal{O}\}$，以及 $A'=(X_Q-X_P)^2$、$T'=(X_Q-X_P)A'=C'-B'$，使用并行实现技术输出两个点 $R=P+Q$ 和 $R'=P-Q$ 的 X 坐标与 Y 坐标。算法的运行过程如算法 7-25 所示。

算法 7-25：SIMD_XYCZ_ADDC 算法的运行过程

INPUT:

椭圆曲线上点 $P,Q\in\mathrm{GF}(p)$ 的 X 坐标和 Y 坐标 $(X_P,Y_P),(X_Q,Y_Q)$ 且 $P\neq\pm Q$，$A'=(X_Q-X_P)^2$，$T'=(X_Q-X_P)A'=C'-B'$

OUTPUT:

R 和 R' 的 X 坐标和 Y 坐标 $(X_R,Y_R),(X_R',Y_R')$

1. $C \leftarrow X_Q A'$ $\qquad\qquad\qquad\qquad\qquad$ $E \leftarrow Y_P T'$

2. $B \leftarrow C - T'$ $\qquad\qquad\qquad\qquad\qquad$ $T_1 \leftarrow Y_Q - Y_P$

3. $T_2 \leftarrow B + C$ $\qquad\qquad\qquad\qquad\qquad$ $T_3 \leftarrow Y_P + Y_Q$

4. $D \leftarrow T_1^2$ $\qquad\qquad\qquad\qquad\qquad\quad$ $F \leftarrow T_3^2$

5. $X_R \leftarrow D - T_2$	$X'_R \leftarrow F - T_2$
6. $T_2 \leftarrow B - X_R$	$T_4 \leftarrow X'_R - B$
7. $T_2 \leftarrow T_1 T_2$	$T_3 \leftarrow T_3 T_4$
8. $Y_R \leftarrow T_2 - E$	$Y'_R \leftarrow T_3 - E$
9. RETURN $((X_R, Y_R), (X'_R, Y'_R))$	

蒙哥马利阶梯算法（Montgomery Ladder Algorithm）是一种具有常数运行时间的安全高效实现幂运算（例如，第 6 章 RSA 算法中的模指数运算，本章中的椭圆曲线标量乘法）的算法。

在 Jacobian 坐标系下的椭圆曲线标量乘法 kG 中，k 为标量值，G 为椭圆曲线上一点，由于输入的点不能是无穷远点 $\mathcal{O}$（Z 坐标为 0 的点），所以我们假设标量 k 的最高比特位为 1，并使用 XYCZ_IDBL 算法初始化两个点：

$$((X_0, Y_0, 1), (X_1, Y_1, 1)) \leftarrow (G, 2G)$$

一般的蒙哥马利阶梯算法都是根据下式进行运算的：

$$\begin{cases} (X_{1-a}, Y_{1-a}) \leftarrow (X_{1-a}, Y_{1-a}) + (X_a, Y_a) \\ (X_a, Y_a) \leftarrow 2(X_a, Y_a) \end{cases}$$

当使用了基于 Co-Z 的蒙哥马利阶梯算法后，上式就可以被等价替换为

$$\begin{cases} ((X_{1-a}, Y_{1-a}), (X_a, Y_a)) \leftarrow ((X_a, Y_a) + (X_{1-a}, Y_{1-a}), (X_a, Y_a) - (X_{1-a}, Y_{1-a})) \\ ((X_a, Y_a), (X_{1-a}, Y_{1-a})) \leftarrow ((X_{1-a}, Y_{1-a}) + (X_a, Y_a), (X_{1-a}, Y_{1-a})) \end{cases}$$

其中，$a \in \{0,1\}$，表示的是标量 k 的某个二进制位的取值，按 k 的比特位由高到低不断迭代上述过程，执行上述过程所使用的算法分别为 SIMD_XYCZ_ADDC 和 SIMD_XYCZ_ADD，最终的 (X_0, Y_0) 即是 kG 的坐标值。

为了方便运算，将上述两个算法合并为 SIMD_XYCZ_ADDC_ADD 算法如下。

算法 7-26：SIMD_XYCZ_ADDC_ADD 算法

INPUT：
椭圆曲线上点 $P, Q \in \mathrm{GF}(p)$ 的 X 坐标和 Y 坐标 $(X_P, Y_P), (X_Q, Y_Q)$ 且 $P \neq \pm Q$，将它们分别赋值给蒙哥马利阶梯算法的中间变量 R_a、R_{1-a}、$A' = (X_Q - X_P)^2$、$T' = (X_Q - X_P)A' = C' - B'$，其中 $a \in \{0,1\}$

OUTPUT：
$(R_a, R_{1-a}) = (2R_a, R_a + R_{1-a})$，并更新 $A' = (X_{R_a} - X_{R_{1-a}})^2$ 和 $T' = (X_{R_{1-a}} - X_{R_a})A'$

1. $C' \leftarrow X_Q A'$	$E' \leftarrow Y_P T'$
2. $B' \leftarrow C' - T'$	$T_1 \leftarrow Y_Q - Y_P$
3. $T_2 \leftarrow B' + C'$	$T_3 \leftarrow Y_P + Y_Q$
4. $D' \leftarrow T_1^2$	$F' \leftarrow T_3^2$
5. $X_R \leftarrow D' - T_2$	$X'_R \leftarrow F' - T_2$

6. $T_2 \leftarrow B' - X_R$ $T_4 \leftarrow X'_R - B'$

7. $T_2 \leftarrow T_1 T_2$ $T_4 \leftarrow T_3 T_4$

8. $Y_R \leftarrow T_2 - E'$ $Y'_R \leftarrow T_4 - E'$

9. $T_1 \leftarrow X'_R - X_R$ $T_2 \leftarrow Y'_R - Y_R$

10. $A \leftarrow T_1^2$ $D \leftarrow T_2^2$

11. $X_P = B \leftarrow X_R A$ $C \leftarrow X'_R A$

12. $T_3 \leftarrow T_2 + B$ $T_4 \leftarrow B + C$

13. $X_Q \leftarrow D - T_4$ $T_1 \leftarrow C - B$

14. $T_4 \leftarrow X_Q - X_P$ $T_3 \leftarrow T_3 - X_Q$

15. $A' \leftarrow T_4^2$ $T_3 \leftarrow T_3^2$

16. $T' \leftarrow T_4 A'$ $X_P = E \leftarrow Y_R T_1$

17. $T_1 \leftarrow D + A'$ $T_2 \leftarrow E + E$

18. $T_3 \leftarrow T_3 - T_1$

19. $Y_Q = \frac{1}{2}(T_3 - T_2)$

20. ETURN $((X_Q, Y_Q), (X_P, Y_P))$

可以发现，在上面的运算过程中我们都没有对 Z 坐标（的逆）进行计算，那是因为 Z 坐标的取值在最后的计算中很容易被还原出来，从而减少中间过程中的计算量。Z 坐标的逆的推导和计算过程如下。

由于 $((X_0, Y_0), (X_1, Y_1))$ 被初始化为 $(G, 2G)$，因此我们假设当上面的过程迭代进行了若干轮后的坐标为

$$((X_0, Y_0), (X_1, Y_1)) = (tG, (t+1)G)$$

其中，t 为某个正整数。

那么在下一轮迭代中，有以下情况。

① 当 $a = 0$ 时：

$$((X_1, Y_1), (X_0, Y_0)) \leftarrow ((X_0, Y_0) + (X_1, Y_1), (X_0, Y_0) - (X_1, Y_1)) = ((2t+1)G, -G)$$

$$((X_0, Y_0), (X_1, Y_1)) \leftarrow ((X_1, Y_1) + (X_0, Y_0), (X_1, Y_1)) = (2tG, (2t+1)G)$$

此时

$$((X_0, Y_0), (X_1, Y_1)) = (2tG, (2t+1)G)$$

② 当 $a = 1$ 时：

$$((X_0, Y_0), (X_1, Y_1)) \leftarrow ((X_1, Y_1) + (X_0, Y_0), (X_1, Y_1) - (X_0, Y_0)) = ((2t+1)G, G)$$

$$((X_1, Y_1), (X_0, Y_0)) \leftarrow ((X_0, Y_0) + (X_1, Y_1), (X_0, Y_0)) = ((2t+2)G, (2t+1)G)$$

此时

$$((X_0, Y_0), (X_1, Y_1)) = ((2t+1G), (2t+2)G)$$

通过分析上面的两种情况可以发现，对于每次迭代始终都有

$$(X_1, Y_1) - (X_0, Y_0) = G$$

那么在最后一次迭代前有

$$((X_0, Y_0), (X_1, Y_1)) = (tG, (t+1)G)$$

其中，t 为某个正整数。

如果把此时的第 2 步

$$((X_a, Y_a), (X_{1-a}, Y_{1-a})) \leftarrow ((X_{1-a}, Y_{1-a}) + (X_a, Y_a), (X_{1-a}, Y_{1-a}))$$

更改为

$$((X_0, Y_0), (X_1, Y_1)) \leftarrow ((X_0, Y_0) + (X_1, Y_1), (X_0, Y_0))$$

那么

① 当 $a = 0$ 时：

$$((X_1, Y_1), (X_0, Y_0)) \leftarrow ((2t+1)G, -G)$$

$$((X_0, Y_0), (X_1, Y_1)) \leftarrow ((X_0, Y_0) + (X_1, Y_1), (X_0, Y_0)) = (2tG, -G)$$

此时 $(X_0, Y_0) = 2tP$ 为所求的 kG 值，(X_1, Y_1) 则为更新后的 $-G$ 的坐标，如果把 $-G$ 的 Y 坐标做一下变换 $(X_1, Y_1) \leftarrow (X_1, p - Y_1)$，它就表示更新后的 G 点坐标，有

$$X_1 = x_G / Z_{\text{new}}^2$$
$$Y_1 = y_G / Z_{\text{new}}^3$$

于是令

$$\lambda \leftarrow X_1^{-1} \times Y_1 \times x_G \times y_G^{-1} = (Z_{\text{new}}^2 / x_G) \times (y_G / Z_{\text{new}}^3) \times (x_G / y_G) = Z_{\text{new}}^{-1}$$

从而得到最新的 Z 坐标的逆 λ，然后令

$$x_P \leftarrow X_0 \times \lambda^2$$
$$y_P \leftarrow Y_0 \times \lambda^3$$

得到 kG 在仿射坐标系下的坐标值 (x_P, y_P)。

② 当 $a = 1$ 时：

$$((X_0, Y_0), (X_1, Y_1)) \leftarrow ((2t+1)G, G)$$

此时 $(X_0, Y_0) = (2t+1)P$ 已经为所求的 kG 值，(X_1, Y_1) 则为更新后的 G 点坐标，有

$$X_1 = x_G / Z_{\text{new}}^2$$
$$Y_1 = y_G / Z_{\text{new}}^3$$

于是令

$$\lambda \leftarrow X_1^{-1} \times Y_1 \times x_G \times y_G^{-1} = (Z_{\text{new}}^2 / x_G) \times (y_G / Z_{\text{new}}^3) \times (x_G / y_G) = Z_{\text{new}}^{-1}$$

从而得到最新的 Z 坐标的逆 λ，然后令

$$x_P \leftarrow X_0 \times \lambda^2$$
$$y_P \leftarrow Y_0 \times \lambda^3$$

得到 kG 在仿射坐标系下的坐标值 (x_P, y_P)。但是为了使算法的运行时间相同，依然会执行

$$((X_0, Y_0) + (X_1, Y_1), (X_0, Y_0))$$

但并不会将结果赋值给 $((X_0, Y_0), (X_1, Y_1))$。

以上对 λ 的还原过程被称为 FinalInvZ 算法，输入 (X_{1-a},Y_{1-a})、 (X_a,Y_a)、G、a 4 个值，输出最新生成的 Z 值 Z_{new} 的逆 λ。

综合上面的方法，Huang 等人提出了基于 Co-Z Jacobian 的蒙哥马利阶梯算法，其执行过程如算法 7-27 所示。

算法 7-27：基于 Co-Z Jacobian 的蒙哥马利阶梯算法的执行过程

INPUT：
椭圆曲线点 $P \in GF(p)$ 且 $P \neq \mathcal{O}$，一个标量
$k = (k_{l-1},k_{l-2},\cdots,k_0) \in GF(p)$，且满足 $k_{l-1}=1$

OUTPUT：
标量乘法的结果 $R = kP$
1. $(R_1,R_0) \leftarrow XYCZ\_IDBL(P)$
2. $a \leftarrow k_{l-2}$
3. $A' \leftarrow (X_{R_a} - X_{R_{1-a}})^2$, $T' \leftarrow (X_{R_{1-a}} - X_{R_a})A'$
4. FOR $i = l-2$ DOWNTO 1 DO
5. $a \leftarrow (k_i + k_{i+1}) \bmod 2$
6. $(R_a,R_{1-a},A',T') \leftarrow SIMD\_XYCZ\_ADDC\_ADD(R_a,R_{1-a},A',T')$
7. END FOR
8. $a \leftarrow (k_0 + k_1) \bmod 2$
9. $(R_{1-a},R_a) \leftarrow SIMD\_XYCZ\_ADDC(R_a,R_{1-a},A',T')$
10. $\lambda \leftarrow FinalInvZ(R_{1-a},R_a,P,a)$
11. $(R_0,R_1) \leftarrow SIMD\_XYCZ\_ADD(R_0,R_1)$
12. RETURN $(\lambda^2 \cdot X_{R_0}, \lambda^3 \cdot Y_{R_0})$

在 Co-Z Jacobian 算法下，用 Co-Z ADD、Co-Z ADDC、Co-Z L-Step、Co-Z Ladder 分别表示算法 7-24～算法 7-27，Huang 对它们的运算效率进行了分析，如表 7-1 所示。

表 7-1　不同实现方法下椭圆曲线密码算法运算效率对比（单位为时钟周期）

实现方法	Co-Z ADD	Co-Z ADDC	Co-Z L-Step	Co-Z Ladder
单路实现	555	786	1334	359868
并行实现	439	489	1001	274908
加速比率	1.26	1.60	1.33	1.31

从表 7-1 中可以得出，相比于单路实现策略，多路并行实现技术可以有效地加速椭圆曲线标量乘法运算，提高椭圆曲线密码算法的运行效率。除此之外，Liu 等人在 ARMv8 平台上还应用并行实现技术成功地对多精度乘法运算进行了加速。

🔓7.5　测试示例

本节选择 SM2 数字签名算法作为测试示例，选用的参数与国家 SM2 椭圆曲线密码算法相同，使用国家 SM3 密码杂凑算法，其输入长度小于 2^{64} 的消息比特串 m，输出长度为 256 比特的杂凑值，记为 $H_{256}(m)$。

本节所有数字都使用十六进制数表示，左边为高位，右边为低位。消息采用 GB/T 1988 编码。

假设 ID_A 的 GB/T 1988 编码为 31323334 35363738 31323334 35363738。

$$\text{ENTL}_A = 0080$$

椭圆曲线方程为 $y^2 = x^3 + ax + b$。

素数 p：

FFFFFFFE FFFFFFFF FFFFFFFF FFFFFFFF

FFFFFFFF 00000000 FFFFFFFF FFFFFFFF

系数 a：

FFFFFFFE FFFFFFFF FFFFFFFF FFFFFFFF

FFFFFFFF 00000000 FFFFFFFF FFFFFFFC

系数 b：

28E9FA9E 9D9F5E34 4D5A9E4B CF6509A7

F39789F5 15AB8F92 DDBCBD41 4D940E93

基点 $G = (x_G, y_G)$，其阶记为 n。

坐标 x_G：

32C4AE2C 1F198119 5F990446 6A39C994

8FE30BBF F2660BE1 715A4589 334C74C7

坐标 y_G：

BC3736A2 F4F6779C 59BDCEE3 6B692153

D0A9877C C62A4740 02DF32E5 2139F0A0

阶 n：

FFFFFFFE FFFFFFFF FFFFFFFF FFFFFFFF

7203DF6B 21C6052B 53BBF409 39D54123

待签名的消息 M：message digest

M 的 GB/T 1988 编码的十六进制数表示为 6D6573736167652064696765737374

私钥 d_A：

3945208F 7B2144B1 3F36E38A C6D39F95

88939369 2860B51A 42FB81EF 4DF7C5B8

公钥 $P_A = (x_A, y_A)$：

坐标 x_A：

09F9DF31 1E5421A1 50DD7D16 1E4BC5C6

72179FAD 1833FC07 6BB08FF3 56F35020

坐标 y_A：

CCEA490C E26775A5 2DC6EA71 8CC1AA60

0AED05FB F35E084A 6632F607 2DA9AD13

杂凑值 $Z_A = H_{256}(\mathrm{ENTL}_A \| \mathrm{ID}_A \| a \| b \| x_G \| y_G \| x_A \| y_A)$。

Z_A：

B2E14C5C 79C6DF5B 85F4FE7E D8DB7A26

2B9DA7E0 7CCB0EA9 F4747B8C CDA8A4F3

签名各步骤中的有关值。

$\bar{M} = Z_A \| M$：

B2E14C5C 79C6DF5B 85F4FE7E D8DB7A26

2B9DA7E0 7CCB0EA9 F4747B8C CDA8A4F3

6D657373 61676520 64696765 7374

密码杂凑算法值 $e = H_{256}(\bar{M})$：

F0B43E94 BA45ACCA ACE692ED 534382EB

17E6AB5A 19CE7B31 F4486FDF C0D28640

产生随机数 k：

59276E27 D506861A 16680F3A D9C02DCC

EF3CC1FA 3CDBE4CE 6D54B80D EAC1BC21

计算椭圆曲线点 $(x_1, y_1) = kG$。

坐标 x_1：

04EBFC71 8E8D1798 62043226 8E77FEB6

415E2EDE 0E073C0F 4F640ECD 2E149A73

坐标 y_1：

E858F9D8 1E5430A5 7B36DAAB 8F950A3C

64E6EE6A 63094D99 283AFF76 7E124DF0

计算 $r = (e + x_1) \bmod n$：

F5A03B06 48D2C463 0EEAC513 E1BB81A1

5944DA38 27D5B741 43AC7EAC EEE720B3

计算 $(1 + d_A)^{-1}$：

4DFE9D9C 1F5901D4 E6F58E4E C3D04567

822D2550 F9B88E82 6D1B5B3A B9CD0FE0

计算 $s = ((1+d_A)^{-1} \cdot (k - r \cdot d_A)) \bmod n$：

B1B6AA29 DF212FD8 763182BC 0D421CA1

BB9038FD 1F7F42D4 840B69C4 85BBC1AA

消息 M 的签名为 (r,s)：

值 r：

F5A03B06 48D2C463 0EEAC513 E1BB81A1

5944DA38 27D5B741 43AC7EAC EEE720B3

值 s：

B1B6AA29 DF212FD8 763182BC 0D421CA1

BB9038FD 1F7F42D4 840B69C4 85BBC1AA

验证各步骤中的有关值。

密码杂凑算法值 $e' = H_v(\bar{M}')$：

F0B43E94 BA45ACCA ACE692ED 534382EB

17E6AB5A 19CE7B31 F4486FDF C0D28640

$t = (r' + s') \bmod n$：

A756E531 27F3F43B 851C47CF EEFD9E43

A2D133CA 258EF4EA 73FBF468 3ACDA13A

计算椭圆曲线点 $(x_0', y_0') = s'G$。

坐标 x_0'：

2B9CE14E 3C8D1FFC 46D693FA 0B54F2BD

C4825A50 6607655D E22894B5 C99D3746

坐标 y_0'：

277BFE04 D1E526B4 E1C32726 435761FB

CE0997C2 6390919C 4417B3A0 A8639A59

计算椭圆曲线点 $(x_{00}', y_{00}') = tP_A$。

坐标 x_{00}'：

FDAC1EFA A770E463 5885CA1B BFB360A5

84B238FB 2902ECF0 9DDC935F 60BF4F9B

坐标 y_{00}'：

B89AA926 3D5632F6 EE82222E 4D63198E

78E095C2 4042CBE7 15C23F71 1422D74C

计算椭圆曲线点 $(x_1', y_1') = s'G + tP_A$。

坐标 x_1'：

04EBFC71 8E8D1798 62043226 8E77FEB6

415E2EDE 0E073C0F 4F640ECD 2E149A73

坐标 y_1'：

E858F9D8 1E5430A5 7B36DAAB 8F950A3C

64E6EE6A 63094D99 283AFF76 7E124DF0

计算 $R = (e' + x_1') \bmod n$：

F5A03B06 48D2C463 0EEAC513 E1BB81A1

5944DA38 27D5B741 43AC7EAC EEE720B3

🔓习题

7.1　对于定义在 GF(7) 上的椭圆曲线 $E: y^2 = x^3 - 3x + 1$，确定 E 上点的个数。

7.2　$P = (2,9)$ 为定义在 GF(31) 上的椭圆曲线 $E: y^2 = x^3 + 2x + 7$ 中的一点，令 $k = 9$，请计算标量乘法 $Q = [k]P$ 的结果。

7.3　应用算法 7-14 确定整数 23 的 NAF 表示。

7.4　对于定义在 GF(31) 上的椭圆曲线 $E: y^2 = x^3 + 2x + 7$ 中的点 $P = (2,9)$，结合习题 7.3 计算出的整数 23 的 NAF 表示结果，令 $k = 23$，应用算法 7-15 计算标量乘法 $Q = [k]P$，并给出每轮循环结束后所得到的 Q 值，要求为仿射坐标系下的结果，即 (x, y) 的形式。

7.5　针对一个 ECDSA 签名实例，当一个恶意攻击者通过某些特殊手段截获了签名者发送出的一组签名 $\langle r, s \rangle$，并尝试恢复这次签名对应的随机数 k'，请思考攻击者如何判断 k' 是否与签名 8 $\langle r, s \rangle$ 对应的随机数 k 相等；如果 $k' = k$，攻击者如何更进一步计算出签名者的私钥 d。

7.6　椭圆曲线公钥加密算法包含如下参数生成、加密算法、解密算法三部分。

（1）消息接收者 B 首先选定一条曲线 $E: y^2 = x^3 + ax + b$，确定有限域 GF(p)，选取椭圆曲线上一点 G 作为基点并计算 G 的阶 n；然后随机选取域上的一个整数 d_B 作为私钥，生成公钥 $P_B = [d]G$；最后公开椭圆曲线相关参数和公钥 P_B。

（2）消息发送者 A 首先将待传输的明文编码为椭圆曲线 E 上一点 M；然后产生一个随机数 r，满足 $0 < r < n$，并计算 $C_1 = [r]G$ 和 $C_2 = M + [r]P_B$；最后将 $\langle C_1, C_2 \rangle$ 作为密文传送给 B。

（3）消息接收者 B 接收到密文 $\langle C_1, C_2 \rangle$ 后，计算 $M' = C_2 - [d_B]C_1$，然后对 M' 解码得到消息明文。

针对上述过程，请推导方案的正确性。

7.7　$P = (2,9)$ 是定义在 GF(31) 上的椭圆曲线 $E: y^2 = x^3 + 2x + 7$ 中的一点，令 $k = 5$，请在 Jacobian 坐标表示下应用算法 7-13、算法 7-19 和算法 7-20 计算标量乘法 $Q = [k]P$ 的结果，并给出每轮点加和倍点运算的计算结果，其中点 P 的初始 Jacobian 坐标设定为 (2,9,1)。

7.8　针对习题 7.6 中的椭圆曲线公钥加密算法，如果消息接收者 B 选定椭圆曲线 E 为定义在 GF(31) 上的椭圆曲线 $E: y^2 = x^3 + 2x + 7$，基点 $G = (28,6)$，阶 $n = 13$，私钥 $d_B = 7$，公钥 $P_B = [d]G = (5,7)$；消息发送者 A 传输的明文编码为 $M = (5,24)$，随机数 $r = 4$。试计算 A 传输的密文 $\langle C_1, C_2 \rangle$ 的大小，并使用解密算法验证明文编码是否正确。

7.9　$p = 2^{255} - 19$ 是一个伪梅森素数，试运用 7.4.1 节所学知识，给出十六进制数 0x1FFFF FFFFFFFF FFFFFFFF 00000000 00000000 00000000 00000001 00000000 00000001 mod p 的结果，并给出运算过程。

7.10　在 Jacobian 坐标系下，使用 Co-Z Jacobian 算法计算椭圆曲线 E 上具有相同 Z 坐标的两点 $P = (X_P, Y_P, Z), Q = (X_Q, Y_Q, Z), P \neq \pm Q$ 之和具有更高的效率，试自行推导 7.4.4 节 Co-Z Jacobian 点加运算的正确性。

第 8 章 双线性对/SM9 算法

8.1 标识密码

1984 年，Shamir 首先提出了标识密码体制（Identity-Based Cryptography，IBC）的概念，IBC 使用用户标识（姓名、邮箱地址、手机号码等）唯一确定用户公钥，并由密钥生成中心（Key Generation Center，KGC）利用主密钥和用户标识计算得到用户私钥。IBC 是在传统的公钥基础设施（Public Key Infrastructure, PKI）上发展而来的，除了保有 PKI 的技术优点，主要解决了在具体应用中 PKI 需要大量交换数字证书的问题，使安全应用更加易于部署和使用。

与基于证书的 PKI 体系相比，IBC 不存在复杂的证书管理（证书颁发、存储和撤销等）问题，用户不需要通过第三方（如 CA）来保证其公钥来源的真实性，极大地减少了计算和存储资源开销。IBC 系统运用公钥技术，其是以保障信息的安全、一致（抗否认）为宗旨而搭建的集认证、用户控制、加密于一体的综合系统。

SM9 是一种标识密码算法，是我国独立设计、有自主知识产权、有中国特色的商用密码标准，其理论基础包括有限域上椭圆曲线群和双线性对。不同于其他标识密码算法中用户公私钥是线性关系，SM9 中的私钥生成算法，采用了国家密码管理局研发的有自主知识产权的"指数逆"模式。

2006 年，国家密码管理局组织相关领域专家开展中国标识密码算法标准规范的制定工作；2007 年 12 月，国家密码管理局组织专家完成了标识密码算法标准草案制定工作；2008年该标准正式获得国家密码管理局颁发的商密算法型号 SM9；2008—2014 年对该标准算法进行完善和修改；2015 年完成该标准算法的审定工作；2016 年，国家密码管理局正式发布SM9 密码算法标准，标准号为 GM/T 0044—2016。

8.2 双线性对

双线性对（Billinear Pairing）是一种非退化的二元映射，其计算效率决定了整个密码算法的效率。其定义在椭圆曲线群上，主要有 Weil 对、Tate 对、Ate 对、R-Ate 对等多种类型。椭圆曲线对具有双线性的性质，它在椭圆曲线的循环子群与扩展域的乘法循环子群之间建立联系，构成了双线性 Diffie Hellman（DH）、双线性逆 DH、判定性双线性逆 DH、τ-双线性逆 DH 和 τ-GAP-双线性逆 DH 等难题，当椭圆曲线离散对数问题与扩展域离散对数问题的求解难度相当时，可用椭圆曲线对构造出兼顾安全性和实现效率的标识密码。

8.2.1　符号和定义

假设素数域 F_q 上的求线性对的高效曲线为 $E: y^2 = x^3 + b$，其阶数为 n，嵌入次数为 12。其中，q 和 n 由以下多项式给出。

$$q = 36x^4 + 36x^3 + 24x^2 + 6x + 1$$
$$n = 36x^4 + 36x^3 + 18x^2 + 6x + 1$$

对某个 x，使得 q 和 n 都为素数，并有 $b \in F_q^*$ 使得 $b+1$ 为 x 的二次剩余。

假设 $\Pi_q: E \to E$ 为 q 阶 Frobenius，$\mathbb{G}_1 = E[n] \cap \ker(\Pi_q - [1])$，$\mathbb{G}_2 = E[n] \cap \ker(\Pi_q - [q])$。已知 $\mathbb{G}_1$ 上的点在 F_q 上的坐标，$\mathbb{G}_2$ 上的点在 $F_{q^{12}}$ 上的坐标。E 上的 O-Ate 对可以定义为

$$a_{\mathrm{opt}}: \mathbb{G}_2 \times \mathbb{G}_1 \to \mu_n, \qquad (Q, P) \to f_{6x+2, Q}(P) \times h(P)$$

其中，$h(P) = l_{[6x+2]Q, qQ}(P) l_{[6x+2]Q+qQ, -q^2 Q}(P)$，$f_{6x+2, Q}(P)$ 为合适的 Miller 函数，$l_{Q_1, Q_2}(P)$ 是点 P 处 Q_1 和 Q_2 相加产生的线，且可通过 Miller 算法计算得到。

在本节中，小写变量表示单精度整数，大写变量表示双精度整数。符号×表示不带约减的乘法，⊗ 表示带约减的乘法。m、s、a、i、r 分别表示 F_q 上乘法、乘方、加法、求逆和模约减的次数；$\tilde{m}$、$\tilde{s}$、$\tilde{a}$、$\tilde{i}$、$\tilde{r}$ 分别表示 $\mathbb{F}_{q^2}$ 上乘法、乘方、加法、求逆和模约减的次数；m_u、s_u、$\tilde{m}_u$、$\tilde{s}_u$ 分别表示对应域内不带约减的乘法和乘方的次数；m_b、m_i、m_ξ、m_v 分别表示与 b、i、ξ、v 进行乘法的次数。

8.2.2　优化实现

1986 年，Miller 提出了一种基于椭圆曲线算法双线性对计算的有效算法；2001 年，Boneh 和 Franklin 使用双线性对来实现基于身份的加密。之后，尽管有新的算法可以计算双线性对，但它们的效率均不如 Miller 算法。因此，研究者们主要对 Miller 算法进行了优化，为减少 Miller 循环次数，提出了 Tate 对、Eta 对、Ate 对、R-Ate 对以及 O-Ate 对。2010 年，Beuchat 等人使用 Scott 的方法简化最终的模幂计算，并给出了软件实现。

Grewal 等人研究了 ARM 架构上 Barreto-Naehrig（BN）曲线的 O-Ate 对的高效计算方法，提出新的优化方案，以提升 tower 域和曲线算法的计算效率。Grewal 等人还将延迟约减的概念扩展到了扩展域的求逆运算，分析了 Miller 算法中使用的稀疏乘法的有效替代方案，并进一步降低了在仿射和齐次（投影）坐标中点/线计算的运算开销。此外，

还研究了 M 型 6 次扭曲求线性对计算的有效性，并对仿射坐标系和投影坐标系进行了详细的比较，在这里将详细说明。

1. Miller 算法

Miller 算法是计算双线性对的有效算法，如算法 8-1 所示。假设有限域 F_q 的 k 次扩域 F_{q^k} 上椭圆曲线 $E(F_{q^k})$ 的方程为 $y^2 = x^3 + ax + b$，定义过 $E(F_{q^k})$ 上点 U 和 V 的直线为 $g_{U,V} : E(F_{q^k}) \to F_{q^k}$，若过 U、V 两点的直线方程为 $\lambda x + \delta y + \tau = 0$，则令函数 $g_{U,V}(Q) = \lambda x_Q + \delta y_Q + \tau$，其中 $Q = (x_Q, y_Q)$。当 $U = V$ 时，$g_{U,V}$ 定义为过点 U 的切线；若 U 和 V 中有一个点为无穷远点 O，$g_{U,V}$ 即为过另一个点（非无穷远点 O）且垂直于 x 轴的直线。需要注意的是，一般将 $g_{U,-U}$ 简写为 g_U。

记 $U = (x_U, y_U)$，$V = (x_V, y_V)$，$Q = (x_Q, y_Q)$，$\lambda_1 = (3x_V^2 + a)/(2y_V)$，$\lambda_2 = (y_U - y_V)/(x_U - x_V)$，则有以下性质。

① $g_{U,V}(0) = g_{U,o}(0) = g_{o,V}(0) = 1$。

② $g_{V,V}(Q) = \lambda_1(x_Q - x_V) - y_Q + y_V$，$Q \neq O$。

③ $g_{U,V}(Q) = \lambda_2(x_Q - x_V) - y_Q + y_V$，$Q \neq O$，$U \neq \pm V$。

④ $g_{V,-V}(Q) = x_Q - x_V$，$Q \neq O$。

算法 8-1：Miller 算法

INPUT:

曲线 E，E 上两点 P 和 Q，整数 c

OUTPUT:

$f_{P,c}(Q)$

1. 设 c 的二进制表示为 $c_j \cdots c_1 c_0$，其最高位 c_j 为 1

2. 置 $f = 1$，$V = P$

3. FOR $i = j - 1$ DOWNTO 0：

计算 $f = f^2 \times g_{V,V}(Q)/g_{2V}(Q)$，$V = [2]V$

若 $c_i = 1$，令 $f = f \times g_{V,P}(Q)/g_{V+P}(Q)$，$V = V + P$

4. 输出 f

其中，$f_{P,c}(Q)$ 为 Miller 函数。

算法 8-2 中给出了一个 Miller 算法的修改版本，其中使用了窗口大小为 x 的非邻接表示（Non-Adjacent Form，NAF）。

算法 8-2：Miller 算法修改版本

INPUT:

点 P、$Q \in E[n]$，整数 $n = (n_{l-1}, n_{l-2}, \cdots, n_1, n_0)_2 \in \mathbb{N}$

$$f_{n,P}(Q)^{\frac{q^k-1}{n}}$$

1. $T \leftarrow P, f \leftarrow 1$

2. FOR $i = l - 2$ DOWNTO 0 DO

3. $f \leftarrow f^2 \times l_{T,T}(Q)$

4. $T \leftarrow 2T$

5. IF $1_i \neq 0$ THEN

6. $f \leftarrow f \times l_{T,P}(Q)$

7. $T \leftarrow T + P$

8. END IF

9. END FOR

10. $f \leftarrow f^{\frac{q^k-1}{n}}$

11. RETURN f

令 ξ 为 F_{q^2} 上的二次及三次非剩余。扭曲线 $E' : y^2 = x^3 + \dfrac{b}{\xi}$（D 型）和 $E'' : y^2 = x^3 + b\xi$（M 型）都是 E 在 F_{q^2} 上的 6 次扭曲。$\mathbb{G}_2$ 的扭曲同构 $\mathbb{G}_2'$ 完全处于 $E'(F_{q^2})$ 上，点 Q 可以只用二次扩展域中的一个元素表示，而不用 12 维扩展。此外，在 Miller 循环中进行曲线运算和 line 函数计算时，可以在 $\mathbb{G}_2'$ 上进行计算，然后将结果映射到 $\mathbb{G}_2$ 上，这大大加快了 Miller 循环中的操作。

2. 扩展域的表示

底层扩展域的有效实现对实现快速求线性对至关重要。IEEE P1363.3 标准建议使用 tower 来表示 F_{q^k}。对于模 8 余 3 的质数 q，采用以下 Benger 和 Scott 结构来构造 tower 域。

【性质 8-1】 对大约 2/3 的 BN 素数 $q \equiv 3 \bmod 8$，多项式 $y^6 - \alpha$ 和 $\alpha = 1 + \sqrt{-1}$ 在 $F_{q^2} = F_q(\sqrt{-1})$ 上是不可约的。

根据这个性质可以建立以下 tower 方案：

$$\begin{cases} F_{q^2} = F_q[i]/(i^2 - \beta) \\ F_{q^6} = F_{q^2}[v]/(v^3 - \xi) \\ F_{q^{12}} = F_{q^6}[w]/(w^2 - v) \end{cases}, \quad 其中 \beta = -1, \ \xi = 1 + i$$

根据这个方案，乘 i 的运算需要一次 F_q 上的取负，而乘 ξ 只需要一次 F_{q^2} 上的加法。对于模 8 余 7 的素数，使用以下结构。

【性质 8-2】 对大约 2/3 的 BN 素数 $q \equiv 7 \bmod 8$，多项式 $y^6 - \alpha$ 和 $\alpha = 1 + \sqrt{-2}$ 在 $F_{q^2} = F_q(\sqrt{-2})$ 上是不可约的。

根据这个性质可以建立以下 tower 方案：

$$\begin{cases} F_{q^2} = F_q[i]/(i^2 - \beta) \\ F_{q^6} = F_{q^2}[v]/(v^3 - \xi) \quad, \ \text{其中} \ \beta = -2, \ \xi = 1+i \\ F_{q^{12}} = F_{q^6}[w]/(w^2 - v) \end{cases}$$

在所有条件相同的情况下，对于给定的比特大小，从性质 8-1 推导出的 tower 方案速度更快些。然而，实际上理想的 BN 曲线是罕见的，有时需要使用素数 $q \equiv 7 \bmod 8$，以优化算法的其他方面，如 x 的汉明权重。特别是 BN-446 和 BN-638 都有 $q \equiv 7 \bmod 8$，在这种情况下，性质 8-1 并不适用，需要使用性质 8-2 导出的 tower 方案。与其他 tower 方案相比，上述方案求线性对的速度是最快的。

3. 有限域运算和延迟约减

Aranha 等人提出了一种适用于 tower 域上高效求线性对计算的延迟约减方案，以及基于投影坐标的曲线算法，并将其应用到仿射坐标上的求逆运算和曲线算法中。算法 8-3～算法 8-5 中分别给出了在 F_{q^2}、F_{q^6}、$F_{q^{12}}$ 上使用延迟约减求逆的方法。与不使用延迟约减的算法相比，使用延迟约减在 F_{q^2} 上求逆总共节省了 1 个 F_q 约减，在 $F_{q^{12}}$ 上求逆总共节省了 36 个 F_q 约减。

算法 8-3：在 F_{q^2} 上使用延迟约减求逆

INPUT:

$a = a_0 + a_1 i$；$a_0, a_1 \in F_q$；β 是 F_q 上的二次非剩余

OUTPUT:

$c = a^{-1} \in F_{q^2}$

1. $T_0 \leftarrow a_0 \times a_0$
2. $T_1 \leftarrow -\beta \times (a_1 \times a_1)$
3. $T_0 \leftarrow T_0 + T_1$
4. $t_0 \leftarrow T_0 \bmod p$
5. $t_0 \leftarrow t_0^{-1} \bmod p$
6. $c_0 \leftarrow a_0 \otimes t_0$
7. $c_1 \leftarrow -(a_1 \otimes t_0)$
8. RETURN $c = c_0 + c_1 i$

算法 8-4：在 F_{q^6} 上使用延迟约减求逆

INPUT:

$a = a_0 + a_1 v + a_2 v^2$；$a_0, a_1, a_2 \in F_{q^2}$

OUTPUT:

$c = a^{-1} \in F_{q^6}$

1. $T_0 \leftarrow a_0 \times a_0$
2. $t_0 \leftarrow \xi a_1$
3. $T_1 \leftarrow t_0 \times a_2$
4. $T_0 \leftarrow T_0 - T_1$
5. $t_1 \leftarrow T_0 \bmod p$
6. $T_0 \leftarrow a_2 \times a_2$
7. $T_0 \leftarrow \xi T_0$
8. $T_1 \leftarrow a_0 \times a_1$
9. $T_0 \leftarrow T_0 - T_1$
10. $t_2 \leftarrow T_0 \bmod p$
11. $T_0 \leftarrow a_1 \times a_1$
12. $T_1 \leftarrow a_0 \times a_2$
13. $T_0 \leftarrow T_0 - T_1$
14. $t_3 \leftarrow T_0 \bmod p$
15. $T_0 \leftarrow t_0 \times t_3$
16. $T_1 \leftarrow a_0 \times t_1$
17. $T_0 \leftarrow T_0 + T_1$
18. $t_0 \leftarrow \xi a_2$
19. $T_1 \leftarrow t_0 \times t_2$
20. $T_0 \leftarrow T_0 + T_1$
21. $t_0 \leftarrow T_0 \bmod p$
22. $t_0 \leftarrow t_0^{-1}$
23. $c_0 \leftarrow t_1 \otimes t_0$
24. $c_1 \leftarrow t_2 \otimes t_0$
25. $c_2 \leftarrow t_3 \otimes t_0$
26. RETURN $c = c_1 + c_2 v + c_3 v^2$

算法 8-5：在 $F_{q^{12}}$ 上使用延迟约减求逆

INPUT：

$a = a_0 + a_1 w; \quad a_0, a_1 \in F_{q^6}$

OUTPUT：

$c = a^{-1} \in F_{q^{12}}$

1. $T_0 \leftarrow a_0 \times a_0$
2. $T_1 \leftarrow v \times (a_1 \times a_1)$

3. $T_0 \leftarrow T_0 - T_1$

4. $t_0 \leftarrow T_0 \bmod p$

5. $t_0 \leftarrow t_0^{-1} \bmod p$

6. $c_0 \leftarrow a_0 \otimes t_0$

7. $c_1 \leftarrow -a_1 \otimes t_0$

8. RETURN $c = c_0 + c_1 w$

Miller 循环中 line 函数的计算结果是一个稀疏的 $F_{q^{12}}$ 元素，它只包含 F_{q^2} 上 6 个基本元素中的 3 个。因此，当将 line 函数输出与 $f_{i,Q}(P)$ 相乘时，可以利用稀疏性来避免执行整个 $F_{q^{12}}$ 算法（算法 8-6）。对于 BN-254 上 D 型扭曲，Miller 的稀疏乘法需要 13 个 $\tilde{m}$ 和 44 个 $\tilde{a}$。类似地，密集–稀疏乘法适用于 M 型扭曲时，需要与 v 进行一个额外的乘法。

算法 8-6：$F_{q^{12}}$ 中的 D 型稀疏–密集乘法

INPUT：

$a = a_0 + a_1 w + a_2 vw;\quad a_0, a_1, a_2 \in F_{q^2}$,

$b = b_0 + b_1 w;\quad b_0, b_1 \in F_{q^6}$

OUTPUT：

$ab \in F_{q^{12}}$

1. $A_0 \leftarrow a_0 \times b_0[0],\ \ A_1 \leftarrow a_0 \times b_0[1],\ \ A_2 \leftarrow a_0 \times b_0[2]$

2. $A \leftarrow A_0 + A_1 v + A_2 v^2$

3. $B \leftarrow \text{Fq6SparseMul}(a_1 w + a_2 vw, b_1)$

4. $c_0 \leftarrow a_0 + a_1,\ \ c_1 \leftarrow a_2,\ \ c_2 \leftarrow 0$

5. $c \leftarrow c_0 + c_1 v + c_2 v^2$

6. $d \leftarrow b_0 + b_1$

7. $E \leftarrow \text{Fq6SparseMul}(c, d)$

8. $F \leftarrow E - (A + B)$

9. $G \leftarrow Bv$

10. $H \leftarrow A + G$

11. $c_0 \leftarrow H \bmod p$

12. $c_1 \leftarrow F \bmod p$

13. RETURN $c = c_0 + c_1 w$

算法 8-6 中的 Fq6SparseMul 函数如算法 8-7 所示。

算法 8-7：算法 8-6 中的 Fq6SparseMul 函数

INPUT：

$a = a_0 + a_1 v;\quad a_0, a_1, \in F_{q^2}$,

$b = b_0 + b_1 v + b_2 v^2;\quad b_0, b_1, b_2 \in F_{q^2}$

OUTPUT:

$ab \in F_{q^6}$

1. $A \leftarrow a_0 \times b_0,\ \ B \leftarrow a_1 \times b_1$

2. $C \leftarrow a_1 \times b_2 \xi$

3. $D \leftarrow A + C$

4. $e \leftarrow a_0 + a_1,\ \ f \leftarrow b_0 + b_1$

5. $E \leftarrow e \times f$

6. $G \leftarrow E - (A + B)$

7. $H \leftarrow a_0 \times b_2$

8. $I \leftarrow H + B$

9. RETURN $D + Gv + Iv^2$

4. 从扭曲线到原曲线的映射

用 ξ 生成 6 次 BN 曲线 E，通过扭曲线上的点操作，将它们映射到原曲线。在 D 型扭曲的情况下，解扭曲同构由下式给出：

$$\Psi:\quad (x, y) \mapsto \left(\xi^{\frac{1}{3}} x, \xi^{\frac{1}{2}} y \right) = (w^2 x, w^3 y)$$

其中，w^2 和 w^3 都是基本元素。如果使用 M 型扭曲，解扭曲同构如下：

$$\Psi:\quad (x, y) \mapsto \left(\xi^{-\frac{2}{3}} x, \xi^{-\frac{1}{2}} y \right) = (\xi^{-1} w^4 x, \xi^{-1} w^3 y)$$

M 型的解扭曲同构比 D 型的复杂，但如果是在扭曲线上而不是原曲线上求线性对时，M 型不需要使用解扭曲映射。因此，当涉及 D 型扭曲时，在原始曲线 E 上求线性对；当涉及 M 型扭曲时，在扭曲线 E' 上求线性对。使用这种方法可以发现，两种扭曲类型在点/线评估的性能上是相同的。同时考虑两种扭曲类型的优势在于可以获得更多用于求线性对的有用曲线。

Grewal 等人使用最新的幂运算方案。在该方案中，首先将 $\dfrac{q^{12}-1}{n}$ 分解为 q^6-1、q^2+1 和 $\dfrac{q^4-q^2+1}{n}$，其中前两个因子很容易求，后一个因子可以在分圆子群中求解。因为 q 和 n 是 x 的多项式，所以 $\dfrac{q^4-q^2+1}{n}$ 也是 x 的多项式，表示为 $d(x)$。

$$\begin{aligned}2x(6x^2+3x+1)d(x) = & \lambda_3 q^3 + \lambda_2 q^2 + \lambda_1 q + \lambda_0 1 + 6x + 12x^2 + 12x^3 + \\ & (4x+6x^2+12x^3)p(x) + (6x+6x^2+12x^3)p(x)^2 + \\ & (-1+4x+6x^2+12x^3)p(x)^3\end{aligned}$$

其中，

$$\lambda_3(x) = -1 + 4x + 6x^2 + 12x^3$$
$$\lambda_2(x) = 6x + 6x^2 + 12x^3$$
$$\lambda_1(x) = 4x + 6x^2 + 12x^3$$
$$\lambda_0(x) = 1 + 6x + 12x^2 + 12x^3$$

计算上式，需执行以下指数运算。

$$f \mapsto f^x \mapsto f^{2x} \mapsto f^{4x} \mapsto f^{6x} \mapsto f^{6x^2} \mapsto f^{12x^2} \mapsto f^{12x^3}$$

计算成本是 3 个 x 次幂、3 个平方和 1 个乘法。然后，计算项 $a = f^{12x^3} f^{6x^2} f^{6x}$ 和 $b = a(f^{2x})^{-1}$，这需要 3 个乘法，最终的求双线对值通过以下方式获得。

$$a f^{6x^2} f b^p a^{p^2} (b f^{-1})^{p^3}$$

这需要 6 个乘法和 6 个 Frobenius 操作。总体来说，这种方法需要计算 3 个 x 次幂、3 个平方、10 个乘法运算和 6 个 Frobenius 操作。

Grewal 等人分别提出了在仿射坐标和齐次坐标上曲线算法的优化，并与雅可比等其他坐标系对比，发现齐次坐标拥有更快的运算速度。

5. 仿射坐标（Affine Coordinates）

给定仿射坐标中点 $T = (x, y)$ 和 $Q = (x_2, y_2) \in E'(F_q)$，假设 $T + Q = (x_3, y_3)$ 是点 T 和 Q 的和，当 $T = Q$ 时，得到

$$m = \frac{3x^2}{2y}$$
$$x_3 = m^2 - 2x$$
$$y_3 = (mx - y) - mx_3$$

对于 D 型扭曲，在 $P = (x_p, y_p)$ 处的割线或切线由下式给出：

$$l_{2\Psi(T)}(P) = y_p - m x_p w + (mx - y) w^3$$

为了计算上式，需要预先计算出 $\bar{x}_p = -x_p$（以节省运行时取负操作的成本），并使用以下计算序列，而且当 $T = Q$ 时还需要额外的 $1\tilde{i}$、$3\tilde{m}$、$2\tilde{s}$、$7\tilde{a}$ 和 $2m$。

$$A = \frac{1}{2y}; \quad B = 3x^2; \quad C = AB; \quad D = 2x; \quad x_3 = C^2 - D$$
$$E = Cx - y; \quad y_3 = E - C x_3; \quad F = C \bar{x}_p$$
$$l_{2\Psi(T)}(P) = y_p + Fw + E w^3$$

类似地，当 $T \neq Q$ 时，使用以下计算序列，只需要 $1\tilde{i}$、$3\tilde{m}$、$1\tilde{s}$、$6\tilde{a}$ 和 $2m$。

$$A = \frac{1}{y_2 - y}; \quad B = x_2 - x; \quad C = AB; \quad D = x + x_2; \quad x_3 = C^2 - D$$
$$E = Cx - y; \quad y_3 = E - C x_3; \quad F = C \bar{x}_p$$
$$l_{2\Psi(T)}(P) = y_p + Fw + E w^3$$

在 M 型扭曲中，$\Psi(p) = (x_p w^2, y_p w^3)$ 处的切线也可以用类似的方法计算：

$$l_{2\Psi(T)}(\Psi(p)) = y_p w^3 - mx_p w^2 + (mx - y)$$

6. 齐次坐标（Homogeneous Coordinates）

在 Miller 循环的第 1 次迭代中，点 Q 的 Z 坐标值等于 1。Grewal 等人利用这一事实，在第 1 次迭代中，使用特殊的倍点操作减少了 1 个乘法和 3 个平方操作。由 $(x_p/w^2, y_p/w^3)$ 定义的扭曲点 P，消除了 ξ 的乘法，能够更好地由以下的修正公式表示。假设齐次坐标中 $T = (X, Y, Z) \in E'(F_{q^2})$，则 $2T = (X_3, Y_3, Z_3)$。

$$X_3 = \frac{XY}{2}(Y^2 - 9b'Z^2)$$

$$Y_3 = \left[\frac{1}{2}(Y^2 + 9b'Z^2)\right]^2 - 27b'^2 Z^4$$

$$Z_3 = 2Y^3 Z$$

在 D 型扭曲的情况下，在 $P = (x_p, y_p)$ 处定义的函数如下。

$$l_{2\Psi(T)}(P) = -2YZy_p + 3X^2 x_p w + (3b'Z^2 - Y^2)w^3$$

使用以下序列来计算这个值：

$$A = \frac{XY}{2}; \quad B = Y^2; \quad C = Z^2; \quad E = 3b'C; \quad F = 3E; \quad X_3 = A(B - F)$$

$$G = \frac{B+f}{2}; \quad Y_3 = G^2 - 3E^2; \quad H = (Y+Z)^2 - (B+C); \quad Z_3 = BH$$

$$l_{2\Psi(T)}(P) = H\overline{y}_p + 3X^2 x_p w + (E - B)w^3$$

虽然在 PC 上 $\tilde{m} - \tilde{s} \approx 3\tilde{a}$，所以直接计算 XY 要比计算 $(X+Y)^2$、X^2、Y^2 快，但是在 ARM 处理器上 $\tilde{m} - \tilde{s} \approx 6\tilde{a}$，并且假设除以 2 和乘以 b' 的成本等于加法的成本，倍点运算和 line 函数评估的总成本为 $2\tilde{m}$、$7\tilde{s}$、$22\tilde{a}$ 和 $4m$。因此，后一种计算在 ARM 处理器上更快。类似地，可以使用以下的计算序列计算倍点运算和 line 函数评估。注意，预计算 $\overline{x}_p$ 和 $\overline{y}_p$ 是为了节约计算 $-x_p$ 和 $-y_p$ 的成本。

$$A = Y_2 Z; \quad B = X_2 Z; \quad \theta = Y - A; \quad \lambda = X - B; \quad C = \theta^2$$

$$D = \lambda^2; \quad E = \lambda^3; \quad F = ZC; \quad G = XD; \quad H = E + F - 2G$$

$$X_3 = \lambda H; \quad I = YE; \quad Y_3 = \theta(G - H) - I; \quad Z_3 = ZE; \quad J = \theta X_2 - \lambda Y_2$$

$$l_{\Psi(T+Q)}(P) = \lambda \overline{y}_p + \theta \overline{x}_p w + Jw^3$$

在 M 型扭曲的情况下，可以使用与上述相同的序列来计算相应的切线，Grewal 等人还使用了延迟约减的技术来优化上述公式（见表 8-1）。

表 8-1 在 254/446/638 比特的素数域上的操作数目

$E'(F_{p^2})$ 运算	254 比特	446 /638 比特
Doubl./Eval.(Proj.)	$2\tilde{m}_u + 7\tilde{s}_u + 8\tilde{r} + 25\tilde{a} + 4m$	$2\tilde{m}_u + 7\tilde{s}_u + 8\tilde{r} + 34\tilde{a} + a + 4m$
Doubl./Eval.(Affi.)	$\tilde{i} + 3\tilde{m}_u + 2\tilde{s}_u + 5\tilde{r} + 7\tilde{a} + 2m$	$\tilde{i} + 3\tilde{m}_u + 2\tilde{s}_u + 5\tilde{r} + 7\tilde{a} + 2m$

续表

$E'(F_{p^2})$ 运算	254 比特	446 /638 比特
Add./Eval.(Proj.)	$11\tilde{m}_u + 2\tilde{s}_u + 11\tilde{r} + 10\tilde{a} + 4m$	$11\tilde{m}_u + 2\tilde{s}_u + 11\tilde{r} + 10\tilde{a} + 4m$
Add./Eval.(Affi.)	$\tilde{i} + 3\tilde{m}_u + \tilde{s}_u + 4\tilde{r} + 6\tilde{a} + 2m$	$\tilde{i} + 2\tilde{m}_u + \tilde{s}_u + 3\tilde{r} + 6\tilde{a} + 2m$
First Doubl./Eval.	$3\tilde{m}_u + 4\tilde{s}_u + 7\tilde{r} + 14\tilde{a} + 4m$	$3\tilde{m}_u + 4\tilde{s}_u + 7\tilde{r} + 23\tilde{a} + a + 4m$
p-power Frob.	$2\tilde{m} + 2a$	$8\tilde{m} + 2a$
p^2-power Frob.	$4m$	$16\tilde{m} + 4a$
F_{p^2} 运算	254 比特	446 /638 比特
Add/Subtr./Nega.	$\tilde{a} = 2a$	$\tilde{a} = 2a$
Mult.	$\tilde{m} = \tilde{m}_u + \tilde{r} = 3m_u + 2r + 8a$	$\tilde{m} = \tilde{m}_u + \tilde{r} = 3m_u + 2r + 10a$
Squaring	$\tilde{s} = \tilde{s}_u + \tilde{r} = 2m_u + 2r + 3a$	$\tilde{s} = \tilde{s}_u + \tilde{r} = 2m_u + 2r + 5a$
Mult. by β	$m_\beta = a$	$m_\beta = 2a$
Mult. by ξ	$m_\xi = 2a$	$m_\xi = 3a$
Inversion	$\tilde{i} = i + 2m_u + 2s_u + 3r + 3a$	$\tilde{i} = i + 2m_u + 2s_u + 3r + 5a$
$F_{p^{12}}$ 运算	254 比特	446 /638 比特
Mult.	$18\tilde{m}_u + 110\tilde{a} + 6\tilde{r}$	$18\tilde{m}_u + 117\tilde{a} + 6\tilde{r}$
Sparse Mult.	$13\tilde{m}_u + 6\tilde{r} + 48\tilde{a}$	$13\tilde{m}_u + 6\tilde{r} + 54\tilde{a}$
Sparser Mult.	$6\tilde{m}_u + 6\tilde{r} + 13\tilde{a}$	$6\tilde{m}_u + 6\tilde{r} + 14\tilde{a}$
Affi. Sparse Mult.	$10\tilde{m}_u + 6\tilde{r} + 47\tilde{a} + 6m_u + a$	$10\tilde{m}_u + 53\tilde{a} + 6\tilde{r} + 6m_u + a$
Squaring	$12\tilde{m}_u + 6\tilde{r} + 73\tilde{a}$	$12\tilde{m}_u + 6\tilde{r} + 78\tilde{a}$
Cyclotomic Sqr.	$9\tilde{s}_u + 46\tilde{a} + 6\tilde{r}$	$9\tilde{s}_u + 49\tilde{a} + a + 6\tilde{r}$
Simult. Decomp.	$9\tilde{m} + 6\tilde{s} + 22\tilde{a} + \tilde{i}$	$9\tilde{m} + 6\tilde{s} + 24\tilde{a} + \tilde{i}(BN-446)$ $16\tilde{m} + 9\tilde{s} + 35\tilde{a} + \tilde{i}(BN-638)$
p-power Frob.	$5\tilde{m} + 6a$	$5\tilde{m} + 6a$
p^2-power Frob.	$10m + 2\tilde{a}$	$10m + 2\tilde{a}$
Expon. by x	$45\tilde{m}_u + 378\tilde{s}_u + 275\tilde{r} + 2164\tilde{a} + \tilde{i}$	$45\tilde{m}_u + 666\tilde{s}_u + 467\tilde{r} + 3943\tilde{a} + \tilde{i}(BN-446)$ $70\tilde{m}_u + 948\tilde{s}_u + 675\tilde{r} + 5606\tilde{a} + 158a + \tilde{i}(BN-638)$
Inversion	$25\tilde{m}_u + 9\tilde{s}_u + 16\tilde{r} + 121\tilde{a} + \tilde{i}$	$25\tilde{m}_u + 9\tilde{s}_u + 18\tilde{r} + 138\tilde{a} + \tilde{i}$
Compressed Sqr.	$6\tilde{s}_u + 31\tilde{a} + 4\tilde{r}$	$6\tilde{s}_u + 33\tilde{a} + a + 4\tilde{r}$

Grewal 等人还提供了 BN-254、BN-446 和 BN-638 曲线算法的详细操作数目，表 8-1 是所有模块的操作数目。

对于 BN-254，使用上述技术，投影坐标中求线性对的 Miller 循环在 F_q 中执行一个求反，在求 line 函数中执行一个倍乘，63 个的倍点，6 个的点加法，在 $E'(F_{p^2})$ 中执行一个 p 幂次的 Frobenius，一个 p^2 幂次的 Frobenius，在 F_{p^2} 中执行 66 个稀疏乘法，63 个平方，在 $E'(F_{p^2})$ 中执行 1 个求反，在 $F_{p^{12}}$ 中执行 2 个稀疏乘法，以及 1 个乘法。从表 8-1 中可以看出，齐次（投影）坐标中 Miller 循环所需的操作数目为

$$ML256P = a + 3\tilde{m}_u + 7\tilde{r} + 14\tilde{a} + 4m + 63(2\tilde{m}_u + 7\tilde{s}u + 8\tilde{r} + 25\tilde{a} + 4m) +$$
$$6(11\tilde{m}_u + 2\tilde{s}_u + 11\tilde{r} + 10\tilde{a} + 4m) + 2\tilde{m} + 2a + 4m +$$
$$66(\tilde{m}_u + 6\tilde{r} + 48\tilde{a}) + 63(12\tilde{m}_u + 6\tilde{r} + 73\tilde{a}) + \tilde{a} +$$
$$2(6\tilde{m}_u + 6\tilde{r} + 13\tilde{a}) + 18\tilde{m}_u + 110\tilde{a} + 6\tilde{r}$$
$$= 1841\tilde{m}_u + 457\tilde{s}_u + 1371\tilde{r} + 9516\tilde{a} + 284m + 3a$$

类似地，计算出 BN-446 和 BN-638 在投影坐标和仿射坐标下 Miller 循环所需的操作数目，开销结果如表 8-2 所示。

表 8-2 O-Ate 对在不同坐标下的开销

曲 线	坐 标	开 销
BN-254	Proj. Miller loop	$1841\tilde{m}_u + 457\tilde{s}_u + 1371\tilde{r} + 9516\tilde{a} + 284m + 3a$
	Affi. Miller loop	$70\tilde{i} + 1658\tilde{m}_u + 134\tilde{s}_u + 942\tilde{r} + 8292\tilde{a} + 540m + 132a$
	Final exp.	$386\tilde{m}_u + 1164\tilde{s}_u + 943\tilde{r} + 4\tilde{i} + 7989\tilde{a} + 30m + 15a$
BN-446	Proj. Miller loop	$3151\tilde{m}_u + 793\tilde{s}_u + 2345\tilde{r} + 18595\tilde{a} + 472m + 117a$
	Affi. Miller loop	$118\tilde{i} + 2872\tilde{m}_u + 230\tilde{s}_u + 1610\tilde{r} + 15612\tilde{a} + 920m + 230a$
	Final exp.	$386\tilde{m}_u + 2034\tilde{s}_u + 1519\tilde{r} + 4\tilde{i} + 13374\tilde{a} + 30m + 345a$
BN-638	Proj. Miller loop	$4548\tilde{m}_u + 1140\tilde{s}_u + 3557\tilde{r} + 27198\tilde{a} + 676m + 166a$
	Affi. Miller loop	$169\tilde{i} + 4143\tilde{m}_u + 330\tilde{s}_u + 2324\tilde{r} + 22574\tilde{a} + 1340m + 333a$
	Final exp.	$436\tilde{m}_u + 2880\tilde{s}_u + 2143\tilde{r} + 4\tilde{i} + 18528\tilde{a} + 30m + 489a$

为了评估该方案在计算 O-Ate 对时的性能，Grewal 等人提供了各种 ARM 处理器上的实现，包括 Marvell Kirkwood 6281 的 ARMv5 处理器、iPad 2 (Apple A5)的 ARMv7 Cortex-A9 MPCore 处理器和 Samsung Galaxy Nexus 的 ARM Cortex-A9 处理器。所有的软件都使用 C 语言编写，在上述所有的 ARM 平台、x86 和 x86-64 的 Linux 与 Windows PC 平台上，可以使用相同的源代码，无须修改。并且对于每个平台，都使用了设备附带的标准操作系统和开发环境。实验结果表明，Grewal 等人的实现比之前 Acar 等人的实现快 3 倍多，在 BN-254、BN-446 和 BN-638 上分别快了 3.7 倍、3.7 倍和 5.4 倍。

为了研究人工优化机器代码带来的性能提升，Grewal 等人用 ARM 汇编指令实现了 BN-254 曲线的两种最常用的算术运算（加法和乘法）。使用这一特定曲线和特定平台的性质，仅针对 BN-254 曲线在 Linux 平台进行实现。

汇编语言的主要优点是它为低级算术运算提供了更精细的控制方式。虽然使用 C 编译器非常便捷，但由于在 C 语言中，无法表示指令的优先级，因此编译出的代码较为低效。所以，可以使用人工优化的汇编代码将较大的计算分解成适合矢量化的小块。Grewal 等人采用以下技术来优化汇编中的实现。

1）循环展开

因为操作数的最大位数是已知的，所以展开所有循环是有意义的，可以便于避免条件分支（这基本上消除了流水线中的分支预测未命中）、对指令重新排序以及在期望的点插入进位传递代码。

2）指令重新排序

通过仔细地重新排序不相关的指令（就数据和处理单元而言），可以最大限度地减少流水线停顿的次数，从而更快地执行代码。代码中最常用的两个多周期指令是乘法和内存读取。每个 32 比特乘法需要 3～6 个周期，每个存储器读取需要两个周期。通过使用循环展开，可以在流水线执行当前乘法时加载下一次乘法所需的数据。

3）寄存器分配

充分利用所有可用的寄存器，以满足为获取操作数或存储部分结果而访问存储器的需要，提高整体性能。

4）多存储器

ARM 处理器能够通过一条指令从存储器加载多个字或向存储器存储多个字。通过一次性存储最终结果，而不是在每次新结果准备好时将其写回内存，我们可以最大限度地减少内存访问指令的数量。值得一提的是，虽然可以一次写入 8 个字，但由于在多次存储指令之后重新排序的可用非相关指令是有限的，因此每次只有 4 个字被写入存储器。

Grewal 等人给出了不同安全级别下 BN 曲线的最优求线性对的高速实现，扩展了延迟约减的概念，D 型和 M 型扭曲实现了点/线评估计算的同等性能，最后在不同的 ARM 平台上测量了 BN 曲线的 O-Ate 对，并与其他文献的结果进行了对比，得出在 128 比特安全级别上，齐次（投影）坐标比仿射坐标实现速度快的结论。

可以发现，在不改变 SM9 算法其他运算的情况下，Grewal 等人在双线性对的优化方面取得了一定的突破，提高了 SM9 算法的效率。同时，对双线性对的处理不会改变映射关系（双线性对值）。

🔓 8.3 SM9 算法

SM9 算法涉及有限域、椭圆曲线、双线性对及安全曲线等基本知识，其中与双线性对运算直接相关的有 Miller 算法和 Barreto-Naehrig（BN）曲线上 R-Ate 对的计算方法。其官方文档包括总则、数字签名算法、密钥交换协议、密钥封装机制和公钥加密算法、参数定义五部分。本节重点介绍数字签名算法和公钥加密算法。

SM9 中系统参数包括以下几个。

① 曲线的识别符 cid，用一字节表示：0x10 表示 F_q（素数 $q > 3$）上常曲线，0x11 表示 F_q 上超奇异曲线，0x12 表示 F_q 上常曲线及其扭曲线。

② 椭圆曲线基域 F_q 的参数：基域参数为大于 3 的素数 q。

③ 包含 q 个元素的有限域 F_q 中两个元素 a 和 b，用它们定义椭圆曲线 E 的方程为 $y^2 = x^3 + ax + b$；扭曲线参数 β（若 cid 的低 4 位为 2）。

④ 余因子 cf 和素数 N，其中

$$\mathrm{cf} \times N = E(F_q)$$

规定 $N > 2^{191}$ 且 N 不整除 cf，如果 N 小于 2^{360}，建议 $N-1$ 含有大于 2^{190} 的素因子，$N+1$ 含有大于 2^{120} 的素因子。

⑤ 曲线 $E(F_q)$ 相对于 N 的嵌入次数 k（N 阶循环群 $(\mathbb{G}_T, \cdot) \subset F_{q^k}^*$），规定 $q^k > 2^{1536}$。

⑥ N 阶循环群 $(\mathbb{G}_1, +)$ 的生成元 $P_1 = (x_{P_1}, y_{P_1})$，$P_1 \neq O$。

⑦ N 阶循环群 $(\mathbb{G}_2, +)$ 的生成元 $P_2 = (x_{P_2}, y_{P_2})$，$P_2 \neq O$。

⑧ 双线性对 $e: \mathbb{G}_1 \times \mathbb{G}_2 \to \mathbb{G}_T$，用一字节的识别符 eid 表示：0x01 表示 Tate 对，0x02 表示 Weil 对，0x03 表示 Ate 对，0x04 表示 R-Ate 对。

（选项）参数 d_1, d_2，其中 d_1, d_2 整除 k。

（选项）$\mathbb{G}_2$ 到 $\mathbb{G}_1$ 的同态映射 ψ，使得 $P_1 = \psi(P_2)$。

（选项）BN 曲线的基域特征 q，曲线阶 r，Frobenius 映射的迹 tr 可通过参数 t 来确定，t 至少达到 63 比特。

8.3.1　SM9 数字签名算法

数字签名技术可以保证网络传输数据的完整性和不可否认性，其作为确保信息安全的有效手段之一，在信息化和数字化建设中发挥着越来越重要的作用。SM9 数字签名算法包括签名生成算法和签名验证算法。

假设待签名的明文消息为比特串 M，为了获取消息 M 的数字签名 (h, S)，作为签名者的用户 A 应实现以下运算步骤。

（1）计算群 $\mathbb{G}_T$ 中的元素 $g = e(P_1, P_{pub-s})$，其中，P_{pub-s} 是签名公钥。

（2）产生随机数 $r \in [1, N-1]$。

（3）计算群 $\mathbb{G}_T$ 中的元素 $w = g^r$，再将 w 的数据类型转化为比特串。

（4）计算整数 $h = H_2(M\|w, N)$。

（5）计算整数 $l = (r-h) \bmod N$，若 $l = 0$，则返回第（2）步；否则继续执行后续流程。

（6）计算群 $\mathbb{G}_1$ 中的元素 $S = [l]d_{s_A}$。

（7）生成明文消息 M 的数字签名是 (h, S)。

SM9 数字签名生成算法流程如图 8-1 所示。

为了检验收到的明文消息 M' 及其数字签名 (h', S')，作为验证者的用户 B 应实现以下运算步骤。

（1）检查 h' 是否满足条件 $h' \in [1, N-1]$。如果不满足，就直接结束验证，即验证不通过；否则继续执行后续流程。

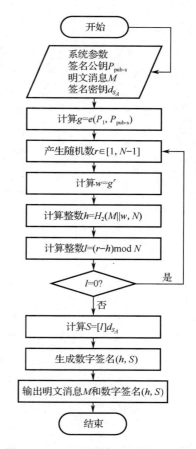

图 8-1　SM9 数字签名生成算法流程

（2）将 S' 的数据类型转换为椭圆曲线上的点，检验 $S' \in \mathbb{G}_1$ 是否成立，若不成立，则验证不通过；否则继续执行后续流程。

（3）计算群 $\mathbb{G}_T$ 中的元素 $g = e(P_1, P_{pub-s})$。

（4）计算群 $\mathbb{G}_T$ 中的元素 $t = g^{h'}$。

（5）计算整数 $h_1 = H_1(\text{ID}_A \| \text{hid}, N)$，其中，$H_1$ 是由密码杂凑函数派生的密码函数。

（6）计算群 $\mathbb{G}_2$ 中的元素 $P = [h_1]P_2 + P_{pub-s}$。

（7）计算群 $\mathbb{G}_T$ 中的元素 $u = e(S', P)$。

（8）计算群 $\mathbb{G}_T$ 中的元素 $w' = u \times t$，然后将 w' 的数据类型转换为比特串。

（9）计算整数 $h_2 = H_2(M' \| w', N)$，检验 $h_2 = h'$ 是否成立，若成立，则验证通过；否则验证不通过。

SM9 数字签名验证算法流程如图 8-2 所示。

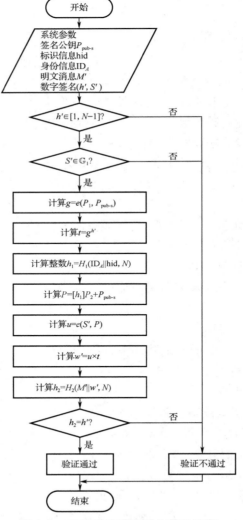

图 8-2　SM9 数字签名验证算法流程

8.3.2 SM9 公钥加密算法

SM9 公钥加密算法中涉及多种辅助函数，最主要的 3 种是密码杂凑函数、密钥派生函数与随机数发生器。

（1）密码杂凑函数 $H_v()$ 的输出是长度为 v 比特的哈希值。

（2）密钥派生函数的作用是从一个共享的秘密比特串中派生出密钥数据。在密钥协商过程中，密钥派生函数作用在密钥交换所获共享的秘密比特串上，从中产生所需的会话密钥或进一步加密所需的密钥数据。密钥派生函数需要调用密码杂凑函数，如算法 8-8 所示。

算法 8-8：密钥派生函数 KDF(Z, klen)

INPUT：

比特串 Z （双方共享的数据）、整数 klen （要获得的密钥数据的比特长度，要求该值小于 $(2^{32}-1)v$ ）

OUTPUT：

长度为 klen 的密钥数据比特串 K

1. 初始化一个 32 比特构成的计数器 ct ← 0x00000001
2. FOR $i = 1$ TO klen/v DO
3. $Ha_i \leftarrow H_v(Z\|\mathrm{ct})$
4. ct + +
5. END FOR
6. IF klen/v 是整数 THEN
7. $Ha!_{\lceil \mathrm{klen}/v \rceil} \leftarrow Ha_{\lceil \mathrm{klen}/v \rceil}$
8. ELSE
9. $Ha!_{\lceil \mathrm{klen}/v \rceil} \leftarrow Ha_{\lceil \mathrm{klen}/v \rceil}$ 最左边的 $(\mathrm{klen} - (v \times \lfloor \mathrm{klen}/v \rfloor))$ 比特
10. $K \leftarrow Ha_1\|Ha_2\|\cdots Ha_{\lceil \mathrm{klen}/v-1 \rceil}\|Ha!_{\lceil \mathrm{klen}/v \rceil}$

（3）SM9 使用国家密码管理局批准的随机数发生器。

SM9 公钥加密算法的安全性可以在 Boneh 和 Franklin 于 2001 年提出的 IBC 算法安全性定义模型下进行考量。基于这种安全性定义，在随机预言模型下可以证明，如果存在一个使用模型赋予的各种询问能力的攻击者攻破了 SM9 公钥加密算法，那么存在一个多项式算法可以求解 τ -Gap-BDHI 难题。

SM9 公钥加/解密系统原理如图 8-3 所示。用户 A 需要向用户 B 发送加密信息，首先用户 A 将用户 B 的标识经过计算后作为公钥，对信息进行加密。然后将密文信息通过公开信

道发送给用户 B，用户 B 收到密文信息后，利用解密私钥对其进行解密。其中，用户 B 的私钥由 KGC 进行派发，系统初始化时，由 KGC 认证用户 B 的身份，再使用其标识和系统参数计算出解密私钥，并通过安全信道发送给用户 B 进行保存。

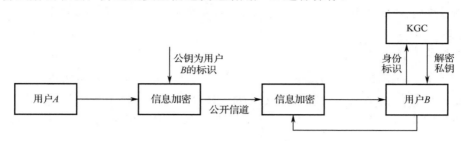

图 8-3　SM9 公钥加/解密系统原理

1. 加密算法

假设需要发送的消息为比特串 M，mlen 为 M 的比特长度，K_1len 为分组密码算法中密钥 K_1 的比特长度，K_2len 为消息认证码函数 $\mathrm{MAC}(K_2, Z)$ 中密钥 K_2 的比特长度。

为了加密明文 M 给用户 B，用户 A 的运算步骤如下。

（1）初始轮密钥加：将状态矩阵与初始密钥矩阵进行按位异或。

（2）计算群 $\mathbb{G}_1$ 中的元素 $Q_B = [H_1(\mathrm{ID}_B \| \mathrm{hid}, N)]P_1 + P_{\mathrm{pub}}$。

（3）产生随机数 $r \in [1, N-1]$。

（4）计算群 $\mathbb{G}_1$ 中的元素 $C_1 = [r]Q_B$，将 C_1 的数据类型转换为比特串。

（5）计算群 $\mathbb{G}_T$ 中的元素 $g = e(P_{\mathrm{pub}}, P_2)$。

（6）计算群 $\mathbb{G}_T$ 中的元素 $\omega = g^r$，将 ω 的数据类型转换为比特串。

（7）按加密明文的方法分类进行计算。

① 若加密明文的方法是基于密钥派生函数的序列密码算法，则：

a. 计算整数 klen = mlen + K_2len，然后计算 $K = \mathrm{KDF}(C_1 \| \omega \| \mathrm{ID}_B, \mathrm{klen})$，令 K_1 为 K 最左边的 mlen 比特，K_2 为剩下的 K_2len 比特，若 K_1 为全 0 比特串，则返回第（2）步；否则执行后续流程。

b. 计算 $C_2 = M \oplus K_1$。

② 若加密明文的方法是结合密钥派生函数的分组密码算法，则：

a. 计算整数 klen = K_1len + K_2len，然后计算 $K = \mathrm{KDF}(C_1 \| \omega \| \mathrm{ID}_B, \mathrm{klen})$，令 K_1 为 K 最左边的 K_1len 比特，K_2 为剩下的 K_2len 比特，若 K_1 为全 0 比特串，则返回第（2）步；否则执行后续流程。

b. 计算 $C_2 = \mathrm{Enc}(K_1, M)$。

（8）计算 $C_3 = \mathrm{MAC}(K_2, C_2)$。

（9）输出密文 $C = C_1 \| C_3 \| C_2$。

SM9 加密算法流程如图 8-4 所示。

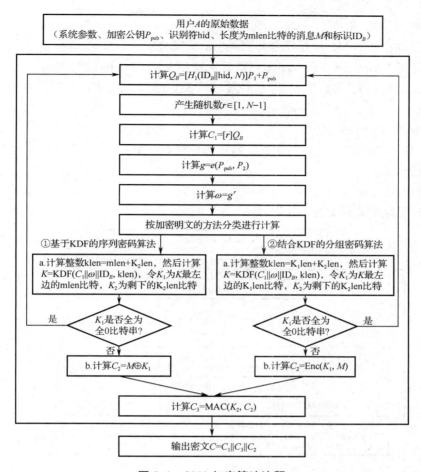

用户A的原始数据
（系统参数、加密公钥P_{pub}、识别符hid、长度为mlen比特的消息M和标识ID_B）

计算$Q_B=[H_1(ID_B\|hid, N)]P_1+P_{pub}$

产生随机数$r\in[1, N-1]$

计算$C_1=[r]Q_B$

计算$g=e(P_{pub}, P_2)$

计算$\omega=g^r$

按加密明文的方法分类进行计算

①基于KDF的序列密码算法

a.计算整数klen=mlen+K_2len，然后计算 $K=\text{KDF}(C_1\|\omega\|ID_B, \text{klen})$，令$K_1$为$K$最左边的mlen比特，$K_2$为剩下的$K_2$len比特

②结合KDF的分组密码算法

a.计算整数klen=K_1len+K_2len，然后计算 $K=\text{KDF}(C_1\|\omega\|ID_B, \text{klen})$，令$K_1$为$K$最左边的$K_1$len比特，$K_2$为剩下的$K_2$len比特

是　K_1是否全为全0比特串?　否

是　K_1是否全为全0比特串?　否

b.计算$C_2=M\oplus K_1$

b.计算$C_2=\text{Enc}(K_1, M)$

计算$C_3=\text{MAC}(K_2, C_2)$

输出密文$C=C_1\|C_3\|C_2$

图 8-4　SM9 加密算法流程

2．解密算法

假设 mlen 为密文 $C = C_1\|C_3\|C_2$ 中 C_2 的比特长度，K_1len 为分组密码算法中密钥 K_1 的比特长度，K_2len 为函数 $\text{MAC}(K_2, Z)$ 中密钥 K_2 的比特长度。

为了对 C 进行解密，作为解密者的用户 B 应实现以下运算步骤。

（1）从 C 中取出比特串 C_1，将 C_1 的数据类型转换为椭圆曲线上的点，验证 $C_1 \in G_1$ 是否成立，若不成立，则报错并退出；否则执行后续流程。

（2）计算群 $\mathbb{G}_T$ 中的元素 $\omega' = e(C_1, \text{de}_B)$（$\text{de}_B$ 是用户 B 的私钥），将 ω' 的数据类型转换为比特串。

（3）按加密明文的方法分类进行计算。

① 若加密明文的方法是基于密钥派生函数的序列密码算法，则：

a．计算整数 klen = mlen + K_2len，然后计算 $K' = \text{KDF}(C_1\|\omega'\|ID_B, \text{klen})$，令 K_1' 为 K' 最左边的 mlen 比特，K_2' 为剩下的 K_2len 比特，若 K_1' 为全 0 比特串，则报错并退出；否则执行后续流程。

b. 计算 $M' = C_2 \oplus K_1'$。

② 如果加密明文的方法是结合密钥派生函数的分组密码算法，则：

a. 计算整数 klen = K_1len + K_2len，然后计算 $K' = \text{KDF}(C_1 \| \omega' \| \text{ID}_B, \text{klen})$，令 K_1' 为 K' 最左边的 K_1len 比特，K_2' 为剩下的 K_2len 比特，若 K_1' 为全 0 比特串，则报错并退出；否则执行后续流程。

b. 计算 $M' = \text{Dec}(K_1', C_2)$。

（4）计算 $u = \text{MAC}(K_2', C_2)$，从 C 中取出比特串 C_3，若 $u \neq C_3$，则报错并退出；否则执行后续流程。

（5）输出明文 M'。

SM9 解密算法流程如图 8-5 所示。

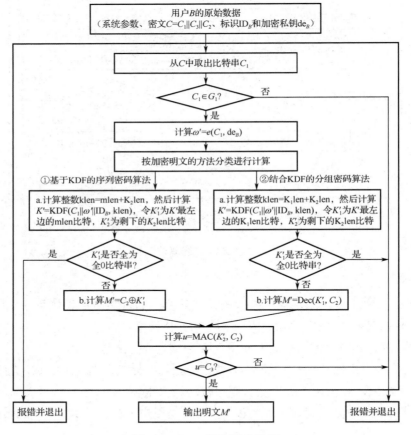

图 8-5　SM9 解密算法流程

8.3.3　SM9 数字签名算法的实现

下面主要介绍 SM9 数字签名算法的功能模块设计，重点介绍消息签名和签名验证的过程。

1．功能模块设计

本节 SM9 数字签名算法主要实现了系统参数设置、公私钥对生成、消息签名、签名验证 4 个功能模块，如图 8-6 所示。

图 8-6　功能模块设计框图

（1）系统参数设置：由于 SM9 数字签名算法的安全性要求，因此必须选择符合椭圆曲线初始化要求的参数。

（2）公私钥对生成：在消息签名之前生成系统主密钥和签名私钥，签名者使用私钥进行签名，公钥用于验证签名。

（3）消息签名：对签名者的消息进行数字签名。

（4）签名验证：根据验证算法流程对签名数据进行检验，验证消息的完整性和真实性。

2．消息签名

在生成签名的私钥和公钥之后，数字签名采取以下步骤计算。

计算所选乘法循环群 $\mathbb{G}_T$ 元素 g，满足条件 $g = e(P_1, P_{pub-s})$。

```
if (!ecap(Ppubs, P1, para_t, X, &g))
    return SM9_MY_ECAP_12A_ERR;
```

生成随机数 r，计算 $\mathbb{G}_T$ 中的元素 w 满足条件 $w = g^r$，并将其输出为比特串。

```
w = zzn12_pow(g, r);
zzn12_ElementPrint(w);
```

调用辅助函数 H_2 计算 $h = H_2(M\|w, N)$。

计算整数 $l = (r - h) \bmod N$，如果 l 为 0，那么就重新计算。

```
subtract(r, h, l);
divide(l, N, tmp);
while (mr_compare(l, zero) < 0)
    add(l, N, l);
if (mr_compare(l, zero) == 0)
    return SM9_L_error;
```

计算 $\mathbb{G}_T$ 中的元素 $S = [l]d_{s_A}$。

```
ecurve_mult(l, dSA, s);
epoint_get(s, xS, yS);
```

此时，数字签名过程完成，结果 (h, S) 为明文 M 的数字签名，等待验证。

3．签名验证

为了验证用户 A 发送的消息 M' 和数字签名 (h', S')，B 必须完成数字签名的验证，具体过程如下。

首先测试签名 (h', S')，验证 $h' \in [1, N-1]$。

```
int Test_Range(big x) {big one, decr_n;
one = mirvar(0);
decr_n = mirvar(0);
convert(1, one);
decr(N, 1, decr_n);
if ((mr_compare(x, one) < 0) | (mr_compare(x, decr_n) > 0))
    return 1; return 0;}
```

将 S' 的数据类型转换为点，验证 S' 是否属于群，然后继续进行下一次计算；否则验证失败。

计算成群 $\mathbb{G}_T$ 中的元素 $g = e(P_1, P_{pub-s})$。

```
if (!ecap(Ppubs, P1, para_t, X, &g))
    return SM9_MY_ECAP_12A_ERR;
if (!member(g, para_t, X))
    return SM9_MEMBER_ERR;
```

计算 $\mathbb{G}_T$ 中的元素 $t = g^{h'}$，与签名中的计算过程一致，调用函数 $zzn12\_pow(g, S)$ 完成。

计算整数 $h_1 = H_1(\mathrm{DA}\|hid, N)$，调用辅助函数 H_1 完成。

```
int SM9_standard_h1(unsigned char Z[], int Zlen, big n, big h1)
```

计算 $\mathbb{G}_T$ 中的元素 $P = [h_1]P_2 + P_{pub-s}$。

```
ecn2_copy(&P2, &P);
ecn2_mul(h1, &P);
ecn2_add(&Ppubs, &P);
```

计算 $\mathbb{G}_T$ 中的元素 $u = e(S', P)$。

```
if (!ecap(P, S1, para_t, X, &u))
    return SM9_MY_ECAP_12A_ERR;
if (!member(u, para_t, X))
    return SM9_MEMBER_ERR;
```

计算 $\mathbb{G}_T$ 中的元素 $w' = u \times t$，将 w' 转换为比特串。

计算整数 $h_2 = H_2(M'\|w', N)$，将 h_2 与签名 h 进行比较。如果相同，那么认为签名验证成功；如果不相同，那么认为验证失败。

🔓8.4　算法示例

本节重点演示数字签名算法，选用 GB/T32905 给出的密码杂凑函数，其输入是长度小于 2^{64} 比特的消息，输出是长度为 256 比特的哈希值。本节所有数用十六进制表示，左边为高位，右边为低位，消息采用 GB/T1988—1998 进行编码。

椭圆曲线方程：$y^2 = x^3 + b$。

基域特征 q：B6400000　02A3A6F1　D603AB4F　F58EC745　21F2934B　1A7AEEDB E56F9B27E351457D。

方程参数 b：05。

群 $\mathbb{G}_1$、$\mathbb{G}_2$ 的阶 N：B6400000　02A3A6F1　D603AB4F　F58EC744　49F2934B　18EA8BEE E56EE19C　D69ECF2。

余因子 cf：1。

嵌入次数 k：12。

扭曲线的参数 β：$\sqrt{-2}$。

群 $\mathbb{G}_1$ 的生成元 $P_1 = (x_{p_1}, y_{p_1})$。

坐标 x_{p_1}：93DE051D　62BF718F　F5ED0704　487D01D6　E1E40869　09DC3280　E8C4E481 7C66DDDD。

坐标 y_{p_1}：21FE8DDA　4F21E607　631065125C395BBC　1C1C00CB　FA602435　0C464CD7 0A3EA616。

群 $\mathbb{G}_2$ 的生成元 $P_2 = (x_{p_2}, y_{p_2})$。

坐标 x_{p_2}：(85AEF3D0　78640C98　597B6027　B441A01F　F1DD2C19　0F5E93C4　54806C11 D8806141,37227552　92130B08　D2AAB97F　D34EC120　EE265948　D19C17AB　F9B7213B A1F82D65B)。

坐标 y_{p_2}：(17509B09　2E845C12　66BA0D26　2CBEE6ED　0736A96F　A347C8BD 856DC76B　84EBEB96,A7CF28D5　19BE3DA6　5F317015　3D278FF247EFBA98　A71A0811 6215BBA5　C999A7C7)。

双线性对的识别符 cid：0x04。

签名主密钥和用户签名密钥产生过程中的相关值如下。

签名主私钥 ks：0130E7　8459D785　45CB54C5　87E02CF4　80CE0B66　340F319F 348A1D5B　1F2DC5F4。

签名主公钥 $P_{\text{pub}-s} = [ks]P_2 = (x_{\text{pub}-s}, y_{\text{pub}-s})$。

坐标 $x_{\text{pub}-s}$：(9F64080B　3084F733　E48AFF4B　41B56501　1CE0711C　5E392CFB 0AB1B679　1B94C408,29DBA116　152D1F78　6CE843ED　24A3B573　414D2177　386A92DD

8F14D656 96EA5E32)。

坐标 $y_{\text{pub-s}}$：(69850938 ABEA0112 B57329F4 47E3A0CB AD3E2FDB 1A77F335 E89E1408 D0EF1C25,41E00A53 DDA532DA 1A7CE027 B7A46F74 1006E85F 5CDFF073 0E75C05F B4E3216D)。

签名私钥生成函数识别符 hid：0x01。

实体 A 的标识 ID_A：Alice。

ID_A 的十六进制数表示：416C6963 65。

在有限域 F_N 上计算 $t_1 = H_1(\text{ID}_A\|\text{hid}, N) + \text{ks}$。

$\text{ID}_A\|\text{hid}$：416C6963 6501。

$H_1(\text{ID}_A\|\text{hid}, N)$：2ACC468C 3926B0BD B2767E99 FF26E084 DE9CED8D BC7D5FBF 418027B6 67862FAB。

t_1：2ACD7773 BD808842F841D35F 87070D79 5F6AF8F3 F08C915E760A4511 86B3F59。

在有限域 F_N 上计算 $t_2 = \text{ks} \times t_1^{-1}$。

t_2：291FE3CA C8F58AD2 DC462C8D 4D578A94 DAFD5624 DDC28E32 8D293668 8A86CF1A。

签名私钥 $d_{s_A} = [t_2]P_1 = (x_{d_{s_A}}, y_{d_{s_A}})$。

坐标 $x_{d_{s_A}}$：A5702F05 CF131530 5E2D6EB6 4B0DEB923DB1A0BC F0CAFF90 523AC875 4AA69820。

坐标 $y_{d_{s_A}}$：78559A84 4411F982 5C109F5E E3F52D72 0DD01785 392A727B B1556952 B2B013D3。

签名步骤中的相关值如下。

待签名消息 M：Chinese IBS standard。

M 的十六进制数表示：4368696E 65736520 49425320 7374616E 64617264。

计算群 $\mathbb{G}_T$ 中的元素 $g = e(P_1, P_{\text{pub-s}})$：(4E378FB5 561CD066 8F906B73 1AC58FEE 25738EDF 09CADC7A 29C0ABC0 177AEA6D,28B3404A 61908F5D 6198815C 99AF1990 C8AF3865 5930058C 28C21BB5 39CE0000,38BFFE40 A22D529A 0C66124B 2C308DAC 92299126 56F62B4F ACFCED40 8E02380F,A01F2C8B EE81769609462C69 C96AA923 FD863E20 9D3CE26D D889B55E2E3873DB,67E0E0C2 EED7A699 3DCE28FE 9AA2EF5683430786 0839677F 96685F2B 44D0911F,5A1AE172102EFD95 DF7338DB C577C66D 8D6C15E0 A0158C75 07228EFB 078F42A6,1604A3FC FA9783E6 67CE9FCB 1062C2A5 C6685C31 6DDA62DE 0548BAA6 BA30038B,93634F44 FA13AF76 169F3CC8 FBEA880A DAFF8475 D5FD28A75DEB83C4 4362B439,B3129A75 D31D1719 4675A1BC56947920 898FBF39 0A5BF5D9 31CE6CBB 3340F66D,4C744E69 C4A2E1C8 ED72F796 D151A17C E2325B94 3260FC46 0B9F73CB 57C9014B,84B87422330D7936 EABA1109 FA5A7A71 81EE16F2

438B0AEB 2F38FD5F 7554E57A,AAB9F06A 4EEBA4323A7833DB 202E4E35 639D93FA 3305AF73 F0F071D7 D284FCFB)。

产生随机数 r：033C86 16B06704 813203DF D0096502 2ED15975 C662337A ED648835 DC4B1CBE。

计算群 $\mathbb{G}$ 中的元素 $w = g^r$：(81377B8F DBC2839B 4FA2D0E0 F8AA6853BBBE9E9C 4099608F 8612C607 8ACD7563,815AEBA2 17AD502D A0F48704 CC73CABB 3C06209B D87142E1 4CBD99E8 BCA1680F,30DADC5C D9E207AE E32209F6 C3CA3EC0 D800A1A4 2D33C731 53DED47C 70A39D2E,8EAF5D17 9A1836B3 59A9D1D9 BFC19F2E FCDB8293 28620962 BD3FDF15 F2567F58,A543D256 09AE9439 20679194 ED30328B B33FD15660BDE485C6B79A7B 32B01398,3F012DB0 4BA59FE8 8DB88932 1CC2373D 4C0C35E8 4F7AB1FF 33679BCA 575D6765,4F8624EB 435B838C CA77B2D0 347E65D5 E4696441 2A096F41 50D8C5ED E5440DDF,0656FCB6 63D24731 E8029218 8A2471B8 B68AA99389926849 9D23C897 55A1A897,44643CEA D40F0965 F28E1CD2 895C3D11 8E4F65C9 A0E3E741 B6DD52C0 EE2D25F5,898D6084 8026B7EF B8FCC1B2 442ECF07 95F8A81C EE99A624 8F294C82 C90D26BD,6A814AAF 475F128A EF43A128 E37F8015 4AE6CB92 CAD7D150 1BAE30F7 50B3A9BD,1F96B08E 9799736391131470 5BFB9A9D BB97F755 53EC90FB B2DDAE53 C8F68E42)。

计算 $h = H_2(M\|w, N)$。

$M\|w$：4368696E 65736520 49425320 7374616E 64617264 81377B8F DBC2839B 4FA2D0E0 F8AA6853 BBBE9E9C 4099608F 8612C607 8ACD7563 815AEBA2 17AD502D A0F48704 CC73CABB 3C06209B D87142E1 4CBD99E8 BCA1680F 30DADC5C D9E207AE E32209F6 C3CA3EC0 D800A1A4 2D33C731 53DED47C 70A39D2E 8EAF5D17 9A1836B3 59A9D1D9 BFC19F2E FCDB8293 28620962 BD3FDF15 F2567F58 A543D256 09AE9439 20679194 ED30328B B33FD156 60BDE485 C6B79A7B 32B01398 3F012DB0 4BA59FE8 8DB889321CC2373D 4C0C35E84F7AB1FF 33679BCA 575D6765 4F8624EB 435B838C CA77B2D0 347E65D5 E4696441 2A096F41 50D8C5EDE5440DDF 0656FCB6 63D24731E8029218 8A2471B8 B68AA993 89926849 9D23C897 55A1A897 44643CEA D40F0965 F28E1CD2 895C3D11 8E4F65C9 A0E3E741 B6DD52C0 EE2D25F5 898D6084 8026B7EF B8FCC1B2442ECF07 95F8A81C EE99A624 8F294C82 C90D26BD 6A814AAF 475F128A EF43A128 E37F8015 4AE6CB92 CAD7D150 1BAE30F7 50B3A9BD 1F96B08E 97997363 91131470 5BFB9A9D BB97F755 53EC90FB B2DDAE53 C8F68E42。

h：823C4B21E4BD2DFE 1ED92C60 6653E996 66856315 2FC33F55 D7BFBB9B D9705ADB。

计算 $l = (r - h) \bmod N$。

3406F164 3496DFF8 385C82CF 5F4442B0 123E89AB AF898013 FB13AE36 D9799108。

计算群 $\mathbb{G}_1$ 中的元素 $S = [l]d_{s_A} = (x_S, y_S)$。

坐标 x_S：73BF96923CE58B6A D0E13E96 43A406D8 EB98417C 50EF1B29 CEF9ADB4 8B6D598C。

坐标 y_S：856712F1 C2E0968A B7769F42 A99586AE D139D5B8 B3E15891827CC2AC ED9BAA05。

消息 M 的签名为 (h, s)。

h：823C4B21E4BD2DFE 1ED92C60 6653E996 66856315 2FC33F55 D7BFBB9B D9705ADB。

s：04 73BF96923CE58B6A D0E13E96 43A406D8 EB98417C 50EF1B29 CEF9ADB4 8B6D598C856712F1 C2E0968A B7769F42 A99586AE D139D5B8 B3E15891827CC2AC ED9BAA05。

验证步骤中的相关值如下。

计算群 $\mathbb{G}_T$ 中的元素 $g = e(P_1, P_{pub-s})$：(4E378FB5 561CD066 8F906B73 1AC58FEE 25738EDF 09CADC7A 29C0ABC0 177AEA6D, 28B3404A 61908F5D 6198815C 99AF1990C8AF38655930058C28C21BB5 39CE0000, 38BFFE40 A22D529A 0C66124B 2C308DAC 92299126 56F62B4F ACFCED40 8E02380F, A01F2C8B EE817696 09462C69 C96AA923 FD863E20 9D3CE26D D889B55E 2E3873DB, 67E0E0C2 EED7A6993DCE28FE 9AA2EF56 83430786 0839677F 96685F2B44D0911F, 5A1AE172 102EFD95 DF7338DB C577C66D 8D6C15E0 A0158C75 07228EFB 078F42A6, 1604A3FC FA9783E6 67CE9FCB 1062C2A5 C6685C31 6DDA62DE 0548BAA6 BA30038B, 93634F44 FA13AF76 169F3CC8 FBEA880A DAFF8475 D5FD28A75DEB83C4 4362B439, B3129A75 D31D1719 4675A1BC 56947920 898FBF39 0A5BF5D9 31CE6CBB 3340F66D, 4C744E69 C4A2E1C8 ED72F796 D151A17C E2325B94 3260FC46 0B9F73CB 57C9014B, 84B87422330D7936 EABA1109 FA5A7A71 81EE16F2438B0AEB 2F38FD5F 7554E57A, AAB9F06A 4EEBA4323A7833DB 202E4E35 639D93FA 3305AF73 F0F071D7 D284FCFB)。

计算群 $\mathbb{G}_T$ 中的元素 $t = g^{h'}$：(B59486D6 F3AE4649 ADF387C5 A22790E4 2B98051A 339B3403 B17B1F2B 38259EFE, 1632C30A A86001F5 2EEFED51 7AA672D7 0F03AF3E E9197017 EDA43143 6CFBDACE, 2F635B5B 0243F6F4 876A1D91 49EAFAB7 1060EA4352DE6D4A 83B5F8F3 DF73EFF0, 3A27F33E024339B8 3F16E58A E524A5FA A3E7FD00 9568A9FF 23752BC8 DD85B704, 08208E26 734BC667 31AEE530 692B3AE2 77EA70D6 BBAF8F48 5295D067 E67B3B4F, 1DBDDD78 126E962E 950CEBB3 85C3F7A3 E0A5597F 9C3B9FB3 F5DAC3DA A85FD016, 189E64A3 C0A0D876 11A83AEC 8F3A3688 C0ABF2F6 4860CF33 1463ACB3 A4AABB04, 6E3FA26F 762D1A23 71601BE00DA702B1 A726273CE843D991 CE5C2EAB AB2EAC6F, A5BCFFD5 40EE56B5 A26CCDA5 66FD8ABC 3615CB7D EA8F240E 0BF46158 16C2B23E, A074A0AA 62A26C28 3F11543C

ECDEA524 2113FE2E 982CCBDA 2D495EF6 C05550A6, 2E3F160C 96C16059 5A1034B5 15692066 8A7BEE5E 82E0B8BE 06963FDD BDEB5AAE, 0DCF9EA28617B596 5313B917 D556DA0D 3A557C41 12CE1C4A 06B327D7 DC18273D)。

计算 $h_1 = H_1(\mathrm{ID}_A \| \mathrm{hid}, N)$。

$\mathrm{ID}_A \| \mathrm{hid}$：416C6963 6501。

h_1：2ACC468C 3926B0BD B2767E99 FF26E084 DE9CED8D BC7D5FBF 418027B6 67862FAB。

计算群 $\mathbb{G}_2$ 中的元素 $P = [h_1]P_2 + P_{\mathrm{pub-s}} = (x_p, y_p)$。

坐标 x_p：(511F2C823C7484DD FC16BBC53AAD33B7 8D2429AF CF7F8AD8 B72261B4 E1FFCF79, 7B234E1D 623A172A AA89164A F3E828B4 D0E49CE6 EC5C7FE9 2E657272 250CBAF6)。

坐标 y_p：(4831DD31 3EC39FDA 59F3E14F EBCFF784 8D11875D 805662D26969CF70 5D46ED70, 73B542A6 9058F460 1AC19F23 7203686368FEC436 C13C2B07 61F9F9B6 E14A36E4)。

计算群 $\mathbb{G}_T$ 中的元素 $u = e(S', P)$：(A97A171304A0316FC8BA21B9 11289C43 71E73B7D 2163AC5B 44F3B52588EB69A1, 1838972B F0CA86E1 7147468A 869A3261 FCC27993 AA50E36727918ED5 ABD71C0C, 291663C4 9DF9B4A8 2B122412 B749BF14 4341F2E225645061 45E0B771 73496F50, ABB3B115 E006FAE8 EC3CB133 F411DF05 B32CFA15 7716082D EEDF7BDB 188966DF, 5FCC7DBD FC714FC8 989E0331838142275EAE6B63 09BAD1DE FE28263A D66E6780, 48697F5C62EE4342325A9EF0 3775A52F 1C0B9D5F B08D99E8 D65A436B 8A9AF05E, 5C53DC7E 4D8A0B75 57920B21 FA5F2E75 B38C4445 F0CF9153 AC412724 0530F5D5, 01BBD7B3 4565F80C CB452809 3CE9FAFD F6AD84FD 620F3B5B C324DA19 BB665151, 4AE8D623 18D2BA35 F9494189 100BCD82 F1B1399B 0B148677 00D3D7A243D02D3A, 701409A6 6ED452DE C4586735 CF363137 9501DC75 6466F6F1 8E3BC002722531AE, 7B9A10CE B34F1195 6A04E306 4663D87B 844B452C 3D81C91A 8223938D 1A9ABBC4, 753A274B 8E9E35AF 503B7C2E39ABB32BC8674FC8 EC012D8B EBDFFF2F E0985F85)

计算群 $\mathbb{G}_T$ 中的元素 $w' = u \times t$：(81377B8F DBC2839B 4FA2D0E0 F8AA6853BBBE9E9C 4099608F 8612C607 8ACD7563, 815AEBA2 17AD502D A0F48704 CC73CABB 3C06209B D87142E1 4CBD99E8 BCA1680F, 30DADC5C D9E207AE E32209F6 C3CA3EC0 D800A1A4 2D33C73153DED47C70A39D2E, 8EAF5D17 9A1836B359A9D1D9 BFC19F2E FCDB829328620962 BD3FDF15 F2567F58, A543D256 09AE9439 20679194 ED30328B B33FD156 60BDE485C6B79A7B 32B01398, 3F012DB0 4BA59FE8 8DB88932 1CC2373D 4C0C35E8 4F7AB1FF 33679BCA 575D6765, 4F8624EB 435B838C CA77B2D0 347E65D5 E4696441 2A096F41 50D8C5ED E5440DDF, 0656FCB6 63D24731 E8029218 8A2471B8 B68AA993

89926849　9D23C89755A1A897，44643CEA　D40F0965　F28E1CD2895C3D11　8E4F65C9 A0E3E741　B6DD52C0　EE2D25F5，898D6084　8026B7EF　B8FCC1B2442ECF07　95F8A81C EE99A624　8F294C82　C90D26BD，6A814AAF　475F128A　EF43A128　E37F8015　4AE6CB92 CAD7D150　1BAE30F7　50B3A9BD，1F96B08E　97997363　91131470　5BFB9A9D BB97F75553EC90FB B2DDAE53 C8F68E42)

计算 $h_2 = H_2(M'\|w', N)$。

$M'\|w'$：4368696E　65736520　49425320　7374616E　6461726481377B8F　DBC2839B 4FA2D0E0　F8A46853　BBBE9E9C4099608F　8612C607　8ACD7563　815AEBA2　17AD502D A0F48704CC73CABB 3C06209B D87142E1 4CBD99E8 BCA1680F 30DADC5C D9E207AE E32209F6　C3CA3EC0　D800A1A4　2D33C731　53DED47C　70A39D2E　8EAF5D179A1836B3 59A9D1D9　BFC19F2E　FCDB8293　28620962　BD3FDF15　F2567F58　A543D256　09AE9439 20679194ED30328B　B33FD156　60BDE485　C6B79A7B　32B01398　3F012DB0　4BA59FE8 8DB889321CC2373D　4C0C35E8　4F7AB1FF　33679BCA　575D6765　4F8624EB　435B838C CA77B2D0　347E65D5　E4696441　2A096F41　50D8C5ED　E5440DDF　0656FCB6　63D24731 E8029218　8A2471B8　B68AA993　89926849　9D23C897　55A1A897　44643CEA　D40F0965 F28E1CD2　895C3D11　8E4F65C9　A0E3E741　B6DD52C0　EE2D25F5　898D6084　8026B7EF B8FCC1B2　442ECF07　95F8A81C　EE99A624　8F294C82　C90D26BD　6A814AAF　475F128A EF43A128　E37F8015　4AE6CB92　CAD7D150　1BAE30F7　50B3A9BD　1F96B08E　97997363 91131470 5BFB9A9D BB97F755 53EC90FB B2DDAE53 C8F68E42

h_2：823C4B21　E4BD2DFE　1ED92C60　6653E996　66856315　2FC33F55　D7BFBB9B D9705ADB

$h_2 = h$，验证通过。

🔓习题

8.1　以下 SM9 算法说法错误的是（　　　）。

A．标识密码是在传统的公钥基础设施基础上发展而来的

B．SM9 算法的应用与管理不需要数字证书，但需要密钥库

C．SM9 签名算法中签名者持有的私钥由 KGC 通过主私钥和签名者的标识结合产生

D．SM9 算法使用 256 比特的 BN 曲线

8.2　以下选项是 SM9 密码算法特点的是（　　　）。

A．安全性基于大整数分解问题　　　　　　B．基于数字证书

C．抗量子计算攻击　　　　　　　　　　　D．基于标识

8.3　双线性对 $e:\mathbb{G}_1 \times \mathbb{G}_2 \to \mathbb{G}_T$，用一字节的识别符 eid 表示，其中 0x01、0x02、0x03、

0x04 依次表示（   ）。

    A．Weil 对、R-Ate 对、Ate 对、Tate 对

    B．Tate 对、Weil 对、R-Ate 对、Ate 对

    C．Weil 对、R-Ate 对、Tate 对、Ate 对

    D．Tate 对、Weil 对、Ate 对、R-Ate 对

    8.4　SM2 与 SM9 同属于非对称密码算法，请简述两种算法的区别。

    8.5　双线性对的优化问题可以从哪几个方面考虑？为什么？

    8.6　计算双线性对的关键是确定有理函数在某些特定因子或有理点上的赋值，更直观的方法是给出有理函数的确定形式，然后将有理点的坐标引入有理函数。当有理函数个数较少时，该算法是合理有效的。但如果函数的阶数较大，就更难给出有理函数的确定形式，那么如何进行降阶呢？

    8.7　在 Miller 算法的垂直线分配中将涉及除法运算，但除法运算耗时严重，对此可以如何改进？请概述算法。

    8.8　描述将 Miller 算法从基本域映射到扩展域的代码实现。

    8.9　简单地画出 SM9 算法的整体框架。

    8.10　结合其他密码学技术，考虑一个 SM9 算法在具体领域的解决方案。

参考资源

[1] YEH H P, CHANG Y S, LIN C F, et al. Accelerating 3-DES Performance Using GPU [C]. proceedings of the 2011 International Conference on Cyber-Enabled Distributed Computing and Knowledge Discovery, F 10-12 Oct. 2011.

[2] IWAI K, NISHIKAWA N, KUROKAWA T. Acceleration of AES encryption on CUDA GPU [J]. International Journal of Networking and Computing, 2012, 2(1): 131-145.

[3] HERBST C, OSWALD E, MANGARD S. An AES Smart Card Implementation Resistant to Power Analysis Attacks [C]. Berlin, Heidelberg, F, 2006. Springer Berlin Heidelberg.

[4] 夏春林, 周德云, 张堃. AES 算法的 CUDA 高效实现方法[J]. 计算机应用研究, 2013, 30(6): 1907-1909.

[5] SCHWABE P, STOFFELEN K. All the AES You Need on Cortex-M3 and M4 [C]. Cham, F, 2017. Springer International Publishing.

[6] KOC C K, ACAR T, KALISKI B S. Analyzing and comparing Montgomery multiplication algorithms [J]. IEEE Micro, 1996, 16(3): 26-33.

[7] VOLKOV V, DEMMEL J W. Benchmarking GPUs to tune dense linear algebra [C]. proceedings of the SC '08: Proceedings of the 2008 ACM/IEEE Conference on Supercomputing, F 15-21 Nov. 2008.

[8] MEI X, ZHAO K, LIU C, et al. Benchmarking the Memory Hierarchy of Modern GPUs [C]. Berlin, Heidelberg, F, 2014. Springer Berlin Heidelberg.

[9] KEDEM G, ISHIHARA Y. Brute Force Attack on UNIX Passwords with SIMD Computer [C]. proceedings of the 8th USENIX Security Symposium (USENIX Security 99), Washington, D.C., F, 1999. USENIX Association.

[10] SCOTT M. Computing the Tate Pairing [C]. Berlin, Heidelberg, F, 2005. Springer Berlin Heidelberg.

[11] KAWAMURA S, KOIKE M, SANO F, et al. Cox-Rower Architecture for Fast Parallel Montgomery Multiplication [C]. Berlin, Heidelberg, F, 2000. Springer Berlin Heidelberg.

[12] SANDERS J, KANDROT E. CUDA by example: an introduction to general-purpose GPU programming [M]. Addison-Wesley Professional, 2010.

[13] 程润伟, 马克斯·格罗斯曼, 泰·麦克切尔. CUDA C 编程权威指南[M]. 颜成钢, 殷建, 李亮, 译. 北京: 机械工业出版社, 2017.

[14] MANAVSKI S A. CUDA Compatible GPU as an Efficient Hardware Accelerator for AES Cryptography [C]. proceedings of the 2007 IEEE International Conference on Signal Processing and Communications, F 24-27 Nov. 2007.

[15] TIAN C, WANG L, LI M. Design and Implementation of SM9 Identity Based Cryptograph Algorithm [C]. proceedings of the 2020 International Conference on Computer Network, Electronic and Automation (ICCNEA), F 25-27 Sept. 2020.

[16] MEI X, CHU X. Dissecting GPU Memory Hierarchy Through Microbenchmarking [J]. IEEE Transactions on Parallel and Distributed Systems, 2017, 28(1): 72-86.

[17] DONG J, ZHENG F, LIN J, et al. EC-ECC: Accelerating Elliptic Curve Cryptography for Edge Computing on Embedded GPU TX2 [J]. ACM Trans Embed Comput Syst, 2022, 21(2): 16:1-25.

[18] LEE E, LEE H S, PARK C M. Efficient and Generalized Pairing Computation on Abelian Varieties [J]. IEEE Transactions on Information Theory, 2009, 55(4): 1793-1803.

[19] LIU Z, GROSSSCHÄD J, KIZHVATOV I. Efficient and side-channel resistant RSA implementation for 8-bit AVR microcontrollers [C]. proceedings of the Workshop on the Security of the Internet of Things-SOCIOT, F, 2010.

[20] SEO H, LIU Z, GROSSSCHÄD J, et al. Efficient arithmetic on ARM‐NEON and its application for high‐speed RSA implementation [J]. Security and Communication Networks, 2016, 9(18): 5401-5411.

[21] GREWAL G, AZARDERAKHSH R, LONGA P, et al. Efficient Implementation of Bilinear Pairings on ARM Processors [C]. Berlin, Heidelberg, F, 2013. Springer Berlin Heidelberg.

[22] BERTONI G, BREVEGLIERI L, FRAGNETO P, et al. Efficient Software Implementation of AES on 32-Bit Platforms [C]. Berlin, Heidelberg, F, 2003. Springer Berlin Heidelberg.

[23] KOBLITZ N. Elliptic curve cryptosystems [J]. Mathematics of computation, 1987, 48(177): 203-209.

[24] JOHNSON D, MENEZES A, VANSTONE S. The Elliptic Curve Digital Signature Algorithm (ECDSA) [J]. International Journal of Information Security, 2001, 1(1): 36-63.

[25] HESS F, SMART N P, VERCAUTEREN F. The Eta Pairing Revisited [J]. IEEE Transactions on Information Theory, 2006, 52(10): 4595-4602.

[26] CHEONG H S, LEE W K. Fast Implementation of Block Ciphers and PRNGs for Kepler GPU Architecture [C]. proceedings of the 2015 5th International Conference on IT Convergence and Security (ICITCS), F 24-27 Aug. 2015.

[27] BIHAM E. A fast new DES implementation in software [C]. Berlin, Heidelberg, F, 1997. Springer Berlin Heidelberg.

[28] ARANHA D F, KARABINA K, LONGA P, et al. Faster Explicit Formulas for Computing Pairings over Ordinary Curves[C]. Berlin, Heidelberg, F, 2011. Springer Berlin Heidelberg.

[29] WANG X, YIN Y L, YU H. Finding Collisions in the Full SHA-1 [C]. Berlin, Heidelberg, F, 2005. Springer Berlin Heidelberg.

[30] JOYE M, PAILLIER P. GCD-Free Algorithms for Computing Modular Inverses [C]. Berlin, Heidelberg, F, 2003. Springer Berlin Heidelberg.

[31] 李秀滢, 吉晨昊, 段晓毅, 等. GPU 上 SM4 算法并行实现[J]. 信息网络安全, 2020, 20(6): 36-43.

[32] HANKERSON D, MENEZES A J, VANSTONE S. Guide to elliptic curve cryptography [M]. Springer Science & Business Media, 2006.

[33] SUN S, ZHANG R, MA H. Hashing multiple messages with SM3 on GPU platforms [J]. Science China(Information Sciences), 2021, 64(9): 241-243.

[34] CHENG W, ZHENG F, PAN W, et al. High-Performance Symmetric Cryptography Server with GPU Acceleration [C]. Cham, F, 2018. Springer International Publishing.

[35] BEUCHAT J-L, GONZÁLEZ-DÍAZ J E, MITSUNARI S, et al. High-Speed Software Implementation of the Optimal Ate Pairing over Barreto-Naehrig Curves [C]. Berlin, Heidelberg, F, 2010. Springer Berlin Heidelberg.

[36] WANG X, YU H. How to Break MD5 and Other Hash Functions [C]. Berlin, Heidelberg, F, 2005. Springer Berlin Heidelberg.

[37] SHAMIR A. Identity-Based Cryptosystems and Signature Schemes [C]. Berlin, Heidelberg, F, 1985. Springer Berlin Heidelberg.

[38] BONEH D, FRANKLIN M. Identity-Based Encryption from the Weil Pairing [C]. Berlin, Heidelberg, F, 2001. Springer Berlin Heidelberg.

[39] LU C, SANTOS A L M D, PIMENTEL F R. Implementation of fast RSA key generation on smart cards [Z]. Proceedings of the 2002 ACM symposium on Applied computing. Madrid, Spain; Association for Computing Machinery. 2002: 214-220.

[40] OCHOA-JIMÉNEZ E, RIVERA-ZAMARRIPA L, CRUZ-CORTÉS N, et al. Implementation of RSA Signatures on GPU and CPU Architectures [J]. IEEE Access, 2020(8): 9928-9941.

[41] QIU L, LIU Z, PEREIRA G C C F, et al. Implementing RSA for sensor nodes in smart cities [J]. Pers Ubiquitous Comput, 2017, 21(5): 807-813.

[42] GUERON S. A j-lanes tree hashing mode and j-lanes SHA-256 [J]. Cryptology ePrint Archive, 2012.

[43] ZHOU L, SU C, HU Z, et al. Lightweight Implementations of NIST P-256 and SM2 ECC on 8-bit Resource-Constraint Embedded Device [J]. ACM Trans Embed Comput Syst, 2019, 18(3): Article 23.

[44] RIVEST R L, SHAMIR A, ADLEMAN L. A method for obtaining digital signatures and public-key cryptosystems [J]. Commun ACM, 1978, 21(2): 120-126.

[45] MONTGOMERY P L. Modular multiplication without trial division [J]. Mathematics of computation, 1985, 44(170): 519-521.

[46] WALTER C D. Montgomery exponentiation needs no final subtractions [J]. Electronics letters, 1999, 35(21): 1831-1832.

[47] LIU Z, WENGER E, GROSSSCHÄD J. MoTE-ECC: Energy-Scalable Elliptic Curve Cryptography for Wireless Sensor Networks [Z]. 2014: 361-379.

[48] FAN X, NIU B. Multi-core and SIMD Architecture Based Implementation on SHA-256 of Blockchain [C]. Singapore, F, 2021. Springer Singapore.

[49] KARATSUBA A. Multiplication of Multidigit Numbers on Automata [J]. Soviet Physics Doklady, 1963, 7: 595-596.

[50] LIU Z, JÄRVINEN K, LIU W, et al. Multiprecision Multiplication on ARMv8 [C]. proceedings of the 2017 IEEE 24th Symposium on Computer Arithmetic (ARITH), F 24-26 July 2017.

[51] HELLMAN M. New Directions in Cryptography [J]. IEEE transactions on Information Theory, 1976, 22(6): 644-654.

[52] MELONI N. New Point Addition Formulae for ECC Applications [C]. Berlin, Heidelberg, F, 2007. Springer Berlin Heidelberg.

[53] LIU Z, HUANG X, HU Z, et al. On Emerging Family of Elliptic Curves to Secure Internet of Things: ECC Comes of Age [J]. IEEE Trans Dependable SecurComput, 2017, 14(3): 237-248.

[54] BARRETO P S L M, NAEHRIG M. Pairing-Friendly Elliptic Curves of Prime Order [C]. Berlin, Heidelberg, F, 2006. Springer Berlin Heidelberg.

[55] HUANG J, LIU Z, HU Z, et al. Parallel Implementation of SM2 Elliptic Curve Cryptography on Intel Processors with AVX2, Cham, F, 2020 [C]. Springer International Publishing.

[56] HARRISON O, WALDRON J. Practical Symmetric Key Cryptography on Modern Graphics Hardware [C]. proceedings of the 17th USENIX Security Symposium (USENIX Security 08), San Jose, CA, F, 2008. USENIX Association.

[57] CHENG J, GROSSMAN M, MCKERCHER T. Professional CUDA c programming [M]. John Wiley & Sons, 2014.

[58] ELGAMAL T. A public key cryptosystem and a signature scheme based on discrete logarithms [J]. IEEE Transactions on Information Theory, 1985, 31(4): 469-472.

[59] KAWAMURA S, KOMANO Y, SHIMIZU H, et al. RNS Montgomery reduction algorithms using quadratic residuosity [J]. Journal of Cryptographic Engineering, 2019, 9(4): 313-331.

[60] 郎欢, 张蕾, 吴文玲. SM4 的快速软件实现技术[J]. 中国科学院大学学报, 2018, 35(2): 180-187.

[61] CHENG Z. The sm9 cryptographic schemes [J]. Cryptology ePrint Archive, 2017.

[62] 袁峰, 程朝辉. SM9 标识密码算法综述[J]. 信息安全研究, 2016, 2(11): 1008-1027.

[63] GUERON S, SHEMY R. Software Optimizations for DES [C]. Cham, F, 2018. Springer International Publishing.

[64] ALDAYA A C, SARMIENTO A J C, SÁNCHEZ-SOLANO S. SPA vulnerabilities of the binary extended Euclidean algorithm [J]. Journal of Cryptographic Engineering, 2017, 7(4): 273-285.

[65] MILLER V S. Use of Elliptic Curves in Cryptography, Berlin, Heidelberg, F, 1986 [C]. Springer Berlin Heidelberg.

[66] 何德彪, 陈泌文, 谢翔, 等. 一种适合 SM2 算法的快速模约减方法和介质: 中国, CN201711383428.9A [P/OL], 2017.

[67] 北京华大信安科技有限公司, 中国人民解放军信息工程大学, 中国科学院数据与通信保护研究教育中心. 信息安全技术 SM2 椭圆曲线公钥密码算法 第 1 部分: 总则[Z]. 中华人民共和国国家质量监督检验检疫总局, 中国国家标准化管理委员会, 2016: 48.

[68] 北京华大信安科技有限公司, 中国人民解放军信息工程大学, 中国科学院数据与通信保护研究教育中心. 信息安全技术 SM2 椭圆曲线公钥密码算法 第 2 部分: 数字签名算法[Z]. 中华人民共和国国家质量监督检验检疫总局, 中国国家标准化管理委员会, 2016: 16.

[69] 北京华大信安科技有限公司, 中国人民解放军信息工程大学, 中国科学院数据与通信保护研究教育中心. 信息安全技术 SM2 椭圆曲线公钥密码算法 第 3 部分: 密钥交换协议[Z]. 中华人民共和国国家质量监督检验检疫总局, 中国国家标准化管理委员会, 2016: 20.

[70] 北京华大信安科技有限公司, 中国人民解放军信息工程大学, 中国科学院数据与通信保护研究教育中心. 信息安全技术 SM2 椭圆曲线公钥密码算法 第 4 部分: 公钥加密算法[Z]. 中华人民共和国国家质量监督检验检疫总局, 中国国家标准化管理

委员会, 2016: 20.

[71] 北京华大信安科技有限公司, 中国人民解放军信息工程大学, 中国科学院数据与通信保护研究教育中心. 信息安全技术　SM2 椭圆曲线公钥密码算法　第 5 部分：参数定义[Z]. 中华人民共和国国家质量监督检验检疫总局, 中国国家标准化管理委员会, 2017: 16.

[72] 清华大学, 国家密码管理局商用密码检测中心, 中国人民解放军信息工程大学, 等. 信息安全技术　SM3 密码杂凑算法[Z]. 中华人民共和国国家质量监督检验检疫总局, 中国国家标准化管理委员会, 2016: 20.

[73] 国家信息安全工程技术研究中心, 北京国脉信安科技有限公司, 深圳奥联信息安全技术有限公司, 等. 信息安全技术　SM9 标识密码算法　第 1 部分：总则[Z]. 国家市场监督管理总局, 国家标准化管理委员会, 2020: 44.

[74] 国家信息安全工程技术研究中心, 北京国脉信安科技有限公司, 深圳奥联信息安全技术有限公司, 等. 信息安全技术　SM9 标识密码算法　第 2 部分：算法[Z]. 国家市场监督管理总局, 国家标准化管理委员会, 2020: 44.

[75] 许森. 典型公钥密码实现的功耗分析与防护技术研究[D]. 上海：上海交通大学, 2018.

[76] 费雄伟, 李肯立, 阳王东, 等. 基于 CUDA 的并行 AES 算法的实现和加速效率探索[J]. 计算机科学, 2015, 42(1): 59-62.

[77] 王德民, 陈达. 基于 CUDA 的 SM4 加密算法高速实现[J]. 石家庄铁路职业技术学院学报, 2017, 16(1): 59-63.

[78] 张才贤. 基于 CUDA 的并行 SM4-GCM 设计与实现[D]. 西安：西安电子科技大学, 2019.

[79] 解文博. 基于 GPU 和切片的分组密码算法高速实现方法研究[D]. 桂林：桂林电子科技大学, 2021.

[80] ZHOU L, SU C, HU Z, et al. Lightweight Implementations of NIST P-256 And SM2 ECC on 8-bit Resource-Constraint Embedded Device[J]. ACM Transactions on Embedded Computing Systems, 2019, 18(3):1-13.DOI:10.1145/3236010.

[81] AJTAI M. Generating Hard Instances of Lattice Problems[C]. Proceedings of the twenty-eighth annual ACM symposium on Theory of computing. 1996: 99-108.

[82] HOFFSTEIN J, PIPHER J, SILVERMAN J H. NTRU: A Ring-Based Public Key Cryptosystem[C]. International algorithmic number theory symposium. Berlin, Heidelberg: Springer Berlin Heidelberg, 1998: 267-288.

[83] Regev O. On Lattices, Learning with Errors, Random Linear Codes, And Cryptography[J].Proc. STOC 2005.

[84] LAMPORT L. Constructing Digital Signatures from A One Way Function[J]. 1979.

[85] Mceliece R J .A Public-Key Cryptosystem Based on Algebraic Coding Theory[J]. deep space network progress report, 1978.

[86] MATSUMOTO T, IMAI H. Public Quadratic Polynomial-Tuples for Efficient Signature-Verification And Message-Encryption[C]. Advances in Cryptology— EUROCRYPT 1988: Workshop on the Theory and Application of Cryptographic Techniques Davos, Switzerland, May 25-27, 1988 Proceedings 7. Springer Berlin Heidelberg, 1988: 419-453.

[87] DZIEMBOWSKI S, PIETRZAK K. Intrusion-Resilient Secret Sharing[C]. 48th Annual IEEE Symposium on Foundations of Computer Science (FOCS'07). IEEE, 2007: 227-237.

反侵权盗版声明

电子工业出版社依法对本作品享有专有出版权。任何未经权利人书面许可，复制、销售或通过信息网络传播本作品的行为，歪曲、篡改、剽窃本作品的行为，均违反《中华人民共和国著作权法》，其行为人应承担相应的民事责任和行政责任，构成犯罪的，将被依法追究刑事责任。

为了维护市场秩序，保护权利人的合法权益，我社将依法查处和打击侵权盗版的单位和个人。欢迎社会各界人士积极举报侵权盗版行为，本社将奖励举报有功人员，并保证举报人的信息不被泄露。

举报电话：（010）88254396；（010）88258888

传　　真：（010）88254397

E-mail：　dbqq@phei.com.cn

通信地址：北京市海淀区万寿路 173 信箱
　　　　　电子工业出版社总编办公室

邮　　编：100036